月刊誌

予約購読のおすすめ

毎月 20 日発売
本体 954 円

本誌の性格上、配本書店が限られます。**郵送料弊社負担**にて確実にお手元へ届くお得な予約購読をご利用下さい。

年間 **11000**円
（本誌**12**冊）

半年 **5500**円
（本誌**6**冊）

予約購読料は**税込み価格**です。

なお、**SGC** ライブラリのご注文については、予約購読者の方には、商品到着後のお支払いにて承ります。

お申し込みはとじ込みの振替用紙をご利用下さい！

サイエンス社

数理科学特集一覧

63年/7～18年/12 省略

2019年/1 発展する物性物理
/2 経路積分を考える
/3 対称性と物理学
/4 固有値問題の探究
/5 幾何学の拡がり
/6 データサイエンスの数理
/7 量子コンピュータの進展
/8 発展する可積分系
/9 ヒルベルト
/10 現代数学の捉え方［解析編］
/11 最適化の数理
/12 素数の探究

2020年/1 量子異常の拡がり
/2 ネットワークから見る世界
/3 理論と計算の物理学
/4 結び目的思考法のすすめ
/5 微分方程式の《解》とは何か
/6 冷却原子で探る量子物理の最前線
/7 AI時代の数理
/8 ラマヌジャン
/9 統計的思考法のすすめ
/10 現代数学の捉え方［代数編］
/11 情報幾何学の探究
/12 トポロジー的思考法のすすめ

2021年/1 時空概念と物理学の発展
/2 保型形式を考える
/3 カイラリティとは何か
/4 非ユークリッド幾何学の数理
/5 力学から現代物理へ
/6 現代数学の眺め
/7 スピンと物理
/8 《計算》とは何か
/9 数理モデリングと生命科学
/10 線形代数の考え方
/11 統計物理が拓く数理科学の世界
/12 離散数学に親しむ

2022年/1 普遍的概念から拡がる物理の世界
/2 テンソルネットワークの進展
/3 ポテンシャルを探る
/4 マヨラナ粒子をめぐって
/5 微積分と線形代数
/6 集合・位相の考え方
/7 宇宙の謎と魅力
/8 複素解析の探究
/9 数学はいかにして解決するか
/10 電磁気学と現代物理
/11 作用素・演算子と数理科学
/12 量子多体系の物理と数理

2023年/1 理論物理に立ちはだかる「符号問題」
/2 極値問題を考える
/3 統計物理の視点で捉える確率論
/4 微積分から始まる解析学の厳密性
/5 数理で読み解く物理学の世界
/6 トポロジカルデータ解析の拡がり
/7 代数方程式から入る代数学の世界
/8 微分形式で書く・考える
/9 情報と数理科学
/10 素粒子物理と物性物理
/11 身近な幾何学の世界
/12 身近な現象の量子論

2024年/1 重力と量子力学
/2 曲線と曲面を考える
/3 《グレブナー基底》のすすめ
/4 データサイエンスと数理モデル
/5 トポロジカル物質の物理と数理
/6 様々な視点で捉えなおす〈時間〉の概念
/7 数理に現れる双対性
/8 不動点の世界

「数理科学」のバックナンバーは下記の書店・生協の自然科学書売場で特別販売しております

紀伊國屋書店本店（新宿）
くまざわ書店八王子店
書泉グランデ（神田）
三省堂本店（神田）
ジュンク堂池袋本店
丸善丸の内本店（東京駅前）
丸善日本橋店
MARUZEN多摩センター店
丸善ラゾーナ川崎店
ジュンク堂吉祥寺店
ブックファースト新宿店
ジュンク堂立川高島屋店
ブックファースト青葉台店（横浜）
有隣堂伊勢佐木町本店（横浜）
有隣堂西口（横浜）
有隣堂アトレ川崎店
有隣堂厚木店
くまざわ書店橋本店
ジュンク堂盛岡店
丸善津田沼店
ジュンク堂新潟店
ジュンク堂大阪本店
紀伊國屋書店梅田店（大阪）
MARUZEN & ジュンク堂梅田店
ジュンク堂三宮店
ジュンク堂三宮駅前店
喜久屋書店倉敷店
MARUZEN広島店
紀伊國屋書店福岡本店
ジュンク堂福岡店
丸善博多店
ジュンク堂鹿児島店
紀伊國屋書店新潟店
紀伊國屋書店札幌店
MARUZEN & ジュンク堂札幌店
ジュンク堂秋田店
ジュンク堂郡山店
鹿島ブックセンター（いわき）

——大学生協・売店——
東京大学 本郷・駒場
東京工業大学 大岡山・長津田
東京理科大学 新宿
早稲田大学 理工学部
慶応義塾大学 矢上台
福井大学
筑波大学 大学会館書籍部
埼玉大学
名古屋工業大学・愛知教育大学
大阪大学・神戸大学 ランス
京都大学・九州工業大学
東北大学 理薬・工学
室蘭工業大学
徳島大学 常三島
愛媛大学 城北
山形大学 小白川
島根大学
北海道大学 クラーク店
熊本大学
名古屋大学
広島大学（北1店）
九州大学（理系）

SGCライブラリ-192

組合せ最適化への招待

モデルとアルゴリズム

垣村 尚徳 著

サイエンス社

SGCライブラリ

表示価格はすべて税抜きです

(The Library for **S**enior & **G**raduate **C**ourses)

近年，特に大学理工系の大学院の充実はめざましいものがあります．しかしながら学部上級課程並びに大学院課程の学術的テキスト・参考書はきわめて少ないのが現状であります．本ライブラリはこれらの状況を踏まえ，広く研究者をも対象とし，**数理科学諸分野および諸分野の相互に関連する領域**から，現代的テーマやトピックスを順次とりあげ，時代の要請に応える魅力的なライブラリを構築してゆこうとするものです．装丁の色調は，

数学・応用数理・統計系（黄緑），**物理学系**（黄色），**情報科学系**（桃色），

脳科学・生命科学系（橙色），**数理工学系**（紫），**経済学等社会科学系**（水色）と大別し，漸次各分野の今日的主要テーマの網羅・集成をはかってまいります．

※ SGC1～132 省略（品切含）

133 新講 量子電磁力学
立花明知著　本体 2037 円

134 量子力学の探究
仲滋文著　本体 2176 円

135 数物系に向けたフーリエ解析とヒルベルト空間論
廣川真男著　本体 2204 円

136 例題形式で探求する代数学のエッセンス
小林正典著　本体 2130 円

137 経路積分と量子解析
鈴木増雄著　本体 2222 円

139 ブラックホールの数理
石橋明浩著　本体 2315 円

140 格子場の理論入門
大川正典・石川健一共著　本体 2407 円

141 複雑系科学への招待
坂口英継・本庄春雄共著　本体 2176 円

143 ゲージヒッグス統合理論
細谷裕著　本体 2315 円

145 重点解説 岩澤理論
福田隆著　本体 2315 円

146 相対性理論講義
米谷民明著　本体 2315 円

147 極小曲面論入門
川上裕・藤森祥一共著　本体 2250 円

148 結晶基底と幾何結晶
中島俊樹著　本体 2204 円

151 物理系のための 複素幾何入門
秦泉寺雅夫著　本体 2454 円

152 粗幾何学入門
深谷友宏著　本体 2320 円

154 新版 情報幾何学の新展開
甘利俊一著　本体 2600 円

155 圏と表現論
浅芝秀人著　本体 2600 円

156 数理流体力学への招待
米田剛著　本体 2100 円

158 M 理論と行列模型
森山翔文著　本体 2300 円

159 例題形式で探求する複素解析と幾何構造の対話
志賀啓成著　本体 2100 円

160 時系列解析入門［第 2 版］
宮野尚哉・後藤田浩共著　本体 2200 円

163 例題形式で探求する集合・位相
丹下基生著　本体 2300 円

165 弦理論と可積分性
佐藤勇二著　本体 2500 円

166 ニュートリノの物理学
林青司著　本体 2400 円

167 統計力学から理解する超伝導理論［第 2 版］
北孝文著　本体 2650 円

170 一般相対論を超える重力理論と宇宙論
向山信治著　本体 2200 円

171 気体液体相転移の古典論と量子論
國府俊一郎著　本体 2200 円

172 曲面上のグラフ理論
中本敦浩・小関健太共著　本体 2400 円

173 一歩進んだ理解を目指す物性物理学講義
加藤岳生著　本体 2400 円

174 調和解析への招待
澤野嘉宏著　本体 2200 円

175 演習形式で学ぶ特殊相対性理論
前田恵一・田辺誠共著　本体 2200 円

176 確率論と関数論
厚地淳著　本体 2300 円

177 量子測定と量子制御［第 2 版］
沙川貴大・上田正仁共著　本体 2500 円

178 空間グラフのトポロジー
新國亮著　本体 2300 円

179 量子多体系の対称性とトポロジー
渡辺悠樹著　本体 2300 円

180 リーマン積分からルベーグ積分へ
小川卓克著　本体 2300 円

181 重点解説 微分方程式とモジュライ空間
廣惠一希著　本体 2300 円

183 行列解析から学ぶ量子情報の数理
日合文雄著　本体 2600 円

184 物性物理とトポロジー
窪田陽介著　本体 2500 円

185 深層学習と統計神経力学
甘利俊一著　本体 2200 円

186 電磁気学探求ノート
和田純夫著　本体 2650 円

187 線形代数を基礎とする 応用数理入門
佐藤一宏著　本体 2800 円

188 重力理論解析への招待
泉圭介著　本体 2200 円

189 サイバーグ–ウィッテン方程式
笹平裕史著　本体 2100 円

190 スペクトルグラフ理論
吉田悠一著　本体 2200 円

191 量子多体物理と人工ニューラルネットワーク
野村悠祐・吉岡信行共著　本体 2100 円

192 組合せ最適化への招待
垣村尚徳著　本体 2400 円

まえがき

本書の目的は組合せ最適化の理論的基礎を紹介することである．組合せ最適化は，ルート探索やスケジューリングなど実社会に現れる課題を解決するために有用であるが，そこでは適切な定式化（モデリング）と効率的な計算方法（アルゴリズム）の設計が求められる．モデリングとアルゴリズムは，オペレーションズ・リサーチ，最適化理論，計算機科学，離散数学など様々な分野に関わる重要な考え方である．本書の第Ｉ部では，組合せ最適化において基本となるモデリングとアルゴリズムについて，具体例を交えつつ概観する．

組合せ最適化問題を大きく分けると，最短パス問題のように解きやすいものと，巡回セールスマン問題のように解きにくいものに分類される．第Ⅱ部では，解きやすい組合せ最適化問題に対するアルゴリズムを紹介し，これらの問題に共通する多面体的性質や離散構造を見る．第Ⅲ部では，解きにくい組合せ最適化問題に対するアプローチを述べる．NP 困難である組合せ最適化問題に対して，解の精度や計算効率などを犠牲にしつつも理論的保証をもって解決する手段として，近似アルゴリズムや固定パラメータアルゴリズムというアルゴリズム設計の枠組みを紹介する．さらに，不確実な状況を扱う組合せ最適化モデルとして，オンラインマッチング問題を取り上げる．

組合せ最適化に関する専門書は国内外に多くあり，最近ではプログラミングも併せて紹介する実用的な良書も多い．本書の特徴は，組合せ最適化の理論的な基礎に焦点を当てる点にある．特に，組合せ最適化問題の解きやすさ・解きにくさの背後にある理論的な性質を知ってもらうことを目指している．本書の内容をもとに，組合せ最適化の専門書で本格的に勉強したり，組合せ最適化アルゴリズムをコンピュータ上で実装したりと，より深い理解へと進んでいってもらえれば幸いである．

この本の執筆にあたり，多くの方のご支援を得た．この場を借りて感謝申し上げたい．特に，室田一雄氏，高松瑞代氏からは原稿に関する貴重なコメントをいただいた．また，サイエンス社編集部 大溝良平氏には，根気強く原稿を待っていただき大変お世話になった．この場を借りて，皆様に感謝の意を表したい．

2024 年 4 月

垣村 尚徳

目　次

第Ⅰ部

組合せ最適化の基礎

組合せ最適化は有限個の選択肢の中から最適なものを見つけるための方法論である．第Ⅰ部の1章では，組合せ最適化において基本となるモデリング（モデル化）とアルゴリズムという考え方について説明し，本書の構成を概観する．2章では線形最適化問題を紹介する．線形最適化問題は，最も基本的な最適化問題の一つであり，組合せ最適化理論においても重要な役割を占める．3章では，典型的な組合せ最適化問題を例として，組合せ最適化問題へのモデル化の方法を説明する．あわせて，モデルを表現するために必要となるグラフと整数最適化問題について，その基本的な事項を紹介する．

第 1 章
組合せ最適化

本章では，組合せ最適化において基本となるモデリング（モデル化）とアルゴリズムという考え方について説明する．そして，その基本的な考え方に沿って，2 章以降の本書の構成について概観する．

1.1 組合せ最適化

組合せ最適化（combinatorial optimization）は有限個の選択肢の中から最適なものを見つけるための方法論である．組合せ最適化の理論的基礎を紹介することが本書のテーマである．

組合せ最適化が用いられる代表的な例の一つにルート探索がある．たとえば，自宅（A 地点）から大学（B 地点）まで車で行きたいとしよう．A 地点から B 地点へ行くルートは，道の選び方によっていろいろと考えられるが，できるだけ短い時間で目的地へ行くルートを見つけたい．ルートの候補は有限個であることから，この問題は組合せ最適化問題として見ることができる．

ルート探索のような問題を組合せ最適化を用いて解くためには，**モデル化**（modeling）と計算（computation）の 2 つのステップが必要となる．

モデル化のステップでは，数式を用いて状況を適切に記述する．たとえばルート探索では，まず道路を図 1.1 のようなネットワークとして表す．このネットワークでは，点が交差点，線が道路に対応しており，線のそばには道路の所要時間が書かれている．図 1.1 のようなネットワークは数学の用語では**グラフ**と呼ばれる．このように道路を単純化してグラフに置き換えると，ルート探索をグラフ上の最適化問題として見ることができる．具体的には，グラフ上で点 A から点 B までたどるルートの中で総所要時間が最も短いもの（最短パス）を求めればよい．このような問題は**最短パス問題**と呼ばれる．

グラフ上の最短パス問題としてモデル化することができれば，あとはそれを計算して解を求めればよい．計算の手順は**アルゴリズム**（algorithm）と呼ば

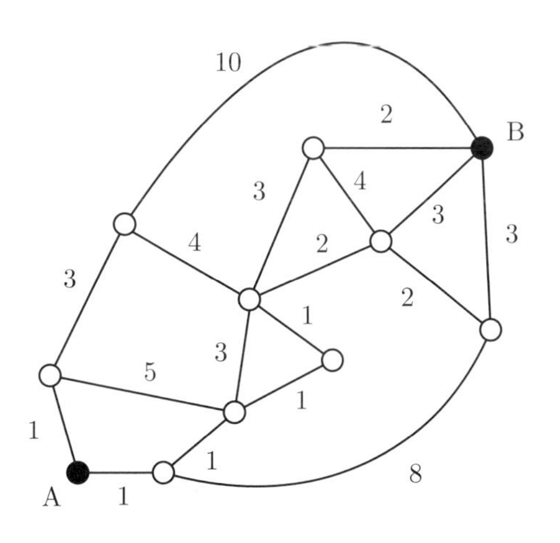

図 1.1　ルート探索のモデル化.

れる.

ルート探索の他にも，社会に現れる問題の多くは組合せ最適化問題としてモデル化して解くことができる．たとえば，配送計画，投資戦略の決定，新規の出店戦略，スケジューリングなどの問題が具体例として挙げられる．同じ問題に対しても複数のモデル化が考えられ，さらに同じモデルに対しても複数の計算方法（アルゴリズム）が考えられる．したがって課題解決のためには

- 現実の状況を組合せ最適化問題としてどのようにモデル化するか，
- モデル化された問題をどのように計算して解くか

の両方が鍵になる．これらの 2 つのステップについて，次節以降にもう少し詳しく説明する．

1.2　組合せ最適化問題へのモデル化

モデルは，様々な分野で対象を理解するために用いられる[52]．本書では最適なものを見つけるためのモデルを主に扱う．これは**最適化モデル**（optimization model）と呼ばれる．

最適化モデルでは，どのような制約のもとで何を最適化したいのかを明確にする．さきほどのルート探索では，A 地点から B 地点まで行くルートの中で所要時間が最短のものを求めることを考えていた．ここでは，制約は「ネットワーク上で A 地点から B 地点まで行くルート」であり，最適化したいものは「所要時間」である．しかし，状況によっては制約や最適化したいものを変更する必要がある．所要時間の最小化を目的としないで，大通りを通って分かりやすいルートで行きたい，高速道路を使わずに安価に行きたい，などを目的とすることも考えられる．また，途中で C 地点に寄りたければ，「A 地点から B 地点まで行くルート」ではなく「A 地点から C 地点を通って B 地点まで行くルート」が条件となる．このように，状況によって様々な目的が考えられるので，解決したい課題を明確にして，制約と最適化したいものを適切に記述する必要がある．

本書では，組合せ最適化モデルを記述するために，グラフと整数最適化問題を主に用いる．グラフと整数最適化問題の基本的な定義，およびそれらを用いたモデル化の具体例は 3 章で与える．最適化モデルは，非線形最適化問題や充足可能性問題などを用いて記述することもできるが，本書では取り扱わない．

モデルは現実を必ずしも正確に表しているわけではないことに注意する．現実の課題や現象は複雑であるため，それをモデル化の過程で単純化・抽象化して，目的に応じて現実の一側面を切り出すのである．たとえば上記のルート探索では，グラフの辺（線）に長さ（所要時間）を定めているが，これは，道路の所要時間が渋滞の影響や車の性能によって変わらないという仮定をおいて，状況を単純にしている．どのようにモデル化するかによって得られるモデルは異なり，モデルが異なれば得られる計算結果も異なる．課題解決のためには，計算結果をもとにモデルの妥当性を検証し，必要に応じてモデルに修正を加えて最適化問題を解き直すなど，モデル化と計算を繰り返し行う必要がある．

1.3 計算の効率

組合せ最適化問題としてモデル化した後，その問題の解を得るための計算方法（アルゴリズム）を設計する．

前の例に戻り，A 地点から B 地点への最短のルートを求めたいとしよう．図 1.1 のような小さなグラフでは，最短ルートを図から簡単に見つけられるが，グラフが大きかったり複雑だったりすると，図から最短ルートを見つけることは難しい．どのようなグラフに対しても最短ルートを見つけられる汎用的な計算方法が望まれる．

最短ルートを求める単純な方法として「すべての行き方を試す」という方法がある．A 地点から B 地点へのルートは有限個であるので，そのすべてを考えて，それぞれのルートについて総所要時間を計算すれば，最短なルートを見つけることができる．しかし，この方法は非常に時間がかかる．グラフが大きくなるとルートの数が膨大になるからである．組合せ的な問題において入力サイズが大きくなると解の候補数が膨大になるこのような現象は，**組合せ爆発**と呼ばれ，組合せ最適化問題の多くで見られる．詳しくは 1.4 節を参照してほしい．

最短パス問題には，すべてのルートを試さずに最短ルートを求める効率的なアルゴリズムが知られている．「**効率的なアルゴリズム**」(efficient algorithm) という言葉は専門用語であり，通常「入力サイズの多項式で抑えられる演算回数で計算ができるアルゴリズム」を意味する．これは**多項式時間アルゴリズム** (polynomial-time algorithm) とも呼ばれる．たとえば，入力されたグラフの

大きさを n としたときに，アルゴリズムの演算回数が n^3 など n の多項式で抑えられれば，このアルゴリズムは効率的なアルゴリズムである．このような計算性能の評価基準は，アルゴリズム解析の基本とされている（アルゴリズムに関する基礎的な事項については付録 A を見てほしい）．最短パス問題において，すべてのルートを単純に数え上げる方法を考えると，ルートの総数はグラフによっては n の指数関数になり得るので，その演算回数を n の多項式で抑えられない．一方，効率的なアルゴリズムは，n の多項式で抑えられる演算回数で最短パスを求める．入力サイズ n が大きくなると，2 つの計算方法の演算回数には大きな差が出てくる．その意味で，最短パスを求める効率的なアルゴリズムは，すべてのルートを数え上げるよりも高速であるといえる．

一方，組合せ最適化問題の中には効率的に解けない問題もある．たとえば，巡回セールスマン問題と呼ばれる組合せ最適化問題がある．この問題は最短パス問題と似ているが，効率的なアルゴリズムが知られていない．専門用語を用いると，巡回セールスマン問題は NP 困難という計算量クラスに属しており，入力サイズの多項式で抑えられる演算回数で計算する方法が知られていない．現実社会に現れる問題の多くは NP 困難な組合せ最適化問題としてモデル化される．

このように，組合せ最適化問題を解きやすさという観点から見ると，入力サイズの多項式で抑えられる演算回数で解くことができる・できない，という 2 つに大きく分類することができる．

組合せ最適化理論の目的の一つは，与えられた問題の解きやすさを明らかにすることである．与えられた組合せ最適化問題に対して，効率的に（多項式時間で）解を求められるのか，それとも NP 困難であるのかを判別したい．問題が多項式時間で解けるかを知るためには，多項式時間で解ける問題がもつ共通の構造を明らかにすることが有用である．実際，多項式時間で解ける問題の多くは，多面体の整数性やマトロイドなどの離散構造をもつことが知られている．

与えられた組合せ最適化問題が NP 困難であると分かれば，この問題には効率的に解く方法が知られていないと分かる．だからといって何もしないというのは得策ではなく，何らかの方策を取ることで課題の解決を図りたい．具体的なアプローチとしては，最適解ではなく最適に近い解を理論保証をもって求めるアルゴリズム（近似アルゴリズム）や，固定パラメータアルゴリズムと呼ばれる計算方法（14 章参照），多項式時間ではないが計算時間が比較的少ないアルゴリズムなどが知られている．また，短時間で最適解あるいは最適に近い解を求める実用的な手法として発見的解法（ヒューリスティックス）が研究されている．

本書の第 II 部では，組合せ最適化問題の中でも多項式時間で解けるものに焦点を当て，それらがもつ多面体的性質やマトロイドなどの離散構造，線形代数的な性質を紹介する．第 III 部では，解きにくい組合せ最適化問題を扱う．まず，

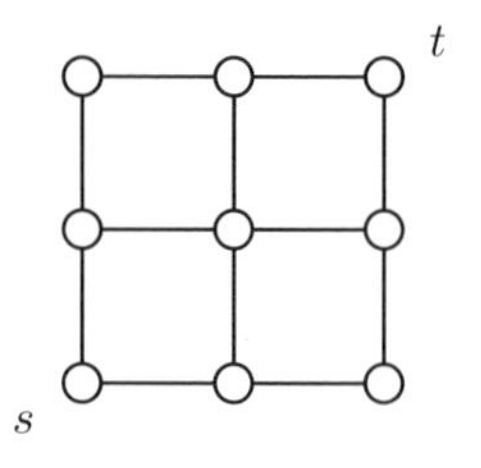

図 1.2　2×2 の格子ネットワーク．

NP 困難問題に対するアプローチとして，近似アルゴリズムや固定パラメータアルゴリズムを解説する．これらは，求めた解の精度や計算時間を理論的に保証できるアルゴリズムを設計する枠組みである．本書では，理論保証をもたない発見的解法については取り扱わない．発見的解法の詳細については [40], [79] などを参照してほしい．第Ⅲ部の最後に，不確実性を有するために計算が困難である組合せ最適化モデルとして，オンラインマッチングを紹介する．

計算の効率を考える上ではモデルの複雑さも重要な要素である．モデルは現実を忠実に反映するものが望ましいが，現実をあまりに忠実に反映しようとするとモデルが複雑になり，計算方法が煩雑で時間のかかるものになる．一方，モデルを単純にすると計算方法を簡単にできるかもしれないが，得られた解と現実との乖離が大きくなる恐れがある．課題解決のためには，計算効率を考慮しつつ，現実を適切に反映するモデルを作る必要があり，技術とセンスが要求される．

1.4　補足：組合せ爆発

1.3 節で紹介したように，組合せ的な問題では，その入力サイズが大きくなると解の候補が爆発的に多くなってしまう．このような現象を**組合せ爆発** (combinatorial explosion) という．

組合せ爆発が生じる例として，図 1.2 のような格子ネットワーク上で点 s から点 t まで行くルートの数を数えてみよう．2×2 の格子ネットワークにおいて，s から出発して 4 歩で t に到達するルートは 6 通りである．$n \times n$ の格子ネットワークにおいて，s から t まで $2n$ 歩で行くルートは ${}_{2n}\mathrm{C}_n = \frac{(2n)!}{n!n!}$ 通りである．これは，s から t まで行くルートが n 個の縦線と n 個の横線の並べ替えによって決まることから分かる．

格子ネットワークの大きさ n とルートの数 ${}_{2n}\mathrm{C}_n$ の関係を表した表が表 1.1 である．この表を見ると，n が大きくなるとルートの数が膨大になることが分かる．したがって，すべてのルートを求めようとすると，n が大きいとき非常に時間がかかる．たとえば，1 秒間に 1 億個のルートを求められるプログラムがあるとすると，5×5 程度の格子ネットワークならルートの候補は数百であ

表 1.1　$n \times n$ の格子ネットワークにおけるルートの数.

n	ルートの数 ${}_{2n}\mathrm{C}_n$
1	2
2	6
3	20
4	70
5	252
⋮	⋮
10	18 万 4,756
20	約 1,378 億
30	約 1.2×10^{17}
50	約 1.0×10^{29}
100	約 9×10^{58}

るので一瞬で数え上げられるが，30×30 では約 37.5 年，50×50 では約 32 兆年かかる.

ここでは格子ネットワークという単純なグラフを考えたが，一般に，最短パスを求めたいグラフはより複雑になる．そのため，ルートの候補をすべて調べる方法では，現実的な時間で最短パスを求めることは難しいと予想できる.

組合せ爆発は，多くの組合せ最適化問題において現れる現象である．組合せ最適化問題を短時間で解くためには，組合せ爆発を避けて，効率的なアルゴリズムを設計することが重要となる.

上の例では，$n \times n$ の格子ネットワーク上で s から $2n$ 歩で t に到達するルートの数を数えていた．少し問題を変えて，格子ネットワーク上の点 s から点 t までのルートで，同じ点を 2 度通らないルートをすべて数える問題を考える．すると，ルートの数はますます膨大になる．たとえば，3×3 の格子ネットワークでは 184 通りあり，8×8 の場合は約 3.2×10^{15} 通りもある．この問題は YouTube 動画「『フカシギの数え方』おねえさんといっしょ！ みんなで数えてみよう！」で扱われており，この動画は 2024 年現在 310 万回以上再生されている[81].

第 2 章
線形最適化の基礎

線形最適化問題は最も基本的な数理最適化問題の一つである．本章では，次章以降に必要となる基礎的な事項として，線形最適化問題の双対定理や多面体の基本的な性質を紹介する．

2.1 線形最適化問題

線形最適化問題（linear optimization problem）は，線形不等式制約のもとで線形関数を最大化（または最小化）する問題であり，**線形計画問題**（linear programming problem, LP）とも呼ばれる．次の問題

$$\begin{aligned} \text{maximize} \quad & x_1 + x_2 \\ \text{subject to} \quad & -x_1 + x_2 \leq 1, \\ & x_1 \leq 3, \\ & x_2 \leq 2, \\ & x_1, x_2 \geq 0 \end{aligned} \tag{2.1}$$

は線形最適化問題の例である．例 (2.1) の書き方について説明する．まず 1 行目の maximize の後に最大化したい関数が書かれている．上の例では最大化したい関数は $x_1 + x_2$ である．subject to 以降は制約が並ぶ．上の例では x_1, x_2 という 2 つの変数があり，$-x_1 + x_2 \leq 1$, $x_1 \leq 3$, $x_2 \leq 2$, $x_1 \geq 0$, $x_2 \geq 0$ という 5 つの制約がある．つまり上の例は，これらの線形不等式制約をすべて満たす x_1, x_2 の中で，関数 $x_1 + x_2$ の値が最大となるものを求める問題である．最小化したい場合は，maximize のかわりに minimize と書く．

上の例 (2.1) の制約をすべて満たす (x_1, x_2) の集合を図示すると，図 2.1 の領域になる．この領域の中で $x_1 + x_2$ の値が最大となる点は $(x_1, x_2) = (3, 2)$ であり，そのときの $x_1 + x_2$ の値は 5 である．

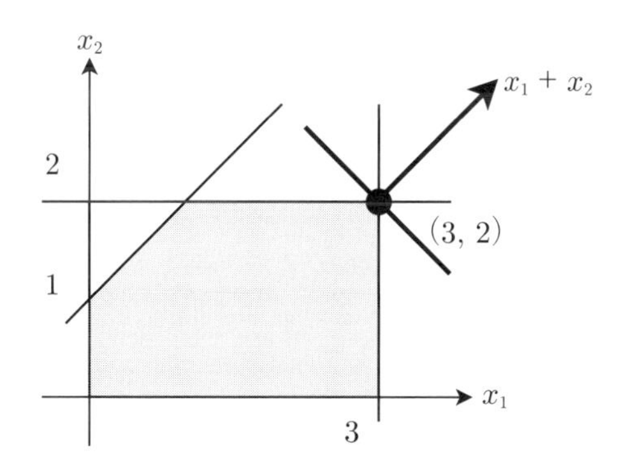

図 2.1　例 (2.1) の制約を満たす (x_1, x_2) の領域.

線形最適化問題の一般的な形は，n 個の変数 $x_1, x_2, \ldots, x_n$，m 個の線形不等式制約および非負制約（各変数が非負であるという制約）を用いて

$$
\begin{aligned}
\text{maximize} \quad & c_1x_1 + c_2x_2 + \cdots + c_nx_n \\
\text{subject to} \quad & a_{11}x_1 + a_{12}x_2 + \cdots + a_{1n}x_n \leq b_1, \\
& a_{21}x_1 + a_{22}x_2 + \cdots + a_{2n}x_n \leq b_2, \\
& \qquad \vdots \\
& a_{m1}x_1 + a_{m2}x_2 + \cdots + a_{mn}x_n \leq b_m, \\
& x_1, x_2, \ldots, x_n \geq 0
\end{aligned}
$$

のように書ける．変数を表す n 次元のベクトル $x = (x_1, x_2, \ldots, x_n)^\top$ を用意して[*1]，n 次元ベクトル $c = (c_1, c_2, \ldots, c_n)^\top$，$m$ 次元ベクトル $b = (b_1, b_2, \ldots, b_m)^\top$，および，$m \times n$ 次行列 $A = (a_{ij})$ を用いて書き直すと

$$
\begin{aligned}
\text{maximize} \quad & c^\top x \\
\text{subject to} \quad & Ax \leq b, \\
& x \geq \mathbf{0}
\end{aligned}
\tag{2.2}
$$

となる．ここで $\mathbf{0}$ はすべての成分が 0 のベクトル（ゼロベクトル）である．また，同じ次元の 2 つのベクトル $v = (v_1, v_2, \ldots, v_n)^\top, u = (u_1, u_2, \ldots, u_n)^\top$ に対して，各 $i = 1, 2, \ldots, n$ において $v_i \geq u_i$ が成り立つとき，$v \geq u$ と表記する．たとえば，$x \geq \mathbf{0}$ は，ベクトル x の各成分 x_i が非負であることを意味する．各成分が非負のベクトルを**非負ベクトル**（non-negative vector）という．

本書では，ベクトルを表すアルファベットに下添え字を付けて，そのベクトルの成分を表す．たとえば，ベクトル x の第 i 成分は x_i と表し，行列 A とベクトル x の積 Ax の第 i 成分は $(Ax)_i$ と表す．

最適化問題において，最適化（最大化または最小化）したい関数を**目的関

*1)　$\top$ は転置を表す．本書では，ベクトルは列ベクトルであるとする．

数（objective function）と呼ぶ．すべての制約を満たすベクトル x を**実行可能解**（feasible solution）といい，実行可能解の集合を**実行可能領域**（feasible region）という．目的関数の値が最適（最大または最小）である実行可能解を**最適解**（optimal solution）といい，そのときの目的関数値を**最適値**（optimal value）という．例 (2.1) では，前で述べたように，最適解は $(x_1, x_2) = (3, 2)$，最適値は 5 である．最適化問題に実行可能解が存在しないとき，最適化問題は**実行不可能**（infeasible）であるという．また，最適値がいくらでも大きくなるとき，最適化問題は**非有界**（unbounded）であるという．より正確には，任意の実数 α に対して目的関数値が α よりも良い（最大化では大きい，最小化では小さい）実行可能解が存在するとき，最適化問題は非有界であるという．実行不可能や非有界である最適化問題は最適解をもたない．

線形最適化問題を別の形式で書くこともある．たとえば，最大化問題ではなく

$$
\begin{aligned}
&\text{minimize} && c^\top x \\
&\text{subject to} && Ax \geq b, \\
& && x \geq \mathbf{0}
\end{aligned}
\tag{2.3}
$$

のように線形関数を最小化する問題も考えられる．最小化する場合は線形不等式制約の不等号の向きを反対にすることが多い．他にも

$$
\begin{aligned}
&\text{maximize} && c^\top x \\
&\text{subject to} && Ax = b, \\
& && x \geq \mathbf{0}
\end{aligned}
\tag{2.4}
$$

と線形不等式制約が等式制約に置き換わったものや

$$
\begin{aligned}
&\text{maximize} && c^\top x \\
&\text{subject to} && Ax \leq b
\end{aligned}
\tag{2.5}
$$

のように非負制約がないものなどがある．

これらの問題 (2.3)–(2.5) はすべて，問題 (2.2) の形に変換できる．たとえば，問題 (2.3) において，$c^\top x$ を最小化することは $-c^\top x$ を最大化することに等しい．また

$$\alpha_1 x_1 + \alpha_2 x_2 + \cdots + \alpha_n x_n \geq \beta$$

という線形不等式制約は，両辺に -1 をかけることで

$$-\alpha_1 x_1 - \alpha_2 x_2 + \cdots - \alpha_n x_n \leq -\beta$$

のように不等号の向きが反対である制約に変換できる．したがって，問題 (2.3) は問題 (2.2) の形に変換できる．問題 (2.4) は等式制約

$$\alpha_1 x_1 + \alpha_2 x_2 + \cdots + \alpha_n x_n = \beta$$

をもつが，これは 2 つの線形不等式制約

$$\alpha_1 x_1 + \alpha_2 x_2 + \cdots + \alpha_n x_n \leq \beta,$$
$$-\alpha_1 x_1 - \alpha_2 x_2 - \cdots - \alpha_n x_n \leq -\beta$$

が成り立つことと等価である．問題 (2.5) のように変数 x_i に非負制約がない場合，2 つの非負変数 x'_i, x''_i を導入して，x_i を

$$x_i = x'_i - x''_i, \quad x'_i, x''_i \geq 0$$

に置き換えると，非負制約をもつ等価な問題に変換できる．

上記の変形を組み合わせると，線形不等式または等式制約のもとで線形関数を最適化（最大化または最小化）する任意の問題は，問題 (2.2) の形に変換できる．たとえば

$$\begin{aligned} \text{minimize} \quad & x_1 + x_2 \\ \text{subject to} \quad & -x_1 + x_2 = 1, \\ & x_1 \geq 0 \end{aligned}$$

という最適化問題が与えられたとする．このとき，x_2 を 2 つの非負変数 x'_2, x''_2 に置き換えれば，すべての変数が非負制約をもつ問題

$$\begin{aligned} \text{minimize} \quad & x_1 + (x'_2 - x''_2) \\ \text{subject to} \quad & -x_1 + (x'_2 - x''_2) = 1, \\ & x_1, x'_2, x''_2 \geq 0 \end{aligned}$$

に変換できる．さらに，等式制約を 2 つの線形不等式制約で表して，目的関数を -1 倍することで

$$\begin{aligned} \text{maximize} \quad & -x_1 - x'_2 + x''_2 \\ \text{subject to} \quad & x_1 - x'_2 + x''_2 \leq -1, \\ & -x_1 + x'_2 - x''_2 \leq 1, \\ & x_1, x'_2, x''_2 \geq 0 \end{aligned}$$

のように問題 (2.2) の形にできる．

2.2 双対定理

本節では，線形最適化理論における最も重要な定理である双対定理を紹介する．

線形最適化問題 (2.2) の**双対問題**（dual problem）は，変数を表すベクトル

y を用いて

$$\begin{aligned}
\text{minimize} \quad & b^\top y \\
\text{subject to} \quad & A^\top y \geq c, \\
& y \geq \mathbf{0}
\end{aligned} \tag{2.6}$$

と定義される．双対問題に対して，元の問題 (2.2) は**主問題**（primal problem）と呼ばれる．主問題 (2.2) は n 個の変数と m 個の線形不等式制約をもつが，双対問題は m 個の変数と n 個の線形不等式制約をもつ．双対問題の実行可能解を**双対実行可能解**（dual feasible solution）という．

たとえば，例 (2.1) は，$x = (x_1, x_2)^\top$ とおくと

$$\begin{aligned}
\text{maximize} \quad & \begin{pmatrix} 1 & 1 \end{pmatrix}^\top x \\
\text{subject to} \quad & \begin{pmatrix} -1 & 1 \\ 1 & 0 \\ 0 & 1 \end{pmatrix} x \leq \begin{pmatrix} 1 \\ 3 \\ 2 \end{pmatrix}, \\
& x \geq \mathbf{0}
\end{aligned}$$

と書けるので，双対問題は，$y = (y_1, y_2, y_3)^\top$ を用いて

$$\begin{aligned}
\text{minimize} \quad & \begin{pmatrix} 1 & 3 & 2 \end{pmatrix}^\top y \\
\text{subject to} \quad & \begin{pmatrix} -1 & 1 & 0 \\ 1 & 0 & 1 \end{pmatrix} y \geq \begin{pmatrix} 1 \\ 1 \end{pmatrix}, \\
& y \geq \mathbf{0}
\end{aligned}$$

のように書ける．これを書き下すと

$$\begin{aligned}
\text{minimize} \quad & y_1 + 3y_2 + 2y_3 \\
\text{subject to} \quad & -y_1 + y_2 \geq 1, \\
& y_1 + y_3 \geq 1, \\
& y_1, y_2, y_3 \geq 0
\end{aligned}$$

である．

主問題と双対問題の目的関数値には以下のような大小関係がある．この事実は**弱双対定理**（weak duality theorem）と呼ばれる．

定理 2.1（弱双対定理）．線形最適化問題 (2.2) の任意の実行可能解 x と双対問題 (2.6) の任意の実行可能解 y に対して，$c^\top x \leq b^\top y$ が成り立つ．

証明． 主問題 (2.2) の実行可能解 x は $Ax \leq b$ を満たし，双対実行可能解 y は $A^\top y \geq c$ を満たす．これらを用いると，x と y は非負ベクトルであるので

$$c^\top x \leq (A^\top y)^\top x = y^\top (Ax) \leq y^\top b \tag{2.7}$$

が成り立つ．したがって $c^\top x \leq y^\top b$ である． □

定理 2.1 より

$$\bigl(\text{主問題 (2.2) の最適値}\bigr) \leq \bigl(\text{双対問題 (2.6) の最適値}\bigr)$$

がいえる．

双対問題 (2.6) に実行可能解が存在すれば，上式の右辺は有限の値を取るので，主問題 (2.2) は非有界ではない．したがって，主問題 (2.2) が非有界であるならば，双対問題 (2.6) は実行不可能である．同様に，双対問題が非有界であるならば，主問題は実行不可能である．

線形最適化問題において，主問題が最適解をもつならば双対問題も最適解をもち，上式の不等号が等号で成立することが知られている．これは**双対定理**（duality theorem）と呼ばれる．

定理 2.2（双対定理）．線形最適化問題 (2.2) が最適解をもつならば，双対問題 (2.6) は最適解をもち，両者の最適値は一致する．

本書では定理 2.2 の証明を省略する．詳しくは専門書（[21], [65], [72] など）を参照してほしい．

主問題と双対問題の実行可能解がともに最適解であるための必要十分条件が双対定理から得られる．この条件を**相補性条件**（complementary-slackness condition）と呼ぶ．

定理 2.3．主問題 (2.2) の実行可能解を x，双対問題 (2.6) の実行可能解を y とする．x と y がともに最適解であるための必要十分条件は，以下の 2 つの条件が成り立つことである．

(a) $x_j > 0$ ならば $(A^\top y)_j = c_j$ が成り立つ．

(b) $y_i > 0$ ならば $(Ax)_i = b_i$ が成り立つ．

双対問題 (2.6) の制約から，任意の $j = 1, 2, \ldots, n$ に対して $(A^\top y)_j \geq c_j$ が成り立つ．定理 2.3 の条件 (a) は，$x_j > 0$ ならば，双対問題の j 番目の制約が等号で成り立つことを述べている．条件 (b) についても同様のことがいえる．

双対定理（定理 2.2）を認めれば，定理 2.3 を比較的容易に証明できる．

定理 2.3 の証明． 定理 2.2 より，x, y が最適解ならば主問題と双対問題の最適値が一致するので，$c^\top x = b^\top y$ が成り立つ．これより，(2.7) の不等号がすべて等号で成立するので

$$c^\top x = y^\top Ax = y^\top b$$

である．したがって，2 つの等式

$$\left(A^\top y - c\right)^\top x = 0, \quad y^\top (b - Ax) = 0 \tag{2.8}$$

が得られる．(2.8) の第 1 式は $\sum_{j=1}^{n} \left(A^\top y - c\right)_j x_j = 0$ と書き換えられる．この左辺の各項は非負であるので，これは任意の $j = 1, 2, \ldots, n$ に対して $\left(A^\top y - c\right)_j x_j = 0$ が成り立つことを意味する．したがって，定理 2.3 の条件 (a) が成立する．条件 (b) についても，(2.8) の第 2 式を用いれば同様に示すことができる．

逆に，主問題と双対問題の実行可能解 x, y が条件 (a), (b) を満たすとすると，(2.8) が成り立つので，(2.7) の不等号がすべて等号で成立する．したがって，x, y は最適解である． □

2.3 多面体

本節では，多面体の定義とその基本的な性質を述べる．実数の集合を $\mathbb{R}$ として，$\mathbb{R}^n$ を n 次元ユークリッド空間とする．

$\mathbb{R}^n$ の部分集合 $\mathcal{H}$ が，非ゼロのベクトル $a \in \mathbb{R}^n$ と実数 $\beta \in \mathbb{R}$ を用いて $\mathcal{H} = \{x \in \mathbb{R}^n \mid a^\top x = \beta\}$ と書けるとき，$\mathcal{H}$ を**超平面**（hyperplane）という．また，$\{x \in \mathbb{R}^n \mid a^\top x \leq \beta\}$ と書ける領域を**半空間**（half space）という．**多面体**（polyhedron）は有限個の半空間の積集合（共通部分）として定義される．つまり，$\mathcal{P} = \{x \in \mathbb{R}^n \mid a_i^\top x \leq b_i \ (i = 1, 2, \ldots, m)\}$ と書けるものを多面体という．$m \times n$ 次行列 A と m 次元ベクトル b を

$$A = \begin{pmatrix} a_1^\top \\ a_2^\top \\ \vdots \\ a_m^\top \end{pmatrix}, \qquad b = \begin{pmatrix} b_1 \\ b_2 \\ \vdots \\ b_m \end{pmatrix} \tag{2.9}$$

とおくと，多面体 $\mathcal{P}$ を $\mathcal{P} = \{x \in \mathbb{R}^n \mid Ax \leq b\}$ のように表すことができる．

n 次元ベクトル x が N 個の n 次元ベクトル $x_1, x_2, \ldots, x_N \in \mathbb{R}^n$ と $\sum_{i=1}^{N} \lambda_i = 1$ を満たす N 個の非負実数 $\lambda_1, \lambda_2, \ldots, \lambda_N$ を用いて

$$x = \lambda_1 x_1 + \lambda_2 x_2 + \cdots + \lambda_N x_N$$

と書けるとき，x を $x_1, x_2, \ldots, x_N$ の**凸結合**（convex combination）という．N 個のベクトル $x_1, x_2, \ldots, x_N$ の凸結合をすべて集めてきたものを $x_1, x_2, \ldots, x_N$ の**凸包**（convex hull）といい，$\mathrm{conv.hull}(\{x_1, x_2, \ldots, x_N\})$ と表記する．式を用いると

$$\mathrm{conv.hull}(\{x_1, x_2, \ldots, x_N\}) = \left\{ \sum_{i=1}^{N} \lambda_i x_i \;\middle|\; \lambda_1, \lambda_2, \ldots, \lambda_N \geq 0, \sum_{i=1}^{N} \lambda_i = 1 \right\}$$

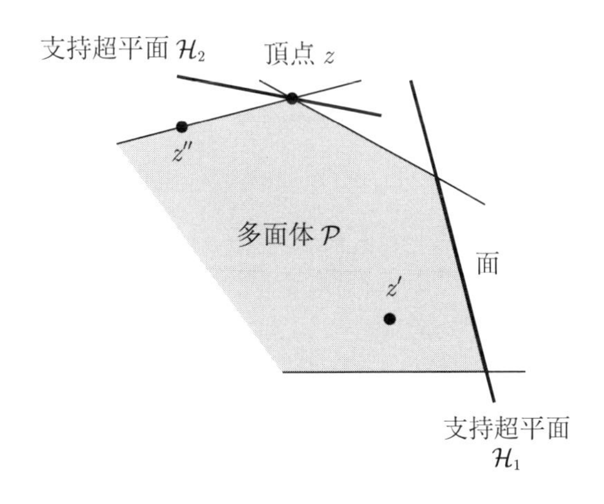

図 2.2　多面体，面，頂点の例．

である．凸包は有界な多面体であり，任意の有界な多面体は有限個のベクトルの凸包として表すことができる．有界な多面体は**有界多面体**（polytope）とも呼ばれる．

$\mathcal{P}$ を多面体とする．不等式 $a^\top x \leq \beta$（ただし $a \neq \mathbf{0}$）は，任意の $z \in \mathcal{P}$ に対して $a^\top z \leq \beta$ が成り立つとき，$\mathcal{P}$ に関して妥当（valid）であるという．妥当な不等式 $a^\top x \leq \beta$ によって定義される超平面 $\mathcal{H} = \{x \in \mathbb{R}^n \mid a^\top x = \beta\}$ は，$\mathcal{P} \cap \mathcal{H}$ が非空のとき，**支持超平面**（supporting hyperplane）という．多面体 $\mathcal{P}$ とその支持超平面 $\mathcal{H}$ の積集合 $\mathcal{P} \cap \mathcal{H}$ を**面**（face）と呼ぶ．他の面を含まない面を**極小面**（minimal face）という．図 2.2 では，$\mathcal{H}_1, \mathcal{H}_2$ は多面体 $\mathcal{P}$ の支持超平面であり，それぞれの $\mathcal{P}$ との共通部分が面である．多面体 $\mathcal{P}$ が m 個の半空間を用いて $\mathcal{P} = \{x \in \mathbb{R}^n \mid a_i^\top x \leq b_i \ (i = 1, 2, \ldots, m)\}$ と書けるとき，面 $\mathcal{F}$ は，ある添え字集合 $I \subseteq \{1, 2, \ldots, m\}$ を用いて $\mathcal{F} = \{x \in \mathcal{P} \mid a_i^\top x = b_i \ (\forall i \in I)\}$ と書けることが知られている．

面 $\mathcal{F}$ がただ 1 つの要素 z からなるとき，z を**頂点**（vertex）という．点 $z \in \mathcal{P}$ が $\mathcal{P}$ の頂点であるならば，ある非ゼロのベクトル a が存在して，任意の点 $y \in \mathcal{P}$（ただし $y \neq z$）に対して $a^\top y < a^\top z$ が成り立つ．逆に，このようなベクトル a が存在すれば，z は頂点である．

以下では，多面体 $\mathcal{P}$ の点 z が頂点であるための必要十分条件が，$\mathcal{P}$ の異なる 2 点の凸結合として z を表せないことであることを紹介する．ただし $(0, 1)$ は 0 より大きく 1 より小さな実数の集合である．

命題 2.4. 多面体 $\mathcal{P}$ の点 z が $\mathcal{P}$ の頂点であるための必要十分条件は，2 点 $x, y \in \mathcal{P}$ $(x \neq y)$ と $\lambda \in (0, 1)$ を用いて $z = \lambda x + (1 - \lambda)y$ と表すことができないことである．

本書では命題 2.4 の証明を省略するが，2 次元空間の場合は図 2.2 より正しいことが見てとれる．図 2.2 の点 z は頂点であるが，$\mathcal{P}$ の異なる 2 点の凸結

合として z を表すことができない．一方，点 z' のような $\mathcal{P}$ の内部の点や，点 z'' のような（頂点ではない）境界上の点は，$\mathcal{P}$ の異なる 2 点の凸結合として表せる．

多面体 $\mathcal{P} = \{x \in \mathbb{R}^n \mid a_i^\top x \leq b_i \ (i = 1, 2, \ldots, m)\}$ の点を z とする．$z \in \mathcal{P}$ より，各 $i = 1, 2, \ldots, m$ に対して $a_i^\top z \leq b_i$ が成り立つ．$a_i^\top z = b_i$ である制約 i の集合を R_z とおくと，$R_z = \{i \in \{1, 2, \ldots, m\} \mid a_i^\top z = b_i\}$ である．(2.9) の行列 A において，行集合 R_z に対応する行からなる部分行列を A_z と表す．

以下に示すように，A_z の階数（ランク）を用いて，多面体 $\mathcal{P}$ の点 z が頂点であるための必要十分条件が得られる．

命題 2.5. 多面体 $\mathcal{P} = \{x \in \mathbb{R}^n \mid Ax \leq b\}$ の点を z とする．このとき，z が $\mathcal{P}$ の頂点であるための必要十分条件は，$\mathrm{rank}(A_z) = n$ が成り立つことである．

証明. まず $\mathrm{rank}(A_z) < n$ を仮定する．このとき，ある非ゼロのベクトル d が存在して $A_z d = \mathbf{0}$ を満たす．$z \in \mathcal{P}$ であるので，行 $i \in R_z$ は $a_i^\top d = 0$ かつ $a_i^\top z = b_i$ を満たす．また，行 $i \notin R_z$ について $a_i^\top z < b_i$ である．したがって，十分小さな正の実数 $\delta > 0$ を取れば，任意の行 $i = 1, 2, \ldots, m$ に対して

$$a_i^\top (z + \delta d) \leq b_i, \quad a_i^\top (z - \delta d) \leq b_i$$

が成り立つ．ベクトル $x = z + \delta d$, $y = z - \delta d$ は $\mathcal{P}$ に属する．このとき，$z = \frac{1}{2}(x + y)$ が成り立つので，z は 2 つのベクトル x, y の凸結合として表される．したがって，命題 2.4 より z は頂点ではない．

次に，z は頂点ではないと仮定する．このとき，命題 2.4 より，$\mathcal{P}$ の 2 点 $x, y \ (x \neq y)$ と実数 $\lambda \in (0, 1)$ を用いて，$z = \lambda x + (1 - \lambda) y$ と書ける．いま，行 $i \in R_z$ に対して $a_i^\top x \leq b_i$, $a_i^\top z = b_i$ が成り立つので

$$a_i^\top x \leq b_i = a_i^\top z = a_i^\top (\lambda x + (1 - \lambda) y)$$

である．これを整理すると，$\lambda \in (0, 1)$ より $a_i^\top x \leq a_i^\top y$ を得る．同様に，$a_i^\top y \leq a_i^\top z = a_i^\top (\lambda x + (1 - \lambda) y)$ であるので，$a_i^\top y \leq a_i^\top x$ が得られる．したがって，$a_i^\top x = a_i^\top y$ が成り立つ．以上より，任意の行 $i \in R_z$ について $a_i^\top (x - y) = 0$ が成り立つ．これより $A_z (x - y) = \mathbf{0}$ であるが，$x \neq y$ であるので，これは $\mathrm{rank}(A_z) < n$ を意味する．□

2.4 線形最適化問題と多面体

本節では，以下のように非負制約 $x \geq \mathbf{0}$ をもたない線形最適化問題

$$\text{maximize} \quad c^\top x \quad \text{subject to} \quad Ax \leq b \tag{2.10}$$

を扱う．前節までで扱ってきた線形最適化問題 (2.2) は非負制約 $x \geq \mathbf{0}$ をも

つが，これは上の問題 (2.10) に変換できる．具体的には，問題 (2.2) の制約 $Ax \leq b, x \geq \mathbf{0}$ を，単位行列 I を用いて

$$\begin{pmatrix} A \\ -I \end{pmatrix} x \leq \begin{pmatrix} b \\ \mathbf{0} \end{pmatrix}$$

のようにまとめて書けば，問題 (2.2) を問題 (2.10) の形にできる．したがって，本節では問題 (2.10) の線形最適化問題を扱う．

問題 (2.10) の実行可能領域を $\mathcal{P} = \{x \in \mathbb{R}^n \mid Ax \leq b\}$ とおく．このとき，行列 A の階数が n ならば，線形最適化問題の最適解の中に多面体 $\mathcal{P}$ の頂点に対応するものが存在する．

定理 2.6. $m \times n$ 次行列 A の階数は n であるとする．このとき，多面体 $\mathcal{P} = \{x \in \mathbb{R}^n \mid Ax \leq b\}$ 上の線形最適化問題 (2.10) が最適解をもつならば，最適解の中に $\mathcal{P}$ の頂点であるものが存在する．

証明. 線形最適化問題の最適解 x^* の中で $|R_{x^*}|$ が最大のものを取る．以下では x^* が頂点であることを示す．

まず，$|R_{x^*}| = m$ である場合を考える．このとき $A_{x^*} = A$ であり，$\mathrm{rank}(A_{x^*}) = \mathrm{rank}(A) = n$ であるので，命題 2.5 より x^* は頂点である．

次に，$|R_{x^*}| < m$ である場合を考える．x^* は頂点ではないと仮定して，矛盾を導く．命題 2.5 より，$\mathrm{rank}(A_{x^*}) \leq n - 1$ である．このとき，ある非ゼロのベクトル d が存在して $A_{x^*}d = \mathbf{0}$ を満たす．行 $i \notin R_{x^*}$ について，$a_i^\top x^* < b_i$ が成り立つので

$$\delta_i = \max\left\{\delta \mid a_i^\top(x^* + \delta d) \leq b_i, a_i^\top(x^* - \delta d) \leq b_i\right\}$$

とおく．δ_i は有限の値を取る正の数である．$\delta^* = \min_{i \notin R_{x^*}} \delta_i$ と定義すると，$x' = x^* + \delta^* d,\, x'' = x^* - \delta^* d$ は $\mathcal{P}$ に属する．実際，各行 $i \in R_{x^*}$ に対して，$a_i^\top d = 0$ であるので，$a_i^\top x' = a_i^\top x^* + \delta^* a_i^\top d = b_i$ が成り立ち，各行 $i \notin R_{x^*}$ に対して，δ^* の定義より $a_i^\top x' \leq b_i$ が成り立つ．したがって，x' は $\mathcal{P}$ に属する．x'' についても同様に $\mathcal{P}$ に属することがいえる．さらに，x', x'' に対する目的関数値は，それぞれ，$c^\top x' = c^\top x^* + \delta^* c^\top d,\, c^\top x'' = c^\top x^* - \delta^* c^\top d$ である．x^* は最適解であるので，$c^\top x^* = c^\top x' = c^\top x''$ が成り立ち，x', x'' はともに最適解であると分かる．

一方，$\delta^* = \delta_i$ を満たす $i \notin R_{x^*}$ に対して，$a_{i'}^\top x' = b_{i'}$ または $a_{i'}^\top x'' = b_{i'}$ が成り立つ．このとき，$|R_{x'}| > |R_{x^*}|$ または $|R_{x''}| > |R_{x^*}|$ が成り立つので，これは $|R_{x^*}|$ の最大性に矛盾する．したがって，x^* は頂点である．

以上より，x^* は頂点であることが示された．□

本節の最後に，多面体を用いて幾何的に双対定理（定理 2.2）を解釈できることを述べる．

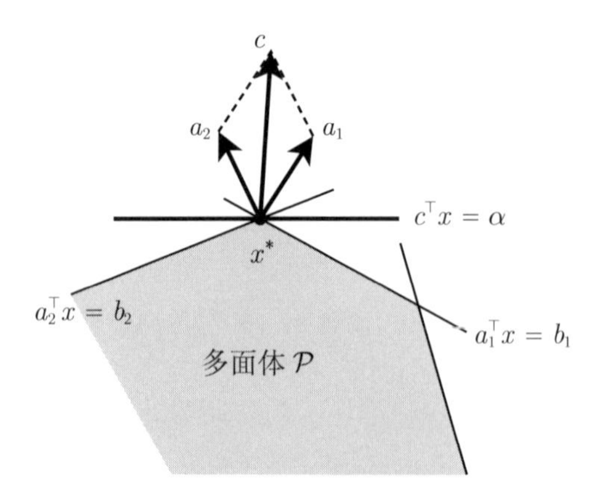

図 2.3　双対定理の幾何学的な意味．超平面 $\{x \mid c^\top x = \alpha\}$ が 2 つの超平面 $\{x \mid a_i^\top x = b_i\}$ $(i = 1, 2)$ の非負線形結合で表される．

線形最適化問題 (2.10) は $\mathrm{rank}(A) = n$ という条件を満たすとする．定理 2.6 より，問題 (2.10) には多面体 $\mathcal{P}$ の頂点である最適解 x^* が存在する．A の行を適当に並べ替えれば，R_{x^*} は最初の 1 行目から k 行目であると仮定してよい．つまり，$i = 1, 2, \ldots, k$ に対して，$a_i^\top x^* = b_i$ が成り立つ．問題 (2.10) の i 番目の制約（$i = 1, 2, \ldots, m$）により定まる超平面を $\mathcal{H}_i = \{x \in \mathbb{R}^n \mid a_i^\top x = b_i\}$ とすると，これは，x^* が k 個の超平面 $\mathcal{H}_1, \mathcal{H}_2, \ldots, \mathcal{H}_k$ の上にあることを意味する（図 2.3 参照）．また，問題 (2.10) の最適値を α とおくと，x^* は超平面 $\{x \in \mathbb{R}^n \mid c^\top x = \alpha\}$ の上にある．

問題 (2.10) の双対問題は

$$\text{minimize} \quad b^\top y \quad \text{subject to} \quad A^\top y = c, \quad y \geq \mathbf{0}$$

である．双対問題の最適解を y^* とすると，相補性条件（定理 2.3）より，$y^*_{k+1} = y^*_{k+2} = \cdots = y^*_m = 0$ である．y^* は双対実行可能解であるので

$$c = \sum_{i=1}^{m} y_i^* a_i = \sum_{i=1}^{k} y_i^* a_i$$

が成り立つ．これは，k 個のベクトル $a_1, a_2, \ldots, a_k$ の非負線形結合としてベクトル c を表せることを述べている．

双対定理より，双対問題の最適値は α に等しいので

$$\sum_{i=1}^{k} y_i^* b_i = \alpha$$

である．上記の 2 式は同じ係数 y_i^* を用いているので，c と α を並べたベクトル $\left(c^\top, \alpha\right)^\top$ は

$$\left(c^\top, \alpha\right)^\top = \sum_{i=1}^{k} y_i^* \left(a_i^\top, b_i\right)^\top$$

のように，ベクトル $\left(a_i^\top, b_i\right)^\top$ $(i = 1, 2, \ldots, k)$ の非負線形結合で表すことができる．したがって，図 2.3 のように，超平面 $\{x \in \mathbb{R}^n \mid c^\top x = \alpha\}$ は，k 個の超平面 $\mathcal{H}_1, \mathcal{H}_2, \ldots, \mathcal{H}_k$ の非負線形結合として表される．このように双対定理は幾何的に解釈できる．

2.5 線形最適化問題の解法

線形最適化問題を解くアルゴリズムについて簡単に述べる．線形最適化問題を解く最初のアルゴリズムは，1947 年に G. ダンツィク（G. Dantzig）が提案した**単体法**（simplex method）である．単体法では，実行可能領域を表す多面体の頂点を保持し，現在の頂点が最適解でないならば，隣接する頂点へと移動する．この移動を繰り返すことで，最終的に最適解に対応する頂点を求める．単体法では移動する頂点の選び方に自由度があるが，頂点の選び方をうまく決めると，単体法は有限回の反復で最適解を求めることが知られている．しかし，単体法の反復回数を入力サイズの多項式で抑えられるような頂点の選び方は知られておらず，最適化理論における重要な未解決な問題の一つである．このように単体法は多項式時間アルゴリズムではないが，実用的に高速なアルゴリズムとして広く利用されている．

線形最適化問題を解く他のアルゴリズムとして，楕円体法や内点法というアルゴリズムが知られている．これらは入力サイズの多項式時間で最適解を求める．ここでいう入力サイズとは，線形最適化問題を記述する係数行列 A とベクトル b, c を保存するために必要となるメモリ領域の大きさのことである．線形最適化理論の詳細については [21], [65], [72] などを参照してほしい．

第3章
組合せ最適化モデル

本章では組合せ最適化モデルについて説明する．3.1 節と 3.2 節では，組合せ最適化モデルを表現するために用いるグラフと整数最適化問題について，その基本的な事項を紹介する．3.3 節では，典型的な組合せ最適化問題を例としてモデル化の方法を説明する．

3.1 グラフ

本節では，グラフとグラフに関わる基本的な用語の定義を与える．グラフについてより詳しく学びたい場合は，グラフ理論の教科書（[2], [9] など）を参照されたい．

グラフ（graph）は，図 3.1 のように，いくつかの点と 2 点を結ぶ線の集まりで構成される．より正確には，グラフ G は，有限集合 V と，V の要素のペアの集合 $E \subseteq \{X \subseteq V \mid |X| = 2\}$ からなり*1)，$G = (V, E)$ と表記される．V の要素を**頂点**（vertex）と呼び，E の要素を**辺**（edge）と呼ぶ．たとえば，図 3.1 のグラフでは，頂点の集合が $V = \{v_1, v_2, v_3, v_4, v_5, v_6\}$ であり，辺の集合 E は

$$E = \{v_1v_3, v_2v_3, v_3v_5, v_4v_5, v_4v_6, v_1v_2, v_2v_4, v_3v_6\}$$

のように 8 つの辺をもつ．v_1v_2 という表記は頂点 v_1 と頂点 v_2 のペアを意味する．

グラフ $G = (V, E)$ の辺 $e \in E$ が uv と書けるとき，u, v を e の**端点**（end vertex）という．このとき u, v は e に**接続する**（incident）といい，u と v は**隣接する**（adjacent）という．

上で定義したグラフは**無向グラフ**（undirected graph）とも呼ばれ，辺 uv と

*1) これは正確には単純グラフと呼ばれる．本書では特に断らない限り，グラフは単純グラフを意味する．

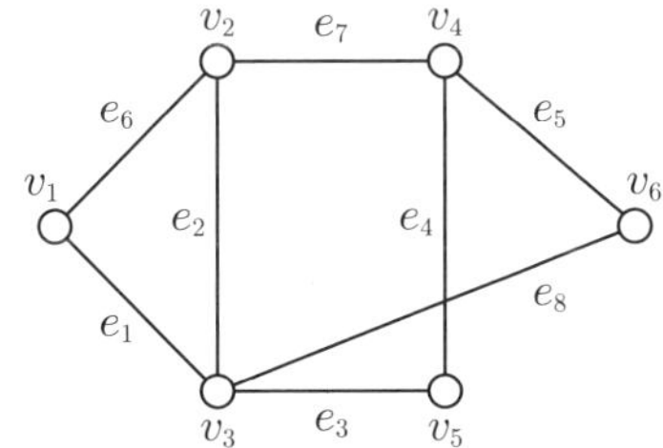

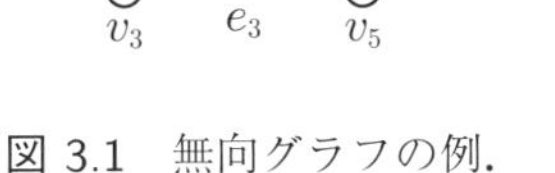

図 3.1　無向グラフの例.

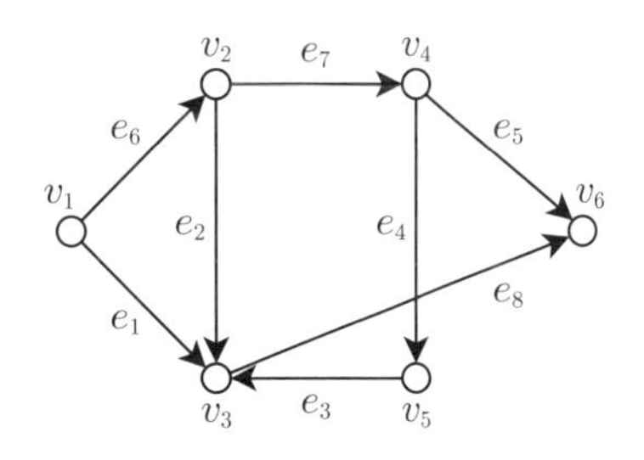

図 3.2　有向グラフの例.

辺 vu を区別しない．辺 uv と辺 vu を区別するグラフを**有向グラフ**（directed graph）と呼ぶ．図 3.1 は無向グラフ，図 3.2 は有向グラフの例である．有向グラフでは，辺 uv を頂点 u から出て頂点 v に入る向き付きの辺として表す．有向グラフの辺のことを**有向辺**（directed edge, arc）とも呼ぶ．有向辺 uv において，u を**始点**（initial vertex, tail），v を**終点**（terminal vertex, head）と呼ぶ．

無向グラフ $G = (V, E)$ において，頂点 v の**次数**（degree）とは v に接続する辺の本数のことであり，$\deg(v)$ と書く．無向グラフ G の頂点 $v \in V$ に接続する辺の集合を $\delta(v)$ と表記する．式で書くと，$\delta(v) = \{e \in E \mid \exists u \in V, uv \in E\}$ であり，$\deg(v) = |\delta(v)|$ である．有向グラフの場合，頂点 v から出る辺と v に入る辺を区別して，v から出る辺の集合を $\delta^+(v)$，v に入る辺の集合を $\delta^-(v)$ と書く．$|\delta^+(v)|$ を頂点 v の**出次数**（out-degree），$|\delta^-(v)|$ を頂点 v の**入次数**（in-degree）という．

無向グラフ $G = (V, E)$ において，すべての頂点の次数の和 $\sum_{v \in V} \deg(v)$ を計算すると，各辺 $e = uv$ は $\deg(u)$ と $\deg(v)$ でちょうど 2 回数えられるので

$$\sum_{v \in V} \deg(v) = 2|E| \tag{3.1}$$

が成り立つ．たとえば，図 3.1 のグラフの頂点の次数はそれぞれ $2, 3, 4, 3, 2, 2$ であり，その和 16 は辺の総数 8 の 2 倍に等しいことが分かる．

2 つのグラフ $G = (V, E)$ と $H = (V', E')$ に対して，$V' \subseteq V$, $E' \subseteq E$ であるとき H を G の**部分グラフ**（subgraph）と呼ぶ．部分グラフ H の頂点集合を $V(H)$，辺集合を $E(H)$ と書く．

無向グラフ $G = (V, E)$ において，（頂点から始まり，頂点で終わる）頂点と辺の交互列

$$u_0, e_1, u_1, e_2, \ldots, e_k, u_k \tag{3.2}$$

で，辺 e_i（$i = 1, 2, \ldots, k$）の端点が頂点 u_{i-1}, u_i であるとき，この交互列を**パス**（path）という．k をパスの長さと呼び，u_0, u_k をパスの端点と呼ぶ．2 つの頂点 s, t が与えられたとき，s と t を端点とするパスを ***s-t* パス**と書く．パスは頂点と辺の交互列として定義されるが，本書では特に誤解がない場合は，

辺だけを並べた列 $e_1, e_2, \ldots, e_k$ や辺の集合 $\{e_1, e_2, \ldots, e_k\}$ を用いてパスを表現することがある．たとえば，図 3.1 のグラフにおいて，$\{e_1, e_3, e_4, e_5\}$ は頂点 v_1 から頂点 v_6 までのパスである．同じ辺や同じ頂点を 2 回以上通らないパスを**単純パス**（simple path）と呼ぶ．本書では，特に断らない限り，パスと書いたときは単純なパスを指す．始点と終点が同じパスを**サイクル**（cycle）または**閉路**と呼ぶ．図 3.1 のグラフの辺集合 $\{e_1, e_2, e_6\}$ はサイクルをなす．有向グラフに対しても，パスやサイクルは (3.2) を満たすものとして同じように定義できる．有向グラフの場合，**有向パス**（directed path）や**有向サイクル**（有向閉路，directed cycle）と呼ぶ．

無向グラフ G において任意の 2 頂点の間にパスがあるとき，G は**連結**（connected）であるという．グラフが連結ではないとき，グラフは極大な連結部分グラフに分割される．これらを**連結成分**（connected component）という．

無向グラフ $G = (V, E)$ がサイクルをもたないとき，G を**森**（forest）と呼ぶ．連結な森を**木**（tree）という．木 T において次数 1 の頂点を**葉**（leaf）と呼ぶ．

命題 3.1. n 頂点の木 T の辺数は $n-1$ である．また，$n \geq 2$ のとき，葉の数は 2 つ以上である．

証明. 木 T の辺の数が $n-1$ であることを，T の頂点数 n に関する帰納法で示す．頂点数 $n=1$ のとき，T は辺をもたないので正しい．$n \geq 2$ とする．このとき T から辺を 1 つ取り去ると，木 T はちょうど 2 つの部分 T_1, T_2 に分かれる．T_1, T_2 の頂点数をそれぞれ n_1, n_2 とすると，$n = n_1 + n_2$ が成り立つ．T_1 と T_2 はサイクルをもたないので木である．帰納法の仮定から，T_1 と T_2 の辺の数はそれぞれ $n_1 - 1, n_2 - 1$ である．したがって，$n = n_1 + n_2$ に注意すると，T の辺の数は $1 + (n_1 - 1) + (n_2 - 1) = n - 1$ であることがいえる．

次に，$n \geq 2$ のとき，木 T の葉の数 ℓ が 2 つ以上であることを示す．葉の次数は 1 であり，他の頂点の次数は 2 以上である．したがって，すべての頂点 v の次数 $\deg(v)$ の和を計算すると

$$\ell + 2(n - \ell) \leq \sum_{v \in V} \deg(v)$$

が成り立つ．T の辺の数は $n-1$ であるので，(3.1) より $\sum_{v \in V} \deg(v) = 2(n-1)$ である．これを上の不等式に代入して整理すると，$2 \leq \ell$ が得られる．□

本節の最後に，二部グラフを定義する．無向グラフ $G = (V, E)$ において，頂点集合 V を 2 つの集合 V_1, V_2 に分割して，任意の辺 e が V_1 の頂点と V_2 の頂点を結ぶようにできるとき，G を**二部グラフ**（bipartite graph）と呼ぶ．頂点の分割 V_1, V_2 が与えられているとき，二部グラフ G を $G = (V_1, V_2; E)$ と

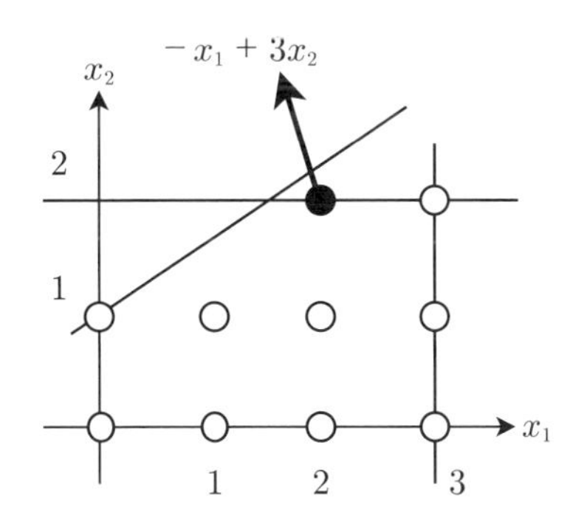

図 3.3　例 (3.3) の実行可能解の集合.

表記する．グラフが二部グラフならば，G の任意のサイクルの長さは偶数であり，またその逆も成り立つ．

3.2 整数最適化問題

整数最適化問題（integer optimization problem）は，変数が整数値のみを取るという制約を線形最適化問題に課した問題であり，**整数計画問題**（integer programming problem, IP）とも呼ばれる．以下の問題

$$
\begin{aligned}
\text{maximize} \quad & -x_1 + 3x_2 \\
\text{subject to} \quad & -2x_1 + 3x_2 \leq 3, \\
& x_1 \leq 3, \\
& x_2 \leq 2, \\
& x_1, x_2 \geq 0, \\
& x_1, x_2 \in \mathbb{Z}
\end{aligned}
\tag{3.3}
$$

は整数最適化問題の例である．ここで $\mathbb{Z}$ は整数全体の集合を表す．上の例は，3 つの線形不等式制約と非負制約に加えて，変数 x_1, x_2 の取り得る値が整数であるという制約をもつ．この制約をすべて満たす (x_1, x_2) の集合を図示すると，図 3.3 の点のようになる．図から，最適解は $(x_1, x_2) = (2, 2)$ であり，最適値は 4 であると分かる．

整数最適化問題は，$m \times n$ 次行列 A，m 次元ベクトル b，n 次元ベクトル c を用いて

$$
\begin{aligned}
\text{maximize} \quad & c^\top x \\
\text{subject to} \quad & Ax \leq b, \\
& x \geq \mathbf{0}, \\
& x \in \mathbb{Z}^n
\end{aligned}
\tag{3.4}
$$

のように書ける．ここで $\mathbb{Z}^n$ は n 次元**整数ベクトル**（integer vector, 整数を成分とするベクトル）全体の集合である．

整数最適化問題は，各変数 x_i が 0 か 1 の 2 値のみを取るとき，0-1 整数最適化問題という．0 か 1 のみを値として取る変数を 0-1 変数という．また，整数最適化問題において一部の変数の整数制約を取り除いた問題を混合整数最適化問題（mixed linear integer optimization problem）と呼ぶ．混合整数最適化問題では，実数値を取る変数と整数値を取る変数が混在する．本書では特に混乱がない場合，整数変数を含むこのような最適化問題をすべて整数最適化問題と呼ぶ．

整数最適化問題は記述力・汎用性が高く，様々な論理関係を表現できる（[18] 参照）．以下に例を挙げる．

例 3.1． n 個の要素の中から k 個まで要素を選びたいとする．このとき，i 番目の要素に対して 0-1 変数 x_i を用意して，i 番目の要素を選ぶならば $x_i = 1$，選ばないならば $x_i = 0$ と対応付ける．すると，k 個以下の要素を選ぶことは

$$\sum_{i=1}^{n} x_i \leq k$$

という線形不等式制約が成り立つことに対応する．同様に，ちょうど k 個を選ぶ場合は

$$\sum_{i=1}^{n} x_i = k$$

と書ける．i 番目の要素が重み s_i をもち，総重みが B 以下となるように要素を選ぶときは

$$\sum_{i=1}^{n} s_i x_i \leq B$$

という線形不等式制約になる．この制約は**ナップサック制約**（knapsack constraint）と呼ばれる（3.3.2 節参照）．

例 3.2． n 個の要素の中から少なくとも k 個の要素を選ばなければならないとする．このときも例 3.1 と同様に，i 番目の要素に対して 0-1 変数 x_i を用意して

$$\sum_{i=1}^{n} x_i \geq k$$

とすればよい．

例 3.3． 2 つの要素 i, j があり，要素 i を選ぶならば要素 j を選ぶ必要があるとする．このような制約は先行制約と呼ばれ，たとえば複数のタスクを処理す

るスケジュールを作成する際に，タスク i を処理するためにはタスク j を前もって処理する必要があるときに現れる．この制約を表すには，要素 i, j の選択を表す 0-1 変数 x_i, x_j を用意して

$$x_i \leq x_j, \quad x_i, x_j \in \{0, 1\}$$

とする．この制約を満たす (x_i, x_j) の組は $\{(0,0),(0,1),(1,1)\}$ である．これは，$x_i = 1$ ならば $x_j = 1$ という制約を満たす (x_i, x_j) の組に一致するので，上の制約は先行制約を表す．

例 3.4 (0-1 変数の積)．$y = x_1 x_2$, $x_1, x_2 \in \{0, 1\}$ という制約を考える．y は 2 次式であるが，$x_1 = x_2 = 1$ のときにのみ $y = 1$ になるという関係があるので，線形不等式制約と整数制約を組み合わせてこの制約を表せる．具体的には

$$y \geq x_1 + x_2 - 1, \quad y \leq x_1, \quad y \leq x_2, \quad x_1, x_2, y \in \{0, 1\}$$

という線形不等式制約を考える．すると，この制約を満たす (x_1, x_2, y) の組と，$y = x_1 x_2, x_1, x_2 \in \{0, 1\}$ を満たす (x_1, x_2, y) の組は一致することが確かめられる．

2.5 節で述べたように線形最適化問題は多項式時間で解くことができるが，整数最適化問題は NP 困難であり多項式時間で最適解を求める方法は知られていない．整数最適化問題に対する解法として，分枝限定法や切除平面法と呼ばれる方法が知られている．これらの解法や様々な発見的解法を組み合わせて，コンピュータ上で実際に整数最適化問題を解くためのソルバが開発されている．ソルバを用いると，ある程度の大きさの整数最適化問題を実用的に高速に解くことができる．整数最適化問題の解法については [4], [65] などを，ソルバを用いて整数最適化問題を解く方法については [30], [31], [41] などを参照されたい．

3.3 組合せ最適化モデルの諸例

本節では，典型的な組合せ最適化問題をいくつか取り上げて，どのように整数最適化問題へ定式化できるのかを説明する．これらの問題は後の章でも扱う．

3.3.1 最短パス問題

1 章で見たように，道路上のある地点から別の地点まで行くルートを探す問題は，グラフ上の最短パスを求める問題として定式化できる．

道路ネットワークを表す有向グラフを $G = (V, E)$ とする．G の各有向辺 $e \in E$ には所要時間を表す長さ $\ell_e \in \mathbb{R}$ が与えられるとする．さらに，出発地

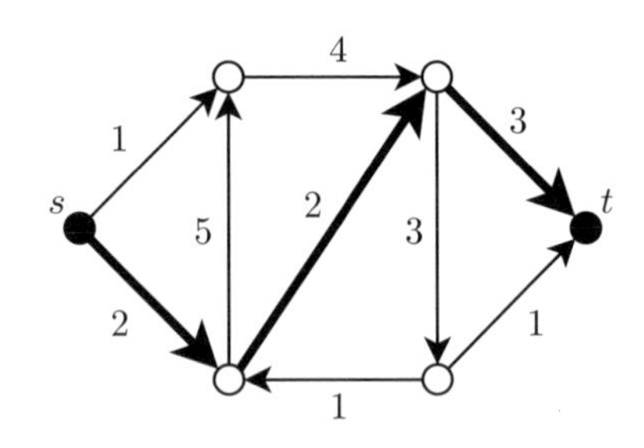

図 3.4　最短パス問題の例．太線が最短パスを表す．

$s \in V$ と目的地 $t \in V$ が指定される．このとき，s から t への有向パス P の中でパスの長さが最小であるものを求めたい．ここで，パス P に含まれる辺の集合を $E(P)$ とおくと，パス P の長さは $\sum_{e \in E(P)} \ell_e$ として定義される．長さが最も短いパスを**最短パス**（shortest path）と呼び，最短パスを求める問題を**最短パス問題**（shortest path problem）という．

たとえば，図 3.4 の有向グラフにおいて，有向辺 e のそばの数値が長さ ℓ_e を表すとすると，頂点 s から頂点 t までの最短パスは太線のようになり，最短パスの長さは 7 である．

道路ネットワーク上のルート探索では，有向辺の長さは所要時間を表すため，長さを正の実数とするのが自然である．しかし，上で定義した最短パス問題では，有向辺 e の長さ ℓ_e は（正または負の）実数で与えられ，負の長さを許していることに注意する．ただし，G には長さが負の有向サイクル（負閉路）が存在しないと仮定する．負閉路 C が存在すると，C を何度も通る（単純ではない）有向 s-t パスを考えることで，有向 s-t パスの長さをいくらでも短くできてしまうため，G に最短パスが存在しないことがある．

最短パス問題を整数最適化問題として定式化しよう．この整数最適化問題では，各有向辺 $e \in E$ は 0-1 変数 x_e をもつ．これから，最適解において $x_e = 1$ であることが，最短パスが有向辺 e を含むことに対応するように，整数最適化問題の制約を定める．

P を有向 s-t パスとする．このとき

$$x_e = \begin{cases} 1 & (e \in E(P) \text{ のとき}), \\ 0 & (\text{それ以外}) \end{cases} \tag{3.5}$$

と定める．P は頂点 s を始点とする有向パスであるので，P において s から出る辺の数は s に入る辺の数より 1 つだけ多い．したがって

$$\sum_{e \in \delta^+(s)} x_e - \sum_{e \in \delta^-(s)} x_e = 1$$

である．ここで，頂点 v に対して，$\delta^+(v)$ は v から出る辺の集合であり，$\delta^-(v)$ は v に入る辺の集合である．同様に，頂点 t では入る辺の数が出る辺の数より

も 1 つだけ多いので

$$\sum_{e\in\delta^+(t)} x_e - \sum_{e\in\delta^-(t)} x_e = -1$$

である．s, t 以外の頂点 v については，P では入る辺の数と出る辺の数が等しいので

$$\sum_{e\in\delta^+(v)} x_e - \sum_{e\in\delta^-(v)} x_e = 0$$

である．上の 3 つの制約を並べて

$$\begin{aligned}
\text{minimize} \quad & \sum_{e\in E} \ell_e x_e \\
\text{subject to} \quad & \sum_{e\in\delta^+(s)} x_e - \sum_{e\in\delta^-(s)} x_e = 1, \\
& \sum_{e\in\delta^+(t)} x_e - \sum_{e\in\delta^-(t)} x_e = -1, \\
& \sum_{e\in\delta^+(v)} x_e - \sum_{e\in\delta^-(v)} x_e = 0 \quad (v \in V \setminus \{s,t\}), \\
& x_e \in \{0,1\} \quad (e \in E)
\end{aligned} \tag{3.6}$$

という整数最適化問題を考える．

以下の補題に示すように，問題 (3.6) の最適解の中には最短パスに対応するものが存在する．

定理 3.2．有向グラフ $G = (V, E)$ に負閉路が存在しないとする．さらに 2 頂点 s, t に対して，s から t への有向パスが少なくとも 1 つ存在するとする．このとき，G の最短パスの長さは，整数最適化問題 (3.6) の最適値と等しい．

証明．まず，整数最適化問題 (3.6) が実行可能であり，その最適値は G の最短パスの長さ以下であることを示す．これまでの議論より，任意の有向 s-t パス P に対して，(3.5) のように定めたベクトル x は問題 (3.6) の制約を満たすので，x は実行可能解である．したがって，問題 (3.6) は実行可能である．さらに，x の目的関数値は $\sum_{e\in E} \ell_e x_e = \sum_{e\in E(P)} \ell_e$ であるので，有向 s-t パス P の長さに等しい．P として最短パスを考えると，問題 (3.6) の最適値は最短パスの長さ以下であることが分かる．

次に，問題 (3.6) の最適値が最短パスの長さ以上であることを示す．問題 (3.6) の最適解を x^* とする．このとき $F = \{e \in E \mid x^*_e = 1\}$ とおいて，辺集合 F をもつ部分グラフ $H = (V, F)$ を考える．x^* は問題 (3.6) の制約を満たすので，H において，頂点 s の出次数は入次数よりも 1 つ多く，t の出次数は入次数よりも 1 つ少なく，それ以外の頂点では出次数と入次数が等しい．

ここで，部分グラフ H には有向サイクルがないと仮定できることを示そう．

そのために H は有向サイクル C をもつと仮定する．このとき，$F' = F \setminus E(C)$ とおいて，x' を

$$x'_e = \begin{cases} 1 & (e \in F' \text{ のとき}), \\ 0 & (\text{それ以外}) \end{cases}$$

と定義する．有向サイクル C では各頂点の入次数と出次数が等しいので，F から C を取り除いても各頂点における入次数と出次数の差は変化しない．したがって，x' は問題 (3.6) の制約を満たすので，x' は実行可能解である．さらに，グラフに負閉路がないことから $\sum_{e \in E(C)} \ell_e \geq 0$ であるので，x' の目的関数値 $\sum_{e \in E} \ell_e x'_e$ は

$$\sum_{e \in E} \ell_e x'_e = \sum_{e \in F'} \ell_e = \sum_{e \in F} \ell_e - \sum_{e \in E(C)} \ell_e \leq \sum_{e \in F} \ell_e = \sum_{e \in E} \ell_e x^*_e$$

のように，x^* の目的関数値以下である．x^* は最適解であるので x' も最適解であると分かる．このように，H に有向サイクル C があるとき，C を取り除くことで，別の最適解 x' が得られる．これを繰り返すことで，問題 (3.6) の最適解 x^* で，$x^*_e = 1$ に対応する辺集合 F に有向サイクルがないものを見つけることができる．このとき F は s から t への有向パスに対応しており，問題 (3.6) の最適値は F の長さに等しい．したがって，問題 (3.6) の最適値は最短パスの長さ以上である．

以上の議論より，整数最適化問題 (3.6) の最適値と最短パスの長さは等しい． □

3.3.2 ナップサック問題

ナップサック問題 (knapsack problem) は，ナップサックの中にいくつかのアイテムを入れて，入れたアイテムの総価値を最大にするという問題である．たとえば，5 つのアイテムがあり，それぞれの価値と重量が表 3.1 のように与えられているとしよう．ナップサックには総重量 10 kg までしか詰め込めないとする．このとき，アイテムの集合として $\{2, 3, 4\}$ を選ぶと，選んだアイテムの重量の合計は $1 + 4 + 5 = 10$ であるので，ナップサックに詰め込むことができる．そのときの価値の合計は $30 + 20 + 10 = 60$ である．他の詰め込み方として $\{1, 2, 3, 5\}$ を考えると，重量の合計は $2 + 1 + 4 + 3 = 10$ であり，価値の合計は $40 + 30 + 20 + 30 = 120$ となる．この例では，$\{1, 2, 3, 5\}$ を選んだと

表 3.1　ナップサック問題の例．

アイテム i	1	2	3	4	5
価値 v_i[円]	40	30	20	10	30
重量 s_i[kg]	2	1	4	5	3

きの価値 120 が最大であることが（いろいろ試してみると）分かる．

ナップサック問題では，n 個のアイテム $N = \{1, 2, \ldots, n\}$ があり，各アイテム i は価値 v_i と重量 s_i をもつ．このとき，容量 B のナップサックに詰め込めるアイテムの集合 X $(\subseteq N)$ で，総価値が最大となるものを求めたい．つまり，ナップサック問題は，アイテムの集合 X で，制約 $\sum_{i \in X} s_i \leq B$ を満たしつつ $\sum_{i \in X} v_i$ を最大化するものを見つける問題であり

$$\text{maximize} \quad \sum_{i \in X} v_i \quad \text{subject to} \quad \sum_{i \in X} s_i \leq B \tag{3.7}$$

のように書ける．

ナップサック問題を整数最適化問題として定式化する．各アイテム $i \in N$ に対して 0-1 変数 x_i を用意して，x_i が 1 であることとアイテム i をナップサックに詰め込むことを対応付ける．$\sum_{i \in X} v_i = \sum_{i \in N} v_i x_i$, $\sum_{i \in X} s_i = \sum_{i \in N} s_i x_i$ であるので，問題 (3.7) は

$$\begin{aligned} \text{maximize} \quad & \sum_{i \in N} v_i x_i \\ \text{subject to} \quad & \sum_{i \in N} s_i x_i \leq B, \\ & x_i \in \{0, 1\} \quad (i \in N) \end{aligned} \tag{3.8}$$

と書ける．このようにナップサック問題は 1 つの線形不等式制約をもつ 0-1 整数最適化問題である．

ナップサック問題は NP 困難であるが，動的計画法を用いて実用的には高速に解くことができる（[39] など）．また，最適解に近い解を効率的に求める方法が知られている（12.2 節参照）．

本節の最後に，ナップサック問題を有向グラフ上の最短パス問題として定式化できることを述べる．

有向グラフ $G = (V, E)$ を次のように構成する（図 3.5 参照）．G の頂点集合 V を $V = \{(j, p) \mid 0 \leq j \leq n+1, 0 \leq p \leq B\}$ とする．ここで j はアイテムの添え字に対応し，p は（選択した）アイテムの価値の和に対応する．G の頂点数は $(n+2)(B+1)$ である．グラフ G の有向辺集合を次のように定義する．$1 \leq j \leq n$ と $0 \leq p \leq B$ に対して，頂点 (j, p) は，頂点 $(j-1, p)$ からの有向辺 $e_{j,p}$ と，頂点 $(j-1, p-s_j)$ からの有向辺 $e'_{j,p}$ をもつ．ただし，$p - s_j$ が負の場合には $e'_{j,p}$ は存在しないとする．有向辺 $e_{j,p}$ の長さを 0，$e'_{j,p}$ の長さを $-v_j$ とおく．さらに，各 $p = 0, 1, \ldots, B$ に対して頂点 (n, p) から頂点 $(n+1, B)$ へ有向辺を引き，長さを 0 とおく．このように定義した有向辺の集合を E とする．

上記のように構成した有向グラフ $G = (V, E)$ は有向サイクルをもたない．一般に，有向サイクルをもたない有向グラフを**有向非巡回グラフ**（directed

アイテム i	1	2	3
価値 v_i[円]	40	30	20
重量 s_i[kg]	2	1	4

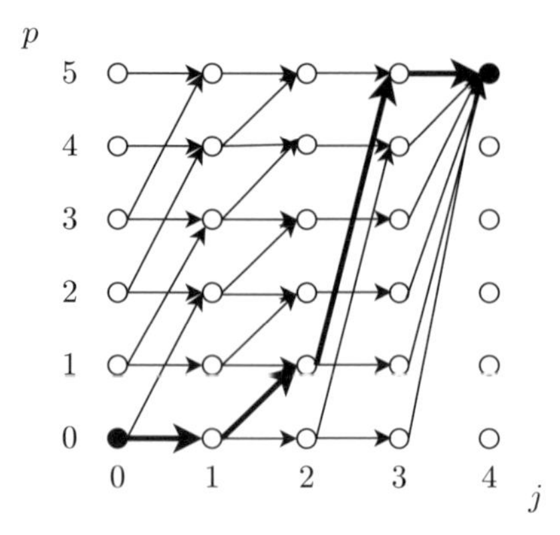

図 3.5　容量 $B = 5$ のナップサック問題（左）と，それから構成される有向グラフ（右）．有向グラフにおいて，水平の辺の長さは 0 であり，斜めの辺は価値に対応する長さをもつ．

acyclic graph）という．

有向グラフ G 上で頂点 $(0,0)$ から頂点 $(n+1,B)$ への有向パスを P とする．G には有向サイクルがないので，P が通る頂点の集合 $V(P)$ は，$0 = p_0 \le p_1 \le p_2 \le \cdots \le p_n \le B$ を用いて

$$V(P) = \{(0,0),(1,p_1),(2,p_2),\ldots,(n,p_n),(n+1,B)\} \tag{3.9}$$

のように書ける．このとき，ベクトル x を

$$x_j = \begin{cases} 1 & (p_j > p_{j-1}), \\ 0 & (p_j = p_{j-1}) \end{cases}$$

と定義する．すると x は整数最適化問題 (3.8) の実行可能解であり，その目的関数値は有向パス P の長さの -1 倍に等しい．たとえば，図 3.5 の太線の有向パスは，頂点集合 $\{(0,0),(1,0),(2,1),(3,5),(4,5)\}$ をもつ．このとき $x = (0,1,1)^\top$ であり，これはアイテム集合 $\{2,3\}$ を選ぶことに対応する．反対に，問題 (3.8) の実行可能解 x が与えられたとき，$j = 1,2,\ldots,n$ に対して $p_j = \sum_{i=1}^{j} s_j x_j$ とおいて，頂点集合 (3.9) をもつ有向パスを構成すると，その長さが x の目的関数値の -1 倍であることが分かる．したがって，整数最適化問題 (3.8) の実行可能解は，有向グラフ G の頂点 $(0,0)$ から頂点 $(n+1,B)$ までの有向パスと 1 対 1 に対応する．まとめると以下の定理が得られる．

定理 3.3. 整数最適化問題 (3.8) の実行可能解 x は，上記のように構成した有向グラフ G の頂点 $(0,0)$ から頂点 $(n+1,B)$ までの有向パス P と 1 対 1 に対応しており，x の目的関数値は，有向パス P の長さの -1 倍に等しい．よって，ナップサック問題の最適解は頂点 $(0,0)$ から頂点 $(n+1,B)$ までの最短パスに対応する．

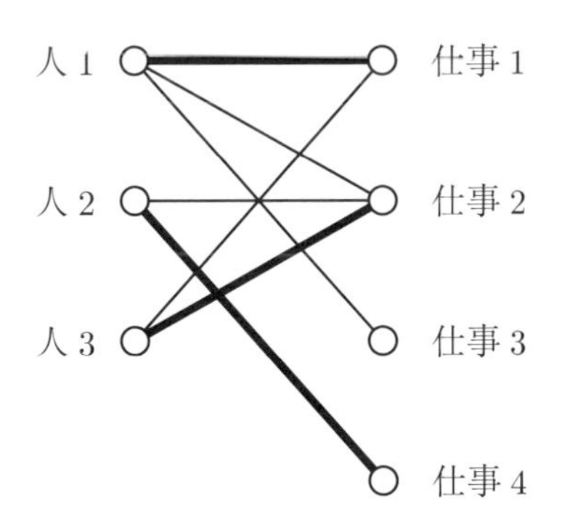

図 3.6　二部グラフの最大マッチング問題を用いた仕事の割当のモデル化．太線がマッチングを表す．

定理 3.3 より，有向非巡回グラフ G 上で最短パス問題を解けばナップサック問題を解くことができる．有向非巡回グラフ上の最短パス問題は，入力サイズの多項式時間で解けることが知られている．グラフ G の頂点数は $O(nB)$ であるので，このときの計算量は n と B の多項式で表される（計算量の定義については付録 A やアルゴリズムの教科書[38], [64]を参照されたい）．ナップサック問題の入力のサイズは $O\left(n + \sum_{i=1}^{n} (\log v_i + \log s_i) + \log B\right)$ であるので，この計算量はナップサック問題の入力の多項式サイズで抑えられていない．

3.3.3　最大マッチング問題

n 人の労働者がいて m 人分の仕事があるとする．労働者の集合を $U = \{1, 2, \ldots, n\}$，仕事の集合を $V = \{1, 2, \ldots, m\}$ とする．各労働者には担当できる仕事とできない仕事があり，そのような状況が二部グラフ $G = (U, V; E)$ で表されているとする．つまり，労働者 $i \in U$ と仕事 $j \in V$ の間に辺があることは，労働者 $i \in U$ が仕事 $j \in V$ をできることを意味する．このとき，どの人にどの仕事を割り当てるかをうまく決めることで，できるだけ多くの仕事を処理したい．たとえば，図 3.6 のように 3 人の労働者がいて 4 つの仕事があるとする．このとき太線のように仕事を割り当てれば 3 つの仕事を処理できる．

この問題は二部グラフの最大マッチング問題として定式化できる．グラフの**マッチング**（matching）とは，端点を共有しない辺の集合のことである．仕事の割当は二部グラフ $G = (U, V; E)$ のマッチングに対応するので，G における辺数最大のマッチングを求めることができれば，最大数の仕事を処理する割当が得られる．辺数最大のマッチングを求める問題を**最大マッチング問題**（maximum-cardinality matching problem）と呼ぶ．

二部グラフの最大マッチング問題を整数最適化問題として定式化しよう．各辺 $e \in E$ に対して 0-1 変数 x_e を用意して，$x_e = 1$ であることが辺 e をマッチングに含めることに対応するようにする．目的はマッチングに使われる辺の数，すなわち $\sum_{e\in E} x_e$ を最大化することである．制約を以下のように定める．マッチングでは，各頂点 $u \in U$ に接続する辺のうち 1 つまでを選ぶことができるので，x は，任意の頂点 $u \in U$ に対して

$$\sum_{e\in\delta(u)} x_e \leq 1$$

を満たす．ここで $\delta(u)$ は頂点 u に接続する辺の集合である．任意の頂点 $v \in V$ に対しても

$$\sum_{e\in\delta(v)} x_e \leq 1$$

が成り立つ．0-1 変数 x が上の 2 つの制約を満たすことは，$M = \{e \in E \mid x_e = 1\}$ がマッチングであることと同値である．したがって，二部グラフの最大マッチング問題は

$$\begin{aligned} \text{maximize} \quad & \sum_{e\in E} x_e \\ \text{subject to} \quad & \sum_{e\in\delta(u)} x_e \leq 1 \quad (u \in U), \\ & \sum_{e\in\delta(v)} x_e \leq 1 \quad (v \in V), \\ & x_e \in \{0,1\} \quad (e \in E) \end{aligned} \tag{3.10}$$

と書ける．

二部グラフの最大マッチング問題は最も基本的な組合せ最適化問題の一つであり，多項式時間で解けることが知られている．4 章と 5 章では，そのアルゴリズムやマッチングの多面体的性質について説明する．

3.3.4 集合被覆問題

2 次元平面上に（温度などを）観測したい点がいくつかあり，センサーを置くことですべての観測点の情報を集めたい．観測したい地点の集合を U とし，センサーを配置できる地点の集合を V とする．地点 $i \in V$ にセンサーをおくと，センサーがカバーする領域内の情報を収集できるが，設置コスト c_i がかかるとする．たとえば，図 3.7 では 2 次元平面内に観測したい点の集合 $U = \{u_1, u_2, \ldots, u_5\}$ があり，4 つのセンサーを置いたときに観測できる範囲がそれぞれ S_1, S_2, S_3, S_4 として与えられている．このとき，1,3,4 番目のセンサーを選んだとすると，$S_1 \cup S_3 \cup S_4$ という範囲を観測できるので，U のすべての点を観測できる．そのときのコストは $c_1 + c_3 + c_4$ である．ここでは，センサーをうまく選ぶことで，できるだけ少ないコストで，U の点すべてを観測したい．

この問題は**集合被覆問題**（set cover problem）として定式化できる．観測

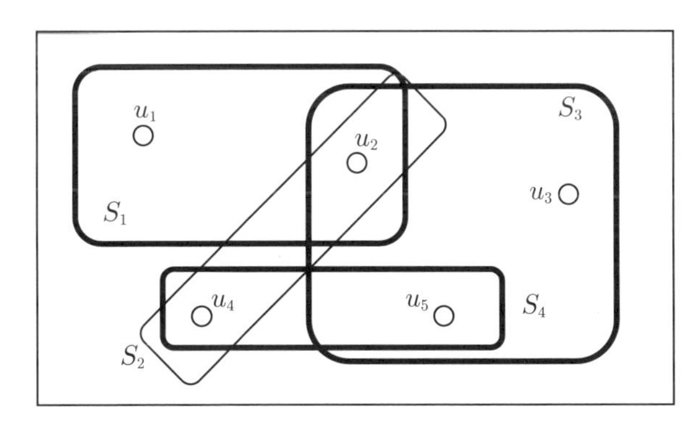

図 3.7　集合被覆問題を用いたセンサー配置のモデル化．太線の部分集合を選ぶと，すべての点を被覆する．

したい点の集合を U とする．U の部分集合の族 $\mathcal{S} = \{S_1, S_2, \ldots, S_\ell\}$ と，各集合 $S_i \in \mathcal{S}$ に対して非負コスト $c(S_i)$ $(i = 1, 2, \ldots, \ell)$ が与えられているとする．ここで，部分集合 S_i はセンサー i によってカバーされる観測点の集合であり，$c(S_i)$ はセンサー i の設置コストである．$\mathcal{S}$ の部分族 $\mathcal{C}$ の和集合が U のすべての要素を被覆するとき，$\mathcal{C}$ を**集合被覆** (set cover) という．また，このとき $\mathcal{C}$ は U を被覆するという．**集合被覆問題** (set cover problem) は，総コストが最小の集合被覆を求める問題である．つまり，集合被覆問題は，$\bigcup_{S \in \mathcal{C}} S = U$ を満たす部分集合の族 $\mathcal{C} \subseteq \mathcal{S}$ の中で，$\sum_{S \in \mathcal{C}} c(S)$ が最小のものを求める問題である．

集合被覆問題を整数最適化問題として定式化する．各 $i = 1, 2, \ldots, \ell$ に対して S_i を選ぶかどうかを表す 0-1 変数 y_i を用意する．集合被覆であるという条件は，各要素 $u \in U$ に対して，u を含む部分集合が少なくとも 1 つ選ばれていることと言い換えられる．したがって，$\{i \in \{1, 2, \ldots, \ell\} \mid y_i = 1\}$ が集合被覆であることは，各要素 $u \in U$ に対して，u を含む S_i について y_i の和を取ったとき，その和が 1 以上であることと等価である．この条件を $\sum_{i: u \in S_i} y_i \geq 1$ と書くと，集合被覆問題に対する整数最適化問題は

$$
\begin{aligned}
&\text{minimize} && \sum_{i=1}^{\ell} c(S_i) y_i \\
&\text{subject to} && \sum_{i: u \in S_i} y_i \geq 1 \quad (u \in U), \\
& && y_i \in \{0, 1\} \quad (i = 1, 2, \ldots, \ell)
\end{aligned}
\tag{3.11}
$$

と書ける．

集合被覆問題は最も基本的な NP 困難問題の一つである．13 章では，集合被覆問題に対する近似アルゴリズムを扱う．

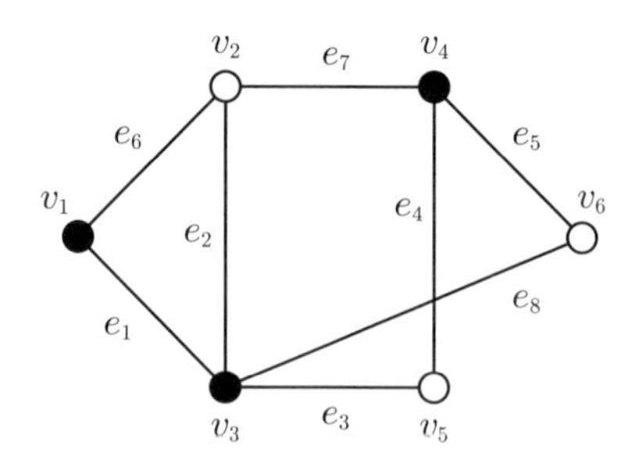

図 3.8　通信ネットワークの頂点被覆問題としてのモデル化．黒い頂点の集合は頂点被覆である．

3.3.5　頂点被覆問題

通信ネットワーク上にサーバがいくつかあり，サーバ間で通信が行われるとする．サーバどうしは必ずしもケーブルで直接つながっている必要はなく，複数のサーバを経由して通信することも可能であるとする．通信ネットワークは，サーバを頂点，直接通信できるサーバ対を辺とした無向グラフ $G = (V, E)$ を用いて表される．

いま，2 つのサーバの間で直接通信したデータの量を測定したいとしよう．ここでは，サーバ v に測定機器を設置すると，v に隣接するサーバのそれぞれと v が通信した量を測定できるとする．よって，隣接する 2 つのサーバ u, v の間の通信量を測定するためには，u と v のどちらか一方に測定機器を取り付ければよい．たとえば，図 3.8 の無向グラフで表される通信ネットワークにおいて，黒い頂点の集合に測定機器を設置すると，すべての隣接サーバ間の通信量を測定できる．すべての隣接サーバ間の通信量を測定するためには最低何台の測定機器が必要だろうか．

上記のような問題は**頂点被覆問題**（vertex cover problem）として定式化できる．無向グラフ G の頂点集合 X が各辺の端点の少なくとも一方を含むとき，X を**頂点被覆**（vertex cover）という．測定機器を頂点被覆 X 上に設置すれば，どのケーブル（辺）を見ても，いずれかの端点に測定機器が設置されているので，すべての隣接サーバ間の通信量を測定できる．頂点被覆問題とは，要素数が最小の頂点被覆を求める問題のことをいう．

頂点被覆問題は集合被覆問題の特殊な場合である．被覆したい要素の集合 U を，無向グラフ G の辺集合 E とする．各頂点 $v \in V$ に対して，v に接続する辺の集合を S_v として，$\mathcal{S} = \{S_v \mid v \in V\}$ とおく．S_v のコストをすべて 1 とする．このとき，G の頂点集合 X が頂点被覆であるならば，$\{S_v \mid v \in X\}$ は E を被覆する．また，$\mathcal{C} \subseteq \mathcal{S}$ が E を被覆するならば，$\{v \in V \mid S_v \in \mathcal{C}\}$ は頂点被覆である．このように頂点被覆問題を集合被覆問題として見ることができる．

無向グラフ $G = (V, E)$ の頂点被覆問題に対する整数最適化問題 (3.11) は，集合被覆問題の場合と同じようにすると

$$
\begin{aligned}
&\text{minimize} \quad && \sum_{v \in V} y_v \\
&\text{subject to} \quad && y_u + y_v \geq 1 \quad (uv \in E), \\
& && y_v \in \{0, 1\} \quad (v \in V)
\end{aligned}
\tag{3.12}
$$

と書ける．1 つ目の制約は，各辺 $e = uv \in E$ に対して $y_u = 1$ または $y_v = 1$ が成り立つことを意味する．

頂点被覆問題は集合被覆問題の特別な場合であるが，頂点被覆問題も NP 困難であることが知られている．ただし，4 章で述べるように，グラフが二部グラフであるならば，頂点被覆問題を多項式時間で解くことができる．14 章では，頂点被覆問題を例として，固定パラメータアルゴリズムの設計手法を紹介する．

第II部

効率的に解ける組合せ最適化問題

第I部の3章で組合せ最適化のモデルをいくつか紹介した．第II部以降では，モデル化された組合せ最適化問題をどのように解くかに焦点を当てる．第II部では，効率的に解ける組合せ最適化問題に対して，そのアルゴリズムや数理構造について説明する．特に，最も基本的な組合せ最適化問題の一つである，二部グラフにおいて辺数最大のマッチングを求める問題（最大マッチング問題）を中心に扱う．次の4章では，二部グラフの最大マッチング問題に対する最大最小定理と多項式時間アルゴリズムを解説する．5章では，辺にコストがある二部グラフに対して最小コストの完全マッチングを求める問題を扱う．二部グラフの完全マッチングの集まりを多面体として記述すると，この問題は整数最適解をもつ線形最適化問題として定式化できる．その事実を背景として，二部グラフにおいて最小コストの完全マッチングを求める効率的なアルゴリズムを設計できる．6章で見るように，整数最適解をもつ線形最適化問題は，係数行列の完全単模性と呼ばれる性質を用いて特徴付けられる．完全単模性は，効率的に解ける他の組合せ最適化問題にも現れる性質である．7章では，これらの他の問題への応用について述べる．さらに，8章では，線形不等式系に対する完全双対整数性という概念を紹介する．二部グラフとは限らない一般のグラフにおいて最大重みのマッチングを求める問題は，完全双対整数性をもつ線形不等式系として記述することができ，この事実は最大重みマッチングを求める効率的なアルゴリズムの設計につながる．

組合せ最適化問題に対する効率的なアルゴリズムの設計において，上述のような多面体的な性質の他にも，マトロイドなどの離散構造や線形代数的な性質を利用することができる．9章では，マトロイドについて，最小全域木問題を例として説明する．10章では最小カット問題を扱う．最小カット問題を解くアルゴリズムでは，劣モジュラ性と呼ばれる性質が有用となる．最後に，11章では，二部グラフにおいて完全マッチングを求める問題に対して，行列式の計算に基づくアルゴリズムを紹介する．

第 4 章
二部グラフのマッチング

本章では，二部グラフにおいて辺数が最大のマッチングを求める問題を扱う．この問題は最も基本的な組合せ最適化問題の一つであり，3 章で紹介した仕事の割当問題をはじめ，様々な応用をもつ．本章では，この問題に対する最大最小定理と多項式時間アルゴリズムを紹介する．

4.1 最大マッチング問題の最大最小定理

3.3.3 節で定義したように，二部グラフ $G = (U, V; E)$ において，互いに端点を共有しない辺の集合のことをマッチングという．グラフ G のマッチング M の中で辺数 $|M|$ が最大のマッチングを**最大マッチング**（maximum-cardinality matching）と呼び，最大マッチングを求める問題を**最大マッチング問題**（maximum-cardinality matching problem）と呼ぶ．たとえば，図 4.1 の二部グラフにおいて，太線で描かれた辺の集合 $M = \{u_1v_3, u_3v_4\}$ はマッチングである．マッチング M は最大マッチングではなく，たとえば $\{u_1v_2, u_2v_3, u_3v_4\}$ は最大マッチングである．

頂点集合 $X \subseteq V$ は，任意の辺 $e = uv \in E$ に対して $u \in X$ または $v \in X$ が成立するとき，頂点被覆（vertex cover）と呼ばれる（3.3.5 節参照）．頂点集合 X が頂点被覆であることは，$G - X$（G から頂点集合 X と X に接続する辺をすべて取り除いたグラフ）に辺が存在しないことと同値である．たとえば，図 4.1 の黒い頂点の集合 $X = \{u_1, v_3, v_4\}$ は頂点被覆である．要素数が最小の頂点被覆を**最小頂点被覆**（minimum vertex cover）と呼び，最小頂点被覆を求める問題を頂点被覆問題（vertex cover problem）と呼ぶ．

マッチング M と頂点被覆 X には以下のような関係がある．

観察 4.1. 任意のマッチング M と任意の頂点被覆 X に対して $|M| \leq |X|$ が成り立つ．

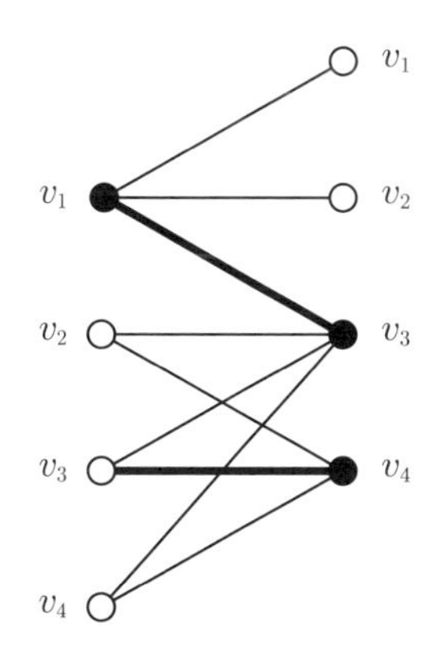

図 4.1　二部グラフのマッチングと頂点被覆.

証明. 頂点被覆の定義より M の各辺の端点の一方は頂点被覆 X に含まれる. マッチング M の辺は端点を共有しないので, X は少なくとも $|M|$ 個の頂点をもつ. したがって $|M| \leq |X|$ が成り立つ. □

上の観察 4.1 より

$$\bigl(\text{最大マッチングの辺の数}\bigr) \leq \bigl(\text{最小頂点被覆の要素数}\bigr) \tag{4.1}$$

が成り立つ. 以下の定理は, この不等号が二部グラフでは等号で成り立つことを述べている.

定理 4.2（**ケーニグ**（König）**の定理**）. 二部グラフ G において, 最大マッチングの辺数と最小頂点被覆の要素数は等しい.

定理 4.2 の証明は, 4.3 節で最大マッチングと最小頂点被覆を求める効率的なアルゴリズムを与えることで行う. また, 7.1.1 節では線形最適化問題の双対定理を用いた別証明を与える.

二部グラフとは限らない一般のグラフに対しても, マッチングや頂点被覆を自然に定義できる. 一般のグラフの場合も観察 4.1 が成り立つので, (4.1) の関係がいえる. しかし, 一般のグラフでは (4.1) が等号で成り立つとは限らず

$$\bigl(\text{最大マッチングの辺の数}\bigr) < \bigl(\text{最小頂点被覆の要素数}\bigr)$$

を満たすグラフが存在する. たとえば, 図 4.2 のような三角形のグラフでは, 最大マッチングの辺は 1 つだけであるが, 最小頂点被覆は 2 つの頂点からなる. 一般のグラフにおける最大マッチング問題については 8.2 節で, 一般のグラフにおける頂点被覆問題については 14 章でそれぞれ扱う.

M をマッチングとする. 頂点 v に M の辺が接続しているとき, v は M に被覆されている（covered）という. すべての頂点がマッチング M に被覆されているとき, M を**完全マッチング**（perfect matching）という. グラフの頂点

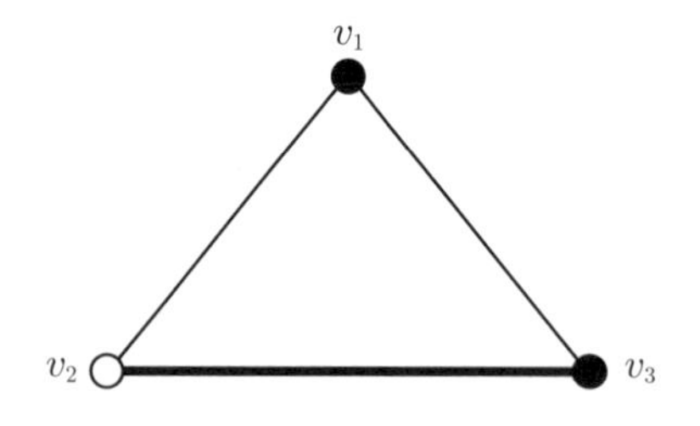

図 4.2　最大マッチングと最小頂点被覆の要素数が異なる（二部グラフではない）グラフ．

数を n とすると，完全マッチングは，辺数が $n/2$ であるマッチングのことである．完全マッチングは最大マッチングであるが，グラフによっては完全マッチングをもたない場合がある．たとえば，図 4.1 の二部グラフは完全マッチングをもたない．

二部グラフに完全マッチングが存在するための必要十分条件として，次の**ホール（Hall）の定理**が知られている．ホールの定理はケーニグの定理（定理 4.2）から証明できるが，ここでは証明を省略する（ [9], [39] などを参照されたい）．

定理 4.3（ホール（Hall）の定理）．二部グラフ $G = (U, V; E)$ が $|U| = |V|$ を満たすとする．このとき，G が完全マッチングをもつための必要十分条件は，任意の $X \subseteq U$ に対して $|\Gamma(X)| \geq |X|$ が成り立つことである．ただし，$\Gamma(X) = \{v \in V \mid \exists u \in X, uv \in E\}$ と定義する．

4.2　増加パスを用いた最大マッチングの特徴付け

本節では，増加パスと呼ばれる概念を用いて，与えられたマッチングが最大マッチングであるための必要十分条件を与える．

二部グラフを $G = (U, V; E)$ として，G のマッチングの一つを M とする．マッチング M の辺と M に含まれない辺が交互に現れるパスを $\boldsymbol{M}$ **交互パス**（M-alternating path）という．M 交互パスで，パスの端点がどちらも M に被覆されていないものを，$\boldsymbol{M}$ **増加パス**（M-augmenting path）と呼ぶ．M 増加パス P では $|P \setminus M| = |P \cap M| + 1$ が成り立つ．また，始点と終点が同じ M 交互パスを $\boldsymbol{M}$ **交互サイクル**（M-alternating cycle）という．

たとえば，図 4.1 において，太線で描かれた辺の集合を $M = \{u_1v_3, u_3v_4\}$ とすると，辺集合 $\{u_1v_2, u_1v_3, u_3v_3, u_3v_4\}$ からなる v_2-v_4 パスは M 交互パスである．また，辺集合 $\{u_4v_4, u_3v_4, u_3v_3, u_1v_3, u_1v_1\}$ からなる u_4-v_1 パスは M 増加パスである．

簡単に分かることとして，G が M 増加パス P をもつならば，P に沿ってマッチングを入れ替えることで，M より辺数が 1 つ多いマッチングを作ることができる．たとえば，図 4.1 では M 増加パス $P = \{u_2v_3, u_1v_3, u_1v_2\}$ が存在する．このとき，$M \setminus P = \{u_3v_4\}$ と $P \setminus M = \{u_2v_3, u_1v_2\}$ を合わせて，新しいマッチング $(M \setminus P) \cup (P \setminus M) = \{u_1v_2, u_2v_3, u_3v_4\}$ が得られる．

このことは以下の観察にまとめられる．ここで集合 A, B に対して $A \triangle B = (A \setminus B) \cup (B \setminus A)$ と定義する．これを A と B の**対称差**（symmetric difference）と呼ぶ．

観察 4.4. マッチング M に対して，M 増加パスを P とすると，$M' = M \triangle P$ は M より辺数が 1 つ多いマッチングである．

証明. M 増加パスの定義より，P の端点は M に被覆されていないので，$M' = M \triangle P$ はマッチングである．また $|M'| = |M| + 1$ が成り立つ． □

観察 4.4 より M 増加パスが存在すれば M は最大マッチングではない．以下の定理 4.5 は，その逆も成り立つことを述べている．

定理 4.5. *グラフ G において，マッチング M が最大マッチングであることの必要十分条件は，M 増加パスが存在しないことである．*

証明. M 増加パスが存在すれば，観察 4.4 より M よりも辺数が多いマッチングを作ることができるので，M は最大マッチングではない．したがって，M が最大マッチングであるならば，M 増加パスは存在しない．

M を最大ではないマッチングとして，M^* を最大マッチングとする．$Q = M \triangle M^*$ とおき，Q を辺集合とする部分グラフを H とおく．このとき，各頂点 v に接続する Q の辺は 2 つ以下であるので，H の各連結成分はパスかサイクルである．特に，H の各連結成分は M 交互サイクルまたは M 交互パスをなす．M 交互サイクルに含まれる M と M^* の辺数は等しく，M 交互パスに含まれる M と M^* の辺数の差は 1 つ以下である．したがって，$|M| < |M^*|$ より，H の連結成分で M 交互パス P に対応するものが存在して，$|P \cap M^*| = |P \cap M| + 1$ を満たす．このパス P は M 増加パスである．以上より，M が最大マッチングでないならば M 増加パスが存在する． □

4.3 増加パスに基づくアルゴリズム

定理 4.5 に基づいて，二部グラフ G の最大マッチングを求めるアルゴリズムを設計することができる．まず適当なマッチングを M とする．たとえば空集合を M とする．G に M 増加パスがなければ，定理 4.5 より，M は最大マッチングであるので，M を出力してアルゴリズムを終了する．そうでなければ，M 増加パス P を見つけて，対称差 $M \triangle P$ を取ることで辺の数が 1 つ

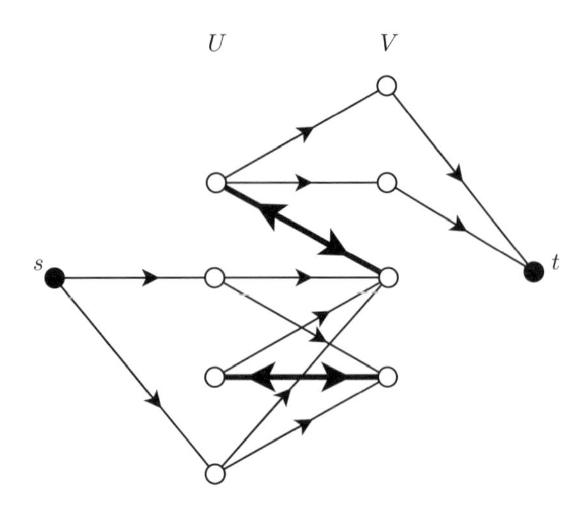

図 4.3　マッチングから構成される有向グラフ．太線がマッチングを表す．

多いマッチングに M を更新する．この手続きを M 増加パスがなくなるまで繰り返す．

アルゴリズムとして記述すると以下のようになる．

アルゴリズム 4.1. 二部グラフの最大マッチングを求めるアルゴリズム

Step 1. $M \leftarrow \emptyset$ とする．

Step 2. G に M 増加パスがなければ，M を出力して終了する．

Step 3. M 増加パス P を求めて，$M \leftarrow M \triangle P$ のように M を更新して，Step 2 へ戻る．

上のアルゴリズムの各反復では，M 増加パスが存在するときにそれを見つける必要がある．以下に示すように，有向グラフ上の有向パスを求めることで，M 増加パスを効率的に見つけることができる．

補題 4.6. 頂点数 n，辺数 m の二部グラフを $G = (U, V; E)$ として，そのマッチングを M とする．このとき，G に M 増加パスが存在するかを判定し，存在するならば M 増加パスを $O(m)$ 時間で見つけることができる．

証明. まず，簡単に分かることとして，二部グラフ G に孤立点 v（次数が 0 の頂点）が存在したとすると，v は M 増加パスに含まれないので，G から取り除くことができる．ゆえに，二部グラフ G には孤立点が存在しないと仮定してよい．このとき，G の各頂点の次数は 1 以上であるので，$\sum_{v \in V} \deg(v) \geq n$ であり，(3.1) より $n \leq 2m$ が成り立つ．

二部グラフ G とマッチング M から有向グラフを以下のように構成する（図 4.3 参照）．まず，G の各辺 uv を，u から v へ向きを付けた有向辺 uv に置き換える．さらに，M の辺 uv に対して，v から u へ向きを付けた有向辺 vu を付け加える．そして，新しい頂点 s, t を用意する．M に被覆されてい

ない U の各頂点へ s から辺を引き，M に被覆されていない V の各頂点から t へ辺を引く．このように構成した有向グラフを D とおく．$n \leq 2m$ より，$|V(D)| = n + 2 = O(m)$, $|E(D)| \leq |E| + |U \cup V| \leq m + n = O(m)$ である．

このとき，G に M 増加パスが存在するならば，D に有向 s-t パスが存在して，その逆も成り立つ．実際，G の M 増加パスと D 上の s から t への有向パスが 1 対 1 に対応することが確かめられる．以下の補題 4.7 より，有向グラフ D において 2 頂点間の有向パスを $O(|E(D)| + |V(D)|)$ 時間で見つけることができるので，G の M 増加パスを（存在するならば）$O(m)$ 時間で求めることができる． □

補題 4.7. 頂点数 n，辺数 m の有向グラフ D において，ある頂点 s から別の頂点 t までの有向パスを（存在するならば）$O(m + n)$ 時間で求めることができる．さらに，$O(m+n)$ 時間で，s 以外のすべての頂点 v に対して，有向 s-v パスを（存在するならば）求めることができる．

本書では補題 4.7 の証明を省略するが，グラフアルゴリズムの基本的な手法である幅優先探索や深さ優先探索を用いれば有向パスを見つけることができる（[38], [64] など参照）．

補題 4.6 より M 増加パスを効率的に見つけられるので，アルゴリズム 4.1 は多項式時間で最大マッチングを求める．

定理 4.8. 二部グラフ G の頂点数を n，辺数を m とする．アルゴリズム 4.1 は $O(nm)$ 時間で最大マッチングを求める．

証明. すでに述べたように，アルゴリズム 4.1 の正当性は定理 4.5 より分かる．アルゴリズムが終了したとき，G に M 増加パスが存在しないので，M は最大マッチングである．

次に，アルゴリズム 4.1 が $O(nm)$ 時間で終了することを示す．Step 3 で M 増加パスを見つけるためにかかる計算量は，補題 4.6 より $O(m)$ である．Step 3 を 1 回行うと M の辺数が 1 つ増える．マッチングの辺の数は最大で $n/2$ であるので，Step 3 を繰り返す回数は $n/2$ 回以下である．したがって，全体の計算量は $O(mn)$ である． □

二部グラフ G の最大マッチング M が求められるならば，そこから要素数 $|M|$ の頂点被覆を効率的に求めることができる．

補題 4.9. 頂点数 n，辺数 m の二部グラフ $G = (U, V; E)$ とその最大マッチング M に対して，要素数 $|M|$ の頂点被覆を $O(m)$ 時間で求めることができる．

証明. 補題 4.6 の証明と同様に，G は孤立点をもたないと仮定してよい．このとき $n \leq 2m$ である．

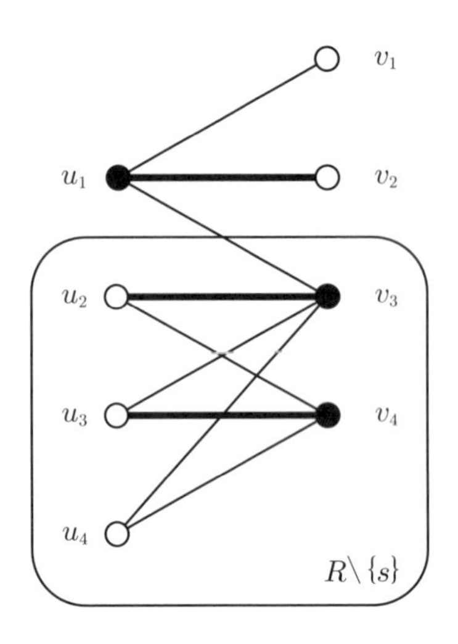

図 4.4 最大マッチング（太線）と補題 4.9 の証明で構成される頂点被覆（黒い点）.

M は最大マッチングであるので，定理 4.5 より G には M 増加パスが存在しない．したがって，補題 4.6 の証明で構成した有向グラフを D とすると，D には s から t への有向パスが存在しない．D において s から有向パスによって到達できる頂点の集合を R とする．つまり，頂点 $v \in R$ であることは，D において有向 s-v パスが存在することを意味する．図 4.4 は，二部グラフ G において $R \setminus \{s\}$ に対応する頂点集合を表している．

頂点集合 X を $X = (U \setminus R) \cup (V \cap R)$ と定義する．以降では，X が G の頂点被覆であり，その要素数が $|M|$ に等しいことを示す．

まず，X が頂点被覆であることを示す．いま，R は s から到達できる頂点の集合であるので，D において R から $V \setminus R$ への有向辺は存在しない．したがって，$U \cap R$ と $V \setminus R$ を結ぶ辺は存在しないので，X は頂点被覆である．

次に，X の要素数が $|M|$ に等しいことを示す．M に被覆されていない頂点で U に含まれるものの集合を S として，M に被覆されていない頂点で V に含まれるものの集合を T とする．このとき，任意の頂点 $u \in S$ に対して D は有向 s-u パスをもつので，$S \subseteq R$ である．また，D には有向 s-t パスが存在しないので，任意の頂点 $v \in T$ に対して D は有向 s-v パスをもたない．ゆえに $T \cap R = \emptyset$ である．したがって，$X \cap S = \emptyset$, $X \cap T = \emptyset$ であり，頂点被覆 X のすべての頂点はマッチング M に被覆される．R と $(U \cup V) \setminus R$ の頂点の間を結ぶ M の辺は存在しないので，X の各頂点に接続するマッチングの辺はそれぞれ異なる．したがって，$|X| = |M|$ が成り立つ．

以上より，X は G の頂点被覆であり，その要素数は $|M|$ に等しい．補題 4.7 を用いると，D において s から有向パスで到達できる頂点の集合 R を $O(m)$ 時間で求められる．したがって，頂点被覆 X を $O(m)$ 時間で求めることができる． □

観察 4.1 より，頂点被覆の要素数は最大マッチング M の辺数 $|M|$ 以上であるので，補題 4.9 で求めた頂点被覆は要素数が最小のものである．したがって，最大マッチングの要素数と最小頂点被覆の要素数は等しい．これは，ケーニグの定理（定理 4.2）の証明を与えている．

4.4 より高速なアルゴリズム

本節では，頂点数 n，辺数 m の二部グラフ $G = (U, V; E)$ において，最大マッチングを $O(m\sqrt{n})$ 時間で求めるアルゴリズムを紹介する．これは前節の $O(mn)$ 時間のアルゴリズムよりも高速である．この結果はホップクロフト (Hopcroft)–カープ（Karp）[26]による．

アルゴリズムの準備として，まず，4.2 節で与えた定理 4.5 の証明を見直す．二部グラフ G の最大マッチングの辺数を r^* とする．

補題 4.10. 二部グラフ G のマッチングを M として，その辺数を s とする．このとき，$r^* - s$ 個の M 増加パスで互いに頂点を共有しないものが存在する．

証明. 最大マッチングを M^* とおく．定理 4.5 の証明と同様に $Q = M \triangle M^*$ を取り，Q を辺集合とする部分グラフを H とすると，H の連結成分は M 交互パスまたは M 交互サイクルをなす．$r^* \geq s$ より，H の連結成分の中には，M 増加パスに対応するものが少なくとも $r^* - s$ 個存在する．これらは互いに頂点を共有しないので，補題 4.10 が成り立つ． □

補題 4.10 から，M の辺数 s が小さい場合は M 増加パスが多く存在する．このことから，以下の補題 4.11 で示すように，長さが短い M 増加パスが存在することが導かれる．ただし，実数 z に対して，$\lfloor z \rfloor$ を z 以下の最大の整数，$\lceil z \rceil$ を z 以上の最小の整数とする．

補題 4.11. 二部グラフ G のマッチングを M として，その辺数を s とする．このとき，$r^* > s$ ならば，長さが $2\lfloor s/(r^* - s) \rfloor + 1$ 以下の M 増加パスが存在する．

証明. 補題 4.10 より，$r^* - s$ 個の M 増加パスを互いに頂点を共有しないように取れる．その中で最短の長さをもつ M 増加パスを P とおいて，P に含まれる M の辺の数を p とする．P の長さは $2p + 1$ である．$r^* - s$ 個の M 増加パスは，それぞれ M の辺を p 個以上もつので，$p(r^* - s) \leq |M| = s$ が成り立つ．p は整数であるので，$p \leq \lfloor s/(r^* - s) \rfloor$ である．したがって，M 増加パス P の長さは $2p + 1 \leq 2\lfloor s/(r^* - s) \rfloor + 1$ である． □

4.3 節のアルゴリズム 4.1 は，アルゴリズム中で保持しているマッチング M に対して，M 増加パス P を見つけて，M を $M \triangle P$ に更新することを繰り返すアルゴリズムであった．はじめのマッチング M を空集合とすると，各反復で M の辺の数が1つ増えるので，繰り返しの回数は r^* である．ここで，各反復で見つける M 増加パスの選び方には自由度があるので，各反復では最短の長さの M 増加パスを選ぶことにする．このようにアルゴリズム4.1を実行したとき，i 回目の反復で見つける M 増加パスを P_i とする $(i = 1, 2, \ldots, r^*)$．また，i 回目の反復を終了したときに得られるマッチングを M_i とする．このとき，$M_i = M_{i-1} \triangle P_i$ である（$M_0 = \emptyset$ とする）．

補題 4.12. 任意の $i = 1, 2, \ldots, r^* - 1$ に対して $|P_{i+1}| \geq |P_i| + |P_i \cap P_{i+1}|$ が成り立つ．

証明. 定義より $M_{i+1} = M_i \triangle P_{i+1} = M_{i-1} \triangle P_i \triangle P_{i+1}$ である．したがって

$$M_{i-1} \triangle M_{i+1} = M_{i-1} \triangle (M_{i-1} \triangle P_i \triangle P_{i+1}) = P_i \triangle P_{i+1} \tag{4.2}$$

が成り立つ．

$|M_{i+1}| = |M_{i-1}| + 2$ であるので，$M_{i-1} \triangle M_{i+1}$ は互いに頂点を共有しない2つの M_{i-1} 増加パス Q_1, Q_2 を含む．P_i の最短性から $|Q_j| \geq |P_i|$ である $(j = 1, 2)$．ゆえに，$|M_{i-1} \triangle M_{i+1}| \geq |Q_1 \cup Q_2| \geq 2|P_i|$ が成り立つ．したがって，(4.2) より

$$|P_i \triangle P_{i+1}| = |M_{i-1} \triangle M_{i+1}| \geq 2|P_i|$$

である．ここで，$|P_i \triangle P_{i+1}| = |P_i| + |P_{i+1}| - 2|P_i \cap P_{i+1}| \leq |P_i| + |P_{i+1}| - |P_i \cap P_{i+1}|$ であるので

$$|P_i| + |P_{i+1}| - |P_i \cap P_{i+1}| \geq 2|P_i|$$

が成り立つ．この式を整理すると $|P_{i+1}| \geq |P_i| + |P_i \cap P_{i+1}|$ を得る．□

補題4.12より，パス P_i の長さ $|P_i|$ は i に関して単調非減少である．さらに次の補題が成り立つ．

補題 4.13. $|P_i| = |P_{i+1}|$ であるならば，2つのパス P_i, P_{i+1} は頂点を共有しない．

証明. 補題4.12より，$|P_i| = |P_{i+1}|$ ならば，$P_i \cap P_{i+1} = \emptyset$ である．すなわち P_i と P_{i+1} は辺を共有しない．P_i, P_{i+1} は M 増加パスであることから，P_i と P_{i+1} は頂点も共有しないことが分かる．したがって補題4.13が成り立つ．□

補題4.13を用いるとアルゴリズム4.1を書き換えることができる．補題4.13より，アルゴリズム4.1の反復において，最短 M 増加パスの長さが変化しない間は，最短 M 増加パスを互いに交わらないように取ることができる．互いに交わらない M 増加パスについて，1つずつ対称差を取っても，まとめて対

称差を取っても，得られるマッチングは変わらない．したがって，アルゴリズム 4.1 を書き換えて，最短 M 増加パスを 1 つ見つけるごとに対称差を取るのではなく，長さが同じ最短 M 増加パスをすべて見つけた後に対称差を取るようにできる．このように書き換えても，アルゴリズム 4.1 の実行中に得られるパス $P_1, P_2, \ldots, P_{r^*}$ は変わらない．このアルゴリズムは次のように記述できる．

アルゴリズム 4.2. 二部グラフの最大マッチングを求めるアルゴリズム 2

Step 1. $M \leftarrow \emptyset$ とする．

Step 2. M 増加パスがある間は次の 2-1 から 2-4 を繰り返す．

2-1. 最短 M 増加パス Q_1 を見つけて，Q_1 の長さを ℓ とする．$i \leftarrow 2$ とおく．

2-2. 長さが ℓ であり，これまでに見つけた $Q_1, Q_2, \ldots, Q_{i-1}$ と頂点を共有しない M 増加パス Q_i を見つける．そのようなパスが存在しなければ，Step 2-4 へ進む．

2-3. $i \leftarrow i + 1$ として Step 2-2 へ戻る．

2-4. $M \leftarrow M \triangle Q_1 \triangle Q_2 \triangle \cdots \triangle Q_{i-1}$ と更新する．

Step 3. M を出力する．

補題 4.14. アルゴリズム 4.2 の Step 2 の反復回数は $O(\sqrt{n})$ 回である．

証明. 補題 4.12 より，Step 2 の次の反復では最短 M 増加パスの長さが 1 つ以上増加するので，Step 2 の反復回数は，M 増加パス $P_1, P_2, \ldots, P_{r^*}$ の長さのうち異なるものの個数に等しい．$\alpha = \lfloor r^* - \sqrt{r^*} \rfloor$ とおく．補題 4.12 より，最短 M 増加パスの長さは減ることはないので

$$|P_1| \le |P_2| \le \cdots \le |P_\alpha| \le |P_{\alpha+1}| \le \cdots \le |P_{r^*}|$$

を満たす．$|P_1|, |P_2|, \ldots, |P_\alpha|$ のうち異なる値の個数を p，$|P_{\alpha+1}|, \ldots, |P_{r^*}|$ のうち異なる値の個数を q とする．

まず，$p \le \lfloor \sqrt{r^*} \rfloor + 1$ が成り立つことを示す．マッチング M_α の辺の数は α であるので，補題 4.11 より最短 M_α 増加パス P_α の長さ $|P_\alpha|$ は $2\lfloor \alpha/(r^* - \alpha) \rfloor + 1$ 以下である．$\alpha \le r^* - \sqrt{r^*}$ を用いると

$$|P_\alpha| \le 2 \left\lfloor \frac{\alpha}{r^* - \alpha} \right\rfloor + 1 \le 2 \left\lfloor \frac{r^* - \sqrt{r^*}}{r^* - (r^* - \sqrt{r^*})} \right\rfloor + 1 \le 2 \left\lfloor \sqrt{r^*} \right\rfloor + 1$$

が成り立つ．パスの長さは奇数であり減ることはないので，$p \le \lfloor \sqrt{r^*} \rfloor + 1$ が成り立つ．

一方，$P_{\alpha+1}, P_{\alpha+2}, \ldots, P_{r^*}$ は $r^* - \alpha$ 個のパスであるので，$q \le r^* - \alpha \le \lceil \sqrt{r^*} \rceil$ である．したがって

$$p + q \le \left\lfloor \sqrt{r^*} \right\rfloor + 1 + \left\lceil \sqrt{r^*} \right\rceil \le 2 \left\lfloor \sqrt{r^*} \right\rfloor + 2$$

が成り立つ．$\sqrt{r^*} = O(\sqrt{n})$ より，$|P_1|, |P_2|, \ldots, |P_{r^*}|$ のうち異なる値の個数は $O(\sqrt{n})$ である．以上より，Step 2 の反復回数は $O(\sqrt{n})$ 回である． □

アルゴリズム 4.2 の各反復における計算量は $O(m)$ であるので，アルゴリズム 4.2 の計算量は $O(m\sqrt{r^*}) = O(m\sqrt{n})$ である．

定理 4.15. 頂点数 n，辺数 m の二部グラフに対して，アルゴリズム 4.2 は最大マッチングを $O(m\sqrt{n})$ 時間で求める．

4.5 補足：良い特徴付け

ケーニグの定理（定理 4.2）のような定理は，組合せ最適化理論において「**良い特徴付け**（good characterization）」と呼ばれる．「良い特徴付け」という言葉は専門用語であり，ある判定問題が NP ∩ coNP に属することを明らかにする命題のことをいう．良い特徴付けについてもう少し詳しく説明するために，判定問題とそれに関連する計算量クラスを定義する．

判定問題（decision problem）とは，答えが yes または no である問題のことである．たとえば，最大マッチング問題を判定問題の形式で書くと以下のようになる．

Q1. 二部グラフ G と非負整数 k が与えられたときに，二部グラフ G に k 本以上の辺をもつマッチングが存在するならば yes，そうでないならば no と答える．

この判定問題（Q1）を解くことは，最大マッチング問題を解くことと本質的に等価である．実際，最大マッチングを求めることができるならば，求めた最大マッチングの辺数が k 以上かどうかを調べることで，上の判定問題（Q1）の答えが分かる．反対に，判定問題（Q1）を解けるとすると，k の値を 0 から $n/2$ まで 1 つずつ変更しながら判定問題を解くことで，最大マッチングの辺数を求められる．したがって，一方の問題を多項式時間で解くことができれば，もう一方の問題も多項式時間で解くことができる．

最大マッチング問題のように，最適化問題の多くは等価な判定問題に書き直すことができる．たとえば以下のような判定問題が考えられる．

Q2. 線形最適化問題 (2.2) が与えられたときに，目的関数値が k 以上の実行可能解が存在すれば yes，そうでないならば no と答える．

Q3. 有向グラフ G とその 2 頂点 s, t が与えられたときに，長さ k 以下の有向 s-t パスが存在するならば yes，そうでないならば no と答える．

Q4. 有限集合 U の部分集合の族 $\mathcal{S} = \{S_1, S_2, \ldots, S_\ell\}$ が与えられたときに，要素数が k 以下の集合被覆が存在すれば yes，そうでないならば no と答える．

判定問題がクラス **NP** に属するとは，判定問題の答えが yes である場合に，その入力サイズの多項式サイズの証拠が存在して，その証拠を用いると答えが yes であることが多項式時間で検証できることをいう．判定問題の答えが no である場合に，多項式時間で検証可能な証拠が存在するとき，判定問題はクラス **coNP** に属するという．

たとえば，最大マッチング問題（Q1）はクラス NP に属する．答えが yes であるとき，要素数が k 以上の辺集合 F でマッチングであるものを証拠として与えれば，それが辺数 k 以上のマッチングであることは多項式時間で検証することができる．

定理 4.2 を用いると，最大マッチング問題（Q1）はクラス coNP に属することがいえる．実際，答えが no であるとき，要素数が k 以下の頂点集合 X で頂点被覆であるものを証拠として示せばよい．頂点被覆の定義を確認すれば，X が頂点被覆であることを多項式時間で検証できる．このような頂点集合 X が存在すれば，定理 4.2 より辺数 k 以上のマッチングが存在しないので，答えが no であることが確かめられる．したがって，最大マッチング問題（Q1）は NP $\cap$ coNP に属する．定理 4.2 のように，判定問題が NP $\cap$ coNP に属することを示唆する命題を良い特徴付けという．

判定問題の答え（yes/no）が多項式時間で求められるとき，判定問題はクラス **P** に属するという．定理 4.8 より二部グラフの最大マッチング問題は多項式時間で解けるので，その判定問題版（Q1）はクラス P に属する．クラス P に属する任意の判定問題は，その問題を解く多項式時間アルゴリズムを証拠として用いれば答え（yes/no）が分かるため，NP $\cap$ coNP に属する．したがって，P $\subseteq$ NP $\cap$ coNP が成り立つ．

判定問題に良い特徴付けが存在したとしても，その問題がクラス P に属するかどうかは一般には分からない．しかし，良い特徴付けが存在すると，それを指針として多項式時間アルゴリズムを設計しやすいことが経験的に知られている．一方で，NP $\cap$ coNP に属する任意の判定問題が多項式時間で解けるかどうか，つまり P $=$ NP $\cap$ coNP が成り立つかどうかは，現在のところ分かっておらず，計算量理論における重要な未解決問題の一つである．

他の組合せ最適化問題の例を見てみよう．集合被覆問題（Q4）はクラス NP に属する．最大マッチング問題の場合と同じように，要素数が k 以下である集合被覆を実際に示してやればよい．しかし，集合被覆問題（Q4）には良い特徴付けが知られておらず，クラス coNP に属するかどうかは分かっていない．要素数 k 以下の集合被覆が存在しないことを示すためには，要素数 k 以下の $\mathcal{S}$ の部分族すべてを考え，そのいずれもが集合被覆ではないことを確かめればよいが，その数は約 ℓ^k 個あるので，この方法では答えが no であることを多項式時間で検証できない．

集合被覆問題（Q4）は NP 完全という計算量クラスに属することが知られて

いる（本書では NP 完全の定義は省略する．詳細は [22], [58] など参照）．この事実を用いると，もし集合被覆問題が coNP に属するならば，NP に属するすべての問題が coNP に属することになり，NP = coNP が成り立つことになる．また，もし集合被覆問題が P に属するならば，NP に属するすべての問題が多項式時間で判定できることになり，P = NP が成り立つことになる．$\mathrm{P} \neq \mathrm{NP}$ が成り立つかどうかは計算量理論における有名な未解決問題の一つであり，クレイ数学研究所のミレニアム問題として 100 万ドルの賞金がかけられている．集合被覆問題（Q4）の他にも，ナップサック問題や巡回セールスマン問題（の判定問題版）も NP 完全に属することが知られている．

良い特徴付けは，定理 4.2 の他にも本書の様々な場面で現れる．たとえば，線形最適化問題の双対定理（定理 2.2），ケーニグの辺被覆定理（系 7.5），最大フロー最小カット定理（定理 7.10），メンガーの定理（系 7.11）などがある．このように，良い特徴付けは組合せ最適化理論において重要な役割をもつ．

第 5 章 二部グラフの最小コストの完全マッチング

本章では，辺にコストが与えられた二部グラフにおいて，最小コストの完全マッチングを求める問題を扱う．まず，5.1 節と 5.2 節では，二部グラフの完全マッチングの集まりを多面体として表現して，その線形不等式表現を与える．この線形不等式表現から，線形最適化問題を解くことで二部グラフにおける最小コストの完全マッチングを効率的に求められることが分かる．5.3 節では，マッチングの組合せ構造を利用した効率的なアルゴリズムを与える．

5.1 完全マッチング多面体

$G = (U, V; E)$ を二部グラフとして，G の各辺 $e \in E$ に実数のコスト c_e が与えられているとする．G のマッチング M に対して，そのコストを M の辺のコストの総和 $\sum_{e \in M} c_e$ として定義する．このとき，G の完全マッチングの中でコストが最小のものを求める問題を，**最小コスト完全マッチング問題**（minimum-cost perfect matching problem）という．G に完全マッチングが存在しないときは $+\infty$ と答えることにする．

たとえば，図 5.1 の二部グラフにおいて，コスト c_e を

$$c_e = \begin{cases} 1 & (e \in \{e_1, e_4, e_6\}), \\ -1 & (e \in \{e_2, e_3, e_5\}) \end{cases}$$

と定義する．最小コスト完全マッチング問題において，辺 e のコスト c_e は負である場合もあることに注意する．このとき，最小コストの完全マッチングは太線の辺のように表され，そのコストは $-1-1+1=-1$ である．

本節では，最小コスト完全マッチング問題を線形最適化問題として記述する．辺集合 $F \subseteq E$ に対して，ベクトル $\chi_F \in \mathbb{R}^E$ を[*1]，第 e 成分が

---

*1） χ は「カイ」と読む．

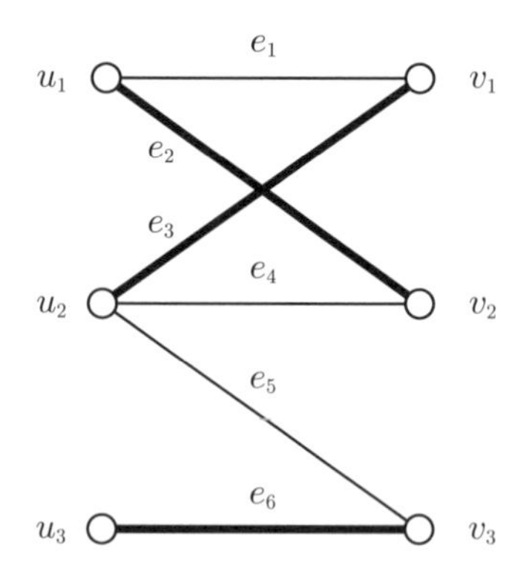

図 5.1　最小コスト完全マッチングの例.

$$(\chi_F)_e = \begin{cases} 1 & (e \in F), \\ 0 & (e \notin F) \end{cases}$$

であるベクトルとする．これを F の**特性ベクトル**（characteristic vector, indicator vector）と呼ぶ．たとえば，図 5.1 の二部グラフにおいて，太線のマッチング $M = \{e_2, e_3, e_6\}$ の特性ベクトル χ_M は

$$\chi_M = \begin{pmatrix} 0 & 1 & 1 & 0 & 0 & 1 \end{pmatrix}^\top$$

である．

グラフ G の**完全マッチング多面体**（perfect matching polytope）$\mathcal{C}_{\mathrm{PM}}(G)$ とは，G の完全マッチングの特性ベクトル全体の凸包（convex hull）のことをいう（凸包の定義については 2.3 節参照）．式で表すと

$$\mathcal{C}_{\mathrm{PM}}(G) = \mathrm{conv.hull}\left(\left\{\chi_M \;\middle|\; M \text{ は } G \text{ の完全マッチング}\right\}\right)$$

である．多面体 $\mathcal{C}_{\mathrm{PM}}(G)$ の頂点は，ある完全マッチング M の特性ベクトル χ_M に対応するので，各成分が 0 または 1 の整数ベクトルである．

$\mathcal{C}_{\mathrm{PM}}(G)$ は多面体であるので，ある行列 A とベクトル b を用いて，$\mathcal{C}_{\mathrm{PM}}(G) = \{x \in \mathbb{R}^E \mid Ax \leq b\}$ と表せる．多面体 $\mathcal{C}_{\mathrm{PM}}(G)$ 上の線形最適化問題

$$\text{minimize} \quad c^\top x \quad \text{subject to} \quad Ax \leq b \tag{5.1}$$

を考える．任意の完全マッチング M の特性ベクトル χ_M は問題 (5.1) の実行可能解であり，その目的関数値 $c^\top \chi_M$ は M のコスト $\sum_{e \in M} c_e$ に等しい．したがって，問題 (5.1) の最適値は完全マッチングの最小コスト以下である．一方，定理 2.6 より，線形最適化問題には頂点に対応する最適解が存在するので，問題 (5.1) の最適解で，ある完全マッチング M の特性ベクトル χ_M に対応するものが存在する．よって，完全マッチングの最小コストは問題 (5.1) の最適

値以下である．以上より，問題 (5.1) の最適値と完全マッチングの最小コストは等しく，問題 (5.1) を解くことで最小コスト完全マッチングを求めることができる．

このように，二部グラフ G の最小コスト完全マッチングを求める問題を線形最適化問題 (5.1) として記述することができる．次節では，完全マッチング多面体 $\mathcal{C}_{\mathrm{PM}}(G)$ を定める線形不等式系 $Ax \leq b$ を具体的に求める．求めた線形不等式系 $Ax \leq b$ のサイズは G のサイズの多項式で抑えられるので，線形最適化問題 (5.1) を G のサイズに関する多項式時間で解けることが分かる．

5.2 完全マッチング多面体の線形不等式表現

本節では，完全マッチング多面体 $\mathcal{C}_{\mathrm{PM}}(G)$ を定める線形不等式系を具体的に求める．そのためにまず，最小コスト完全マッチング問題を整数最適化問題として定式化しよう．3.3.3 節の最大マッチング問題と同じように，各辺 $e \in E$ に対して 0-1 変数 x_e を用意して，$x_e = 1$ ならば辺 e を完全マッチングに含め，$x_e = 0$ ならば含めない，と対応付ける．辺集合 M が完全マッチングであることは，各頂点 $v \in U \cup V$ に接続する辺のうち 1 辺が M に含まれることと等価である．したがって，二部グラフの最小コスト完全マッチング問題は

$$
\begin{array}{lll}
\text{minimize} & \displaystyle\sum_{e \in E} c_e x_e & \\
\text{subject to} & \displaystyle\sum_{e \in \delta(u)} x_e = 1 \quad (u \in U), & \\
& \displaystyle\sum_{e \in \delta(v)} x_e = 1 \quad (v \in V), & \\
& x_e \in \{0, 1\} \quad (e \in E) &
\end{array}
\tag{5.2}
$$

と書ける．ここで，頂点 $v \in U \cup V$ に対して，$\delta(v)$ は v に接続する辺の集合である．

上の整数最適化問題の制約 $x_e \in \{0, 1\}$ を非負制約 $x_e \geq 0$ に置き換えた線形最適化問題

$$
\begin{array}{lll}
\text{minimize} & \displaystyle\sum_{e \in E} c_e x_e & \\
\text{subject to} & \displaystyle\sum_{e \in \delta(u)} x_e = 1 \quad (u \in U), & \\
& \displaystyle\sum_{e \in \delta(v)} x_e = 1 \quad (v \in V), & \\
& x_e \geq 0 \quad (e \in E) &
\end{array}
\tag{5.3}
$$

を考える．このように制約条件を緩めて得られる問題を**緩和問題**（relaxation

problem）という．特に，線形最適化問題に緩和した問題を**線形最適化緩和**（LP relaxation）という．

ここで，0-1 変数 x_e を緩めて連続な値に置き換えるならば，$0 \leq x_e \leq 1$ という制約を課すほうが自然に思える．しかし，問題 (5.3) の制約において不等式 $x_e \leq 1$ を付け加えても冗長であるので，$x_e \leq 1$ を書かなくてよいことに注意する．実際，問題 (5.3) の実行可能解 x は，最初の 2 つの等式制約と非負制約を満たすので，各辺 $e \in E$ に対して $x_e \leq 1$ を必ず満たす．

線形最適化問題 (5.3) の実行可能領域を $\mathcal{K}(G)$ とおく．このとき，以下の定理に示すように，$\mathcal{K}(G)$ は完全マッチング多面体 $\mathcal{C}_{\mathrm{PM}}(G)$ と一致する．

定理 5.1. 任意の二部グラフ G に対して $\mathcal{C}_{\mathrm{PM}}(G) = \mathcal{K}(G)$ が成り立つ．

証明. 記法を簡単にするために，この証明では $\mathcal{C} = \mathcal{C}_{\mathrm{PM}}(G)$, $\mathcal{K} = \mathcal{K}(G)$ とおく．定理 5.1 を示すためには $\mathcal{C} \subseteq \mathcal{K}$ と $\mathcal{C} \supseteq \mathcal{K}$ の両方を示せばよい．

まず，$\mathcal{C} \subseteq \mathcal{K}$ を示す．$\mathcal{C}$ は完全マッチングの特性ベクトル全体の凸包であるので，任意の点 $x \in \mathcal{C}$ は，ある k 個の完全マッチング $M_1, M_2, \ldots, M_k$ と $\sum_{i=1}^{k} \lambda_i = 1$ を満たす非負実数 $\lambda_1, \lambda_2, \ldots, \lambda_k \geq 0$ を用いて

$$x = \sum_{i=1}^{k} \lambda_i \chi_{M_i}$$

と表される．χ_{M_i} は問題 (5.3) の制約をすべて満たすので，$\chi_{M_i} \in \mathcal{K}$ が成り立つ．凸集合 $\mathcal{K}$ に属するベクトルの凸結合は $\mathcal{K}$ に属するので，このことから $x \in \mathcal{K}$ が成り立つことがいえる．したがって，$\mathcal{C} \subseteq \mathcal{K}$ である．

以降では，$\mathcal{C} \supseteq \mathcal{K}$ を示す．そのために $\mathcal{K}$ の任意の頂点 x^* が $\mathcal{C}$ に属することを示す．この主張が成り立てば，$\mathcal{K}$ 内の任意のベクトル x は $\mathcal{K}$ の頂点の凸結合として書けるので，$x \in \mathcal{C}$ が成り立つ．

$\mathcal{K}$ の頂点 x^* の非ゼロ成分に対応する辺の集合を E^* とおく．すなわち $E^* = \{e \in E \mid x^*_e > 0\}$ とする．辺集合 E^* をもつ G の部分グラフを $G^* = (U, V; E^*)$ とおく．このとき，G^* に対して，次の主張が成り立つ．

主張 5.2. G^* はサイクルをもたない．

証明. G^* にサイクル C が存在すると仮定して，矛盾を導く．G^* は二部グラフなので C の長さ ℓ は偶数である．C の辺集合をサイクルに沿って $e_1, e_2, \ldots, e_\ell$ とおく（図 5.2 参照）．また C の頂点集合を $v_1, v_2, \ldots, v_\ell$ として，v_i には e_i と e_{i+1} が接続しているとする．ただし $e_{\ell+1}$ は e_1 を表すとする．ここで $\varepsilon = \min_{e \in C} x^*_e > 0$ とおくと，任意の $e_i \in C$ に対して $x^*_{e_i} \geq \varepsilon$ である．さらに，問題 (5.3) の頂点 v_i に対する制約から

$$x^*_{e_i} + x^*_{e_{i+1}} \leq \sum_{e \in \delta(v_i)} x^*_e = 1$$

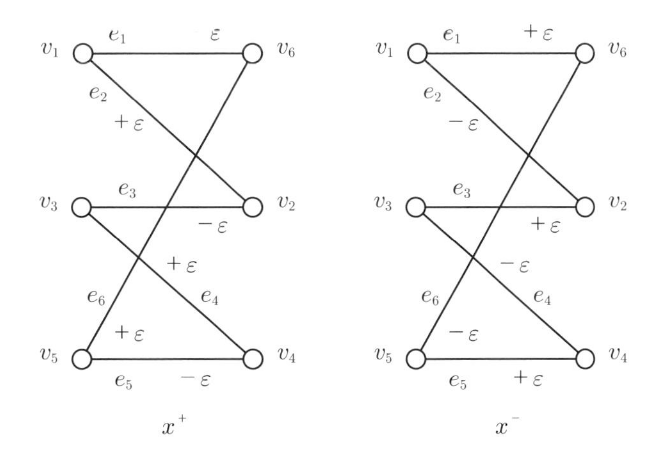

図 5.2　定理 5.1 の証明におけるベクトル x^+, x^- の定め方.

が成り立つので，任意の $e_i \in C$ に対して $x^*_{e_i} \le 1 - x^*_{e_{i+1}} \le 1 - \varepsilon$ である．x^* を用いて 2 つのベクトル x^+, x^- を

$$x^+_e = \begin{cases} x^*_{e_i} + (-1)^i \varepsilon & (e = e_i \in C), \\ x^*_e & (e \notin C), \end{cases}$$

$$x^-_e = \begin{cases} x^*_{e_i} - (-1)^i \varepsilon & (e = e_i \in C), \\ x^*_e & (e \notin C). \end{cases}$$

のように定義する．このとき，ε の定義より，任意の辺 $e \in E$ に対して $x^+_e \ge 0$, $x^-_e \ge 0$ である．さらに，任意の頂点 v に対して

$$\sum_{e \in \delta(v)} x^*_e = \sum_{e \in \delta(v)} x^+_e = \sum_{e \in \delta(v)} x^-_e$$

であるので，$x^+, x^- \in \mathcal{K}$ が成り立つ．このとき $x^* = \frac{1}{2}x^+ + \frac{1}{2}x^-$ が成り立つので，x^* を 2 点 x^+, x^- の凸結合として表せることになるが，これは命題 2.4 に矛盾する．以上より，G^* はサイクルを含まないので，主張 5.2 が成り立つ．　□

主張 5.2 より，G^* はサイクルをもたないので，G^* は森をなす．さらに次の主張が成り立つ．

主張 5.3. E^* は G の完全マッチングである．

証明. G^* のある連結成分 H に着目する．問題 (5.3) の制約より，G^* の各頂点の次数は 1 以上であるので，H の頂点数は 2 以上である．H は木であるので，命題 3.1 より葉 v が存在する．葉 v に接続する辺を e' とし，v ではないほうの e' の端点を u とおく．葉 v の G^* における次数は 1 であるので，問題 (5.3) の

v に対する制約より，$\sum_{e \in \delta(v)} x_e^* = x_{e'}^* = 1$ が成り立つ．一方，u に対する制約を考えると，$x_{e'}^* \leq \sum_{e \in \delta(u)} x_e^* = 1$ である．$x_{e'}^* = 1$ であるので，u に接続する E^* の辺は e' のみであると分かる．したがって，H は辺 e' のみからなる．

G^* の各連結成分について同様に考えると，G^* の各連結成分は 1 つの辺のみからなることが分かる．したがって，E^* は完全マッチングであり，主張 5.3 が成り立つ． □

主張 5.3 より，x^* は完全マッチング E^* の特性ベクトルであるので，$x^* \in \mathcal{C}$ が成り立つ．したがって，定理 5.1 が示された． □

ここまでをまとめる．5.1 節より最小コスト完全マッチング問題は完全マッチング多面体上の線形最適化問題 (5.1) として記述されたが，定理 5.1 より，問題 (5.1) は線形最適化問題 (5.3) と等しい．2 章で述べたように，線形最適化問題は入力サイズの多項式時間で解けることが知られている．問題 (5.3) の変数の数は $|E|$，制約の数は $|U| + |V|$ であるので，この線形最適化問題は G のサイズに関する多項式時間で解くことができる．

定理 5.4. 二部グラフに対する最小コスト完全マッチングは，線形最適化問題 (5.3) として定式化することで，効率的に求められる．

5.3 組合せ的なアルゴリズム

本節では，二部グラフの最小コスト完全マッチングを求める効率的なアルゴリズムを紹介する．ここで紹介するのは，線形最適化問題 (5.3) を解く汎用的なアルゴリズムを使わずに，マッチング特有の組合せ構造に着目して最小コスト完全マッチングを効率的に求めるアルゴリズムである．アルゴリズムの設計では，線形最適化問題 (5.3) の線形不等式表現と双対定理が役に立つ．

二部グラフを $G = (U, V; E)$ として，辺 $e \in E$ のコストを c_e とする．$|U| \neq |V|$ である場合には完全マッチングが存在しないので，$|U| = |V|$ を仮定する．さらに，本節では，二部グラフ G と辺 e のコスト c_e は以下の 2 条件を満たすと仮定する．

(1) 二部グラフ G は完全マッチングをもつ．

(2) 各辺 $e \in E$ のコスト c_e は非負である．

上の仮定 (1), (2) を満たさない二部グラフ G と辺コスト c_e が与えられたとき，G と c_e から仮定 (1), (2) を満たす二部グラフ $G' = (U, V; E')$ と辺コスト c'_e を次のように構成する．

- 負のコストをもつ辺が存在するとき，$\Delta = |\min_{e \in E} c_e|$ として，各辺 e のコストを $c'_e = c_e + \Delta$ と定義する．負のコストをもつ辺が存在しないときは，各辺 e のコストを $c'_e = c_e$ とする．

- G が完全マッチングをもたないとき，完全マッチングをもつように辺を新しく加えて，加えた辺 e' のコスト $c'_{e'}$ を $\Theta = |U| \cdot \max_{e \in E} c'_e + 1$ とする．

このとき，次の補題 5.5 で示すように，辺コスト c'_e をもつ二部グラフ G' において最小コストの完全マッチングを求めることができれば，元の二部グラフ G と辺コスト c_e に対して最小コストの完全マッチングを求めることができる．したがって，以降の議論では，(1), (2) を満たすことを仮定する．

補題 5.5. 辺コスト c'_e をもつ二部グラフ G' における最小コストの完全マッチングを M' とする．M' のコストが Θ 以上ならば，G は完全マッチングをもたない．M' のコストが Θ よりも小さければ，M' は G における最小コスト完全マッチングである．

証明. 完全マッチングの辺の数は $|U|$ であるので，M' が元のグラフ G の辺集合 E に含まれるならば，そのコストは $|U| \cdot \max_{e \in E} c'_e$ 以下である．したがって，M' のコストが Θ 以上ならば，M' はコストが Θ の新しく加えた辺を含むので，このとき，元のグラフ G は完全マッチングをもたないことが分かる．一方，M' のコストが Θ より小さければ，M' は G における完全マッチングである．

さらに，G の任意の完全マッチング M に対して $\sum_{e \in M} c'_e = \sum_{e \in M} c_e + |U|\Delta$ が成り立つ．したがって，G において，元のコスト c_e に対して最小コスト完全マッチングであることと，新しいコスト c' に対して最小コスト完全マッチングであることは同値である．以上より，補題 5.5 が成り立つ． □

アルゴリズムの準備として，相補性条件（定理 2.3）を用いて，G の完全マッチング M が最小コストであるための条件を表す．線形最適化問題 (5.3) の双対問題は

$$
\begin{array}{ll}
\text{maximize} & \displaystyle\sum_{u \in U} y_u + \sum_{v \in V} y_v \\
\text{subject to} & y_u + y_v \le c_e \quad (e = uv \in E)
\end{array}
\tag{5.4}
$$

と書ける．

G の完全マッチングを M とする．M の特性ベクトル χ_M は線形最適化問題 (5.3) の実行可能解である．相補性条件（定理 2.3）より，χ_M と双対実行可能解 y がともに最適解であるための必要十分条件は

$$
e \in M \Rightarrow y_u + y_v = c_e \tag{5.5}
$$

が成り立つことである．

したがって，以下の 3 条件 (a)–(c) を満たす辺集合 M とベクトル y を求めることができれば，χ_M は線形最適化問題 (5.3) の最適解であるので，M は最小コストの完全マッチングであると分かる．ここでは，記法を簡単にするため

に，辺 $e = uv$ に対して $w_e = c_e - y_u - y_v$ とおく．

(a) [主問題の実行可能性] $M \subseteq E$ は G の完全マッチングである．

(b) [双対問題の実行可能性] 任意の辺 $e \in E$ に対して $w_e \geq 0$ が成り立つ．

(c) [相補性条件 (5.5)] $e \in M$ ならば $w_e = 0$ が成り立つ．

これから紹介するアルゴリズムでは，マッチング M とベクトル y を保持して，最終的に上の 3 条件 (a)–(c) をすべて満たす M と y を求める．アルゴリズム中では条件 (b) と (c) を常に満たすようにしながら，M と y を更新することを繰り返す．そして条件 (a) を満たしたらアルゴリズムを終了する．

双対実行可能解 y に対して辺集合 $E_0 = \{e \in E \mid w_e = 0\}$ を定義して，E_0 を辺集合とする部分グラフを $G_0 = (U, V; E_0)$ とおく．

アルゴリズムの記述は以下のようになる．

アルゴリズム 5.1. 最小コスト完全マッチングを求めるアルゴリズム

Step 1. $M \leftarrow \emptyset$, $y_u \leftarrow 0$ $(u \in U)$, $y_v \leftarrow \min_{e \in \delta(v)} c_e$ $(v \in V)$ とする．

Step 2. （**主実行可能解の更新**）G_0 において最大マッチング M を求める．M が G_0 の完全マッチングであるならば，M を出力してアルゴリズムを終了する．

Step 3. （**双対実行可能解の更新**）G_0 の最大マッチング M を用いてベクトル y を更新して，Step 2 に戻る．

アルゴリズム 5.1 の詳細を説明する．まず Step 1 では初期設定として，M を空集合とし，ベクトル y を，$u \in U$ に対して $y_u = 0$，$v \in V$ に対して $y_v = \min_{e \in \delta(v)} c_e$ と定義する．このとき，任意の辺 $e' = uv \in E$ に対して $y_u + y_v = 0 + \min_{e \in \delta(v)} c_e \leq c_{e'}$ が成り立つので，ベクトル y は双対実行可能解である．したがって，Step 1 で定義した M と y は条件 (b), (c) を満たす．

Step 2 では，現在の双対実行可能解 y をもとに部分グラフ G_0 を定めて，G_0 における最大マッチング M を求める．M が G_0 の完全マッチングであるならば，M は条件 (a) を満たすので，定理 2.3 より M は最小コスト完全マッチングである．

Step 2 において求めた M が G_0 の完全マッチングではないとき，Step 3 に進む．Step 3 では，M を用いて双対実行可能解 y を更新する．M は G_0 の最大マッチングであるので，定理 4.5 より G_0 には M 増加パスが存在しない．U 側で M に被覆されていない頂点の集合を X として，G_0 において X から M 交互パスによって到達可能な頂点の集合を R とおく（図 5.3 参照）．このとき，R の取り方から，$U \cap R$ と $V \setminus R$ を結ぶ E_0 の辺は存在しない．一方，仮定 (1) より G は完全マッチングをもつので，$U \cap R$ と $V \setminus R$ を結ぶ G の辺が存在する．$\delta = \min\{w_{uv} \mid uv \in E, u \in U \cap R, v \in V \setminus R\}$ とおくと，δ は $U \cap R$ と $V \setminus R$ を結ぶ G の辺 e における w_e の最小値であり，$\delta > 0$ を満たす．δ を用いて，双対実行可能解 y を

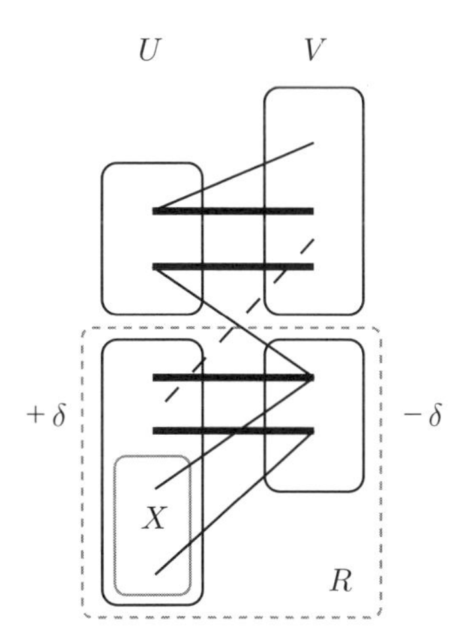

図 5.3　双対実行可能解 y の更新の仕方．太線が M に対応する．破線の辺は G_0 に存在しない．

$$y_u = \begin{cases} y_u & (u \in U \setminus R), \\ y_u + \delta & (u \in U \cap R), \end{cases} \qquad y_v = \begin{cases} y_v & (v \in V \setminus R), \\ y_v - \delta & (v \in V \cap R) \end{cases} \tag{5.6}$$

のように更新する．以下に示すように，(5.6) によって y を更新しても，双対実行可能性は保たれる．

主張 5.6. Step 3 で (5.6) を用いて双対実行可能解 y を更新したとき，更新後の y は双対実行可能である．

証明. 更新の前後を区別するために，更新後の y を y' とおく．任意の辺 $e = uv$ に対して $y'_u + y'_v \leq c_e$ が成り立つことを，場合分けをして示す．

- $u \in U \setminus R$ かつ $v \in V \setminus R$ であるとき，$y_u + y_v$ の値は変化しないので，$y'_u + y'_v = y_u + y_v \leq c_e$ である．
- $u \in U \setminus R$ かつ $v \in V \cap R$ ならば $y'_u + y'_v = y_u + (y_v - \delta) \leq y_u + y_v \leq c_e$ である．
- $u \in U \cap R$ かつ $v \in V \cap R$ ならば $y'_u + y'_v = (y_u + \delta) + (y_v - \delta) = y_u + y_v \leq c_e$ である．
- $u \in U \cap R$ かつ $v \in V \setminus R$ ならば，δ の定義より $\delta \leq w_e$ であるので

  $$y'_u + y'_v = (y_u + \delta) + y_v \leq y_u + y_v + w_e = c_e$$

  が成り立つ．

いずれの場合も $y'_u + y'_v \leq c_e$ が成り立つので，y' は双対実行可能解である．以上より主張 5.6 が示された．□

Step 3 において y を更新したら Step 2 に戻り，上記の手続き Step 2, Step 3

を繰り返す．これがアルゴリズム 5.1 の流れである．

アルゴリズム 5.1 では，Step 2 において主問題の実行可能解（マッチング M）を更新し（primal update），Step 3 において双対実行可能解 y を更新する（dual update）．この 2 つの更新を繰り返すことで最終的に最適解を得る．上記のようなアルゴリズムを**主双対アルゴリズム**（primal-dual algorithm）と呼ぶ．

以下では，アルゴリズム 5.1 の計算量を解析する．Step 3 において (5.6) を用いて双対実行可能解 y を更新すると，y の目的関数値 $\sum_{u \in U} y_u + \sum_{v \in V} y_v$ は $\delta(|U \cap R| - |V \cap R|)$ 増える．いま，M は G_0 の完全マッチングではないので，$|U \cap R| > |V \cap R|$ が成り立つ．したがって，Step 3 の更新によって双対実行可能解 y の目的関数値が真に増加する．仮定 (1) より G は完全マッチングをもつので，主問題 (5.3) は実行可能であり，双対問題 (5.4) は有界である．したがって，Step 3 を有限回実行するとアルゴリズム 5.1 は終了して，最小コスト完全マッチングを得る．

次の定理は，Step 3 の実行回数が入力サイズの多項式で抑えられて，アルゴリズム全体の計算量が多項式時間となることを示している．

定理 5.7. 頂点数 n，辺数 m の二部グラフ $G = (U, V; E)$ が仮定 (1), (2) を満たすとする．このとき，アルゴリズム 5.1 は $O(n^2 m)$ 時間で最小コスト完全マッチングを求める．

証明. Step 2 では最大マッチングを求める必要があるが，ここでは増加パスに基づくアルゴリズム（アルゴリズム 4.1）を使うことにする．

Step 3 において双対実行可能解 y を (5.6) を用いて更新したとき，辺集合 E_0 が変化するので G_0 が変更されるが，M が G_0 のマッチングであることは保たれる．Step 2 に戻ったとき，M が G_0 の最大マッチングのままであれば，Step 2 では何もせずに Step 3 を再び実行する．M が G_0 の最大マッチングではないならば，Step 2 で G_0 における M 増加パスを見つけることを繰り返して，新しい最大マッチングを求める．

Step 2 で M 増加パスを 1 つ見つけるまでにかかる Step 3 の実行回数を考える．Step 3 を 1 回実行すると，δ の定義より，$U \cap R$ と $V \setminus R$ を結ぶ辺のうち少なくとも 1 つが E_0 に加えられる．このとき，X から M 増加パスで到達可能な V 側の頂点の集合 $R \cap V$ の要素が 1 つ以上増える．したがって，Step 3 を $|V| = n/2$ 回繰り返すと，V のすべての頂点は X から到達可能となる．それよりも前に M 増加パスが見つかるので，Step 3 の実行回数は $O(n)$ 回である．

Step 3 では，X から到達可能な頂点の集合 R を求めて y を更新するために $O(m)$ 時間かかる．前段落の議論と合わせると，M 増加パスを 1 つ見つけるまでにかかる計算量は $O(mn)$ である．

M 増加パスを 1 つ見つけると，マッチング M の辺の数を 1 つ増やすことができる．完全マッチングの辺の数は $n/2$ であるので，M 増加パスを見つける回数は $O(n)$ 回である．したがって，全体の計算量は $O(n^2m)$ である． □

アルゴリズム 5.1 について，もう少し詳細な解析をすることでその計算量が $O(n^3)$ であることを証明できる．

アルゴリズム 5.1 は，完全マッチング M の特性ベクトル χ_M と双対実行可能解 y で，それぞれが，線形最適化問題 (5.3) とその双対問題 (5.4) の最適解となるものを求めている．χ_M は整数ベクトルであるので，これは線形最適化問題 (5.3) の最適解に整数ベクトルであるもの（**整数最適解**，integer optimal solution）が存在することを示している．このことから，整数最適化問題 (5.2) と線形最適化問題 (5.3) の最適値が等しいことが分かる．このように，アルゴリズム 5.1 は定理 5.4 の別証明を与える．さらに，各辺 e の辺コスト c_e が整数であるならば，アルゴリズム 5.1 が求める双対最適解 y は整数ベクトルであることも分かる．

本節で紹介した最小コスト完全マッチングを求めるアルゴリズム（アルゴリズム 5.1）は，**ハンガリー法**（Hungarian method）とも呼ばれる．このアルゴリズムはアメリカ人の H. キューン（H. Kuhn）が 1955 年に提案したものであるが[42]，その本質的なアイデアはハンガリー人の D. ケーニグ（D. Kőnig）と J. エガヴァリイ（J. Egerváry）によって 1930 年代に示されていたため，H. キューンがハンガリー法と名付けた．ハンガリー法の歴史的経緯については [43] を参照されたい．

本章および 4 章では二部グラフのマッチングを扱ったが，二部グラフとは限らない一般のグラフに対しても最大マッチングおよび最小コスト完全マッチングを多項式時間で求めることができる[14]（[5], [39] も参照されたい）．本書では，そのアルゴリズムの詳細には立ち入らないが，8 章で一般のグラフの最大マッチング問題に対する線形不等式表現について紹介する．

第 6 章
整数多面体と完全単模行列

本章では整数多面体を扱う．5 章では，二部グラフの最小コスト完全マッチング問題を線形最適化問題として定式化できることと，それを利用して最小コストの完全マッチングを効率的に求められることを述べた．そこで重要となった性質は，定式化した線形最適化問題において，各成分が整数である最適解（整数最適解）が存在することであった．整数最適解をもつこのような線形最適化問題の実行可能領域は，整数多面体と呼ばれる．本章では，まず 6.1 節で整数多面体を定義する．6.2 節以降では，整数多面体を特徴付ける条件として，完全単模行列と呼ばれる行列を紹介する．完全単模行列は，多項式時間で解ける組合せ最適化問題の多くに現れる行列である．組合せ最適化問題への完全単模行列の応用については 7 章で述べる．

6.1 整数多面体

行列 A を $m \times n$ 次行列，b を m 次元ベクトル，c を n 次元ベクトルとして，多面体 $\mathcal{P}$ を $\mathcal{P} = \{x \in \mathbb{R}^n \mid Ax \leq b, x \geq \mathbf{0}\}$ とおく．3 章で定義したように，整数最適化問題は，線形最適化問題に整数制約を課した問題であり

$$\text{maximize} \quad c^\top x \quad \text{subject to} \quad x \in \mathcal{P}, \quad x \in \mathbb{Z}^n \tag{6.1}$$

のように書ける．その線形最適化緩和は

$$\text{maximize} \quad c^\top x \quad \text{subject to} \quad x \in \mathcal{P} \tag{6.2}$$

であり，このとき

$$\max\left\{c^\top x \;\middle|\; x \in \mathcal{P}, x \in \mathbb{Z}^n\right\} \leq \max\left\{c^\top x \;\middle|\; x \in \mathcal{P}\right\}$$

が成り立つ．

線形最適化問題 (6.2) の最適値が有限の値を取るような任意のベクトル c に

対して，問題 (6.2) に整数最適解が存在するとき，$\mathcal{P}$ を**整数多面体**（intcgcr polyhedron）と呼ぶ．多面体 $\mathcal{P}$ が整数多面体ならば，線形最適化問題 (6.2) は（最適解が存在すれば）整数最適解をもつ．ゆえに

$$\max \left\{ c^\top x \mid x \in \mathcal{P}, x \in \mathbb{Z}^n \right\} = \max \left\{ c^\top x \mid x \in \mathcal{P} \right\}$$

が成り立つ．したがって，線形最適化問題 (6.2) を解くことで整数最適化問題 (6.1) の解が得られる．

各成分が整数であるベクトルを整数ベクトルという．多面体 $\mathcal{P}$ 内のすべての整数ベクトルの凸包 conv.hull($\mathcal{P} \cap \mathbb{Z}^n$) を $\mathcal{P}_I$ と表記する．このとき，以下の定理が成り立つ．本書では証明を省略する（詳細は [65] を参照されたい）．

定理 6.1. 次の 5 条件 (a) から (e) は同値である．

(a) $\mathcal{P}$ は整数多面体である．つまり線形最適化問題 (6.2) は（最適値が有限ならば）整数最適解をもつ．

(b) $\mathcal{P} = \mathcal{P}_I$ が成り立つ．

(c) $\mathcal{P}$ のすべての面は整数ベクトルを含む．

(d) $\mathcal{P}$ のすべての極小面は整数ベクトルを含む．

(e) c が整数ベクトルであるならば，線形最適化問題 (6.2) の最適値は（有限ならば）整数である．

6.2 完全単模行列

各成分が整数である行列を**整数行列**（integer matrix）という．整数行列は，任意の小行列式の値が $0, 1, -1$ のいずれかであるとき，**完全単模行列**（totally unimodular matrix）と呼ばれる．たとえば

$$A = \begin{pmatrix} -1 & 0 & 0 & 1 \\ 0 & -1 & 1 & 1 \\ 0 & 0 & 1 & 1 \end{pmatrix}$$

は完全単模行列である．定義より，完全単模行列 A の任意の 1 次小行列式は $0, 1, -1$ のいずれかに等しいので，A の各成分は $0, 1, -1$ の値を取る．

行列式や逆行列の定義より以下の 2 つの観察が成り立つ．行列式の定義は 11.1 節にあるが，行列式や逆行列など線形代数の基礎については本書では詳しく説明しないので，線形代数の教科書（[28], [53] など）を参照されたい．

観察 6.2. 行列 A が完全単模行列であるならば，以下の行列も完全単模行列である．

- A のある行（または列）を -1 倍した行列．
- A の部分行列．

- A を転置した行列 $A^\top$.
- 単位行列 I と A を横に並べた行列 $\begin{pmatrix} I & A \end{pmatrix}$.

観察 6.3. 正方行列 A を整数行列とする．このとき A の行列式 $\det A$ の値が 1 または -1 であるならば，A の逆行列 A^{-1} は整数行列である．特に，A が完全単模行列であるならば，逆行列 A^{-1} の各成分は $0, 1, -1$ のいずれかである．

証明. 行列 A の逆行列 A^{-1} は，A の余因子行列 $\mathrm{adj}(A)$ を用いて $A^{-1} = \frac{1}{\det A}\mathrm{adj}(A)$ と書ける．余因子行列 $\mathrm{adj}(A)$ の各成分は，A からある 1 行とある 1 列を取り除いた行列の行列式（またはその -1 倍）であり，A が整数行列ならば整数である．したがって，$\det A \in \{1, -1\}$ であるならば，逆行列 A^{-1} の各成分は整数である．また，A が完全単模行列であるならば，余因子行列の各成分は $0, 1, -1$ のいずれかであるため，逆行列 A^{-1} の各成分は $0, 1, -1$ のいずれかの値である． □

正則な完全単模行列 A の逆行列は完全単模行列であることが知られている（たとえば [53] 参照）．

6.3 完全単模行列と多面体の整数性

完全単模行列は多面体の整数性を特徴付ける．より正確には以下の定理が成り立つ．

定理 6.4（**ホフマン**（Hoffman）–**クラスカル**（Kruskal）**の定理**[25]）．行列 A を $m \times n$ 次整数行列とする．任意の m 次元整数ベクトル b に対して多面体 $\mathcal{P} = \{x \in \mathbb{R}^n \mid Ax \leq b, x \geq \mathbf{0}\}$ が整数多面体であるための必要十分条件は，A が完全単模行列であることである．

本節の目的は定理 6.4 を証明することである．ここでの証明はヴェイノット（Veinott）–ダンツィク（Dantzig）[74] に基づく．

6.3.1 定理 6.4 の十分性

定理 6.4 の十分性を示すための準備として，まず，完全単模行列 A を係数行列にもつ多面体 $\mathcal{Q} = \{x \in \mathbb{R}^n \mid Ax \leq b\}$ の整数性を議論する．以下の補題は，多面体 $\mathcal{Q}$ が頂点をもつならば，その頂点は整数ベクトルであることを述べている．まずはこれを示す．

補題 6.5. 行列 A を $m \times n$ 次完全単模行列として，b を m 次元整数ベクトルとする．このとき，多面体 $\mathcal{Q} = \{x \in \mathbb{R}^n \mid Ax \leq b\}$ の任意の頂点は整数ベクトルである．

証明. 多面体 $\mathcal{Q}$ の頂点 z は $Az \leq b$ を満たす．行列 A の第 i 行に対応するべ

クトルを $a_i^\top$ と書くと，これは任意の $i-1,2,\ldots,m$ に対して $a_i^\top z \leq b_i$ を満たすことを意味する．このとき，$a_i^\top z = b_i$ を満たす行ベクトル $a_i^\top$ で構成される A の部分行列を A_z とおく．命題 2.5 より，部分行列 A_z の階数は n である．したがって，A_z は正則な n 次正方部分行列 $\hat{A}_z$ をもつ．b において正方部分行列 $\hat{A}_z$ の行に対応する部分ベクトルを $\hat{b}$ とすると $\hat{A}_z z = \hat{b}$ が成り立つ．ゆえに $z = \hat{A}_z^{-1}\hat{b}$ である．観察 6.2 より $\hat{A}_z$ は完全単模行列であるので，観察 6.3 より逆行列 $\hat{A}_z^{-1}$ の各成分は $0, 1, -1$ のいずれかの値である．$\hat{b}$ は整数ベクトルであるので，$z = \hat{A}_z^{-1}\hat{b}$ は整数ベクトルである．□

多面体 $\mathcal{Q}$ が頂点をもたない場合についても，$\mathcal{Q}$ は整数多面体であることが分かる．

定理 6.6. 行列 A を $m \times n$ 次完全単模行列として，b を m 次元整数ベクトルとする．このとき，多面体 $\mathcal{Q} = \{x \in \mathbb{R}^n \mid Ax \leq b\}$ は整数多面体である．

証明. 線形最適化問題

$$\text{maximize} \quad c^\top x \quad \text{subject to} \quad Ax \leq b \tag{6.3}$$

が有限の最適値を取るベクトルを c として，そのときの最適解を x^* とする．このとき，$\ell \leq x^* \leq u$ を満たすように n 次元整数ベクトル ℓ, u を取り，多面体 $\mathcal{Q}' = \{x \in \mathbb{R}^n \mid Ax \leq b, \ell \leq x \leq u\}$ を定義する．多面体 $\mathcal{Q}'$ は有界であるので頂点をもつ．多面体 $\mathcal{Q}'$ の線形不等式制約を 1 つにまとめると

$$\begin{pmatrix} A \\ -I \\ I \end{pmatrix} x \leq \begin{pmatrix} b \\ -\ell \\ u \end{pmatrix}$$

のように書ける．この係数行列は観察 6.2 より完全単模行列である．したがって，補題 6.5 より $\mathcal{Q}'$ の頂点は整数ベクトルであり，線形最適化問題

$$\text{maximize} \quad c^\top x \quad \text{subject to} \quad Ax \leq b, \quad \ell \leq x \leq u$$

は整数最適解 $\hat{x}$ をもつ．

ベクトル x^* は $\mathcal{Q}'$ に属するので，$\hat{x}$ の最適性から $c^\top \hat{x} \geq c^\top x^*$ が成り立つ．一方，$\hat{x}$ は $A\hat{x} \leq b$ を満たすので $\mathcal{Q}$ に属しており，x^* の最適性から $c^\top x^* \geq c^\top \hat{x}$ である．したがって，$c^\top x^* = c^\top \hat{x}$ が成り立つので，$\hat{x}$ も問題 (6.3) の最適解である．以上より，線形最適化問題 (6.3) は整数最適解 $\hat{x}$ をもつので，$\mathcal{Q}$ は整数多面体である．□

定理 6.6 より，行列 A が完全単模行列であるならば，多面体 $\mathcal{P} = \{x \in \mathbb{R}^n \mid Ax \leq b, x \geq \mathbf{0}\}$ が整数多面体であること，すなわち定理 6.4 の十分性を示すことができる．

定理 6.4 の十分性の証明. 行列 A が完全単模行列であるとする．多面体 $\mathcal{P} = \{x \in \mathbb{R}^n \mid Ax \leq b, x \geq \mathbf{0}\}$ の線形不等式系は

$$\begin{pmatrix} A \\ -I \end{pmatrix} x \leq \begin{pmatrix} b \\ \mathbf{0} \end{pmatrix}$$

とまとめて書ける．観察 6.2 よりこの係数行列は完全単模行列であるので，定理 6.6 より $\mathcal{P}$ は整数多面体である． □

定理 6.6 を用いると，行列 A が完全単模行列であるならば，双対問題も（最適値が有限ならば）整数最適解をもつことがいえる．

系 6.7. 行列 A を $m \times n$ 次完全単模行列，b を m 次元整数ベクトル，c を n 次元整数ベクトルとする．線形最適化問題

$$\text{maximize} \quad c^\top x \quad \text{subject to} \quad Ax \leq b$$

が最適解をもつならば，その双対問題

$$\text{minimize} \quad b^\top y \quad \text{subject to} \quad A^\top y = c, \quad y \geq \mathbf{0}$$

は整数最適解をもつ．

証明. 双対定理（定理 2.2）より双対問題は最適解をもつ．双対問題の係数行列をまとめると

$$\begin{pmatrix} A^\top \\ -A^\top \\ -I \end{pmatrix} y \leq \begin{pmatrix} c \\ -c \\ \mathbf{0} \end{pmatrix}$$

のように書ける．観察 6.2 よりこの係数行列は完全単模行列であるので，定理 6.6 より双対問題は整数最適解をもつ． □

6.3.2 定理 6.4 の必要性

証明の準備として，まず，単模行列と呼ばれる行列を定義して，単模行列と多面体の整数性との関係を示す．

$m \times n$ 次整数行列 A は，階数が m であり，各 m 次正方部分行列の行列式が $0, 1, -1$ のいずれかの値を取るとき，**単模行列**（unimodular matrix）と呼ばれる．

単模行列と完全単模行列には以下の関係がある．

観察 6.8. $m \times n$ 次行列 A が完全単模行列であることと，A に単位行列 I を付け加えた $m \times (m+n)$ 次行列 $\begin{pmatrix} I & A \end{pmatrix}$ が単模行列であることは同値である．

証明. まず，A が完全単模行列であると仮定する．行列 $\begin{pmatrix} I & A \end{pmatrix}$ の m 次正方

部分行列 B は，列を適当に並べ替えると

$$B = \begin{pmatrix} I & A'' \\ O & A' \end{pmatrix} \tag{6.4}$$

という形になる．ここで A', A'' は A の部分行列である．このとき $\det B$ は $\det A'$（またはその -1 倍）に等しいので，$\det B$ は $0, 1, -1$ のいずれかの値を取る．したがって，行列 $\begin{pmatrix} I & A \end{pmatrix}$ は単模行列である．

反対に，行列 $\begin{pmatrix} I & A \end{pmatrix}$ は単模行列であるとする．このとき，A の任意の正方部分行列 A' に対して，（行と列を適当に並べ替えることで）(6.4) の形の m 次正方部分行列 B を行列 $\begin{pmatrix} I & A \end{pmatrix}$ から取ることができる．$\det A'$ は $\det B$（またはその -1 倍）に等しいので，$\det A'$ は $0, 1, -1$ のいずれかの値を取る．したがって，A は完全単模行列である．

以上より，観察 6.8 が成り立つ． □

多面体 $\mathcal{R} = \{x \in \mathbb{R}^n \mid Ax = b, x \geq \mathbf{0}\}$ は，線形方程式 $Ax = b$ の制約と非負制約をもつとする．以下の定理のように，多面体 $\mathcal{R}$ が整数多面体であることは，単模行列を用いて特徴付けられる．この事実は，後に定理 6.4 の必要性の証明に用いられる．

定理 6.9. 行列 A を階数が m である $m \times n$ 次整数行列とする．任意の m 次元整数ベクトル b に対して多面体

$$\mathcal{R} = \{x \in \mathbb{R}^n \mid Ax = b, x \geq \mathbf{0}\}$$

が整数多面体であるための必要十分条件は，A が単模行列であることである．

証明. まず，行列 A は単模行列であり，b は整数ベクトルであるとする．行列 $\tilde{A}$ とベクトル $\tilde{b}$ を

$$\tilde{A} = \begin{pmatrix} -I \\ A \\ -A \end{pmatrix}, \quad \tilde{b} = \begin{pmatrix} \mathbf{0} \\ b \\ -b \end{pmatrix}$$

とおくと，多面体 $\mathcal{R}$ 上の線形最適化問題は

$$\text{maximize} \quad c^\top x \quad \text{subject to} \quad \tilde{A}x \leq \tilde{b} \tag{6.5}$$

と書ける．行列 $\tilde{A}$ の階数は n であるので，定理 2.6 より，線形最適化問題 (6.5) は（最適値が有限ならば）頂点 z を最適解としてもつ．

頂点 z は $\tilde{A}z \leq \tilde{b}$ を満たす．$\tilde{A}z \leq \tilde{b}$ において等号を満たす制約に対応する行からなる $\tilde{A}$ の部分行列を $\tilde{A}_z$ とする．行列 $\tilde{A}$ の形から，$\tilde{A}_z$ は A と $-A$ に対応する行をすべてもつ．命題 2.5 より $\tilde{A}_z$ の階数は n であるので，$\tilde{A}_z$ は正則な n 次正方行列 B をもつ．A の階数は m であるので，行列 B として A の

行すべてと行列 $-I$ の一部をもつように取れる．このとき，B の列を適当に並べ替えれば，B は

$$B = \begin{pmatrix} -I & O \\ A'' & A' \end{pmatrix}$$

という形であるとしてよい．ここでは A を $A = \begin{pmatrix} A'' & A' \end{pmatrix}$ と分割して表している．B は正則であるので，A' は A の m 次正方部分行列であり，B の行列式は $\det A'$（またはその -1 倍）と等しい．行列 A は単模行列であるので，$\det A'$ は 1 または -1 に等しい．したがって，$\det B$ は 1 または -1 のいずれかの値を取る．

$\tilde{A}x \leq \tilde{b}$ において，$\tilde{A}$ の部分行列 B の行に対応する $\tilde{b}$ の部分ベクトルを $\tilde{b}'$ とする．$Bz = \tilde{b}'$ であるので $z = B^{-1}\tilde{b}'$ である．B の行列式は 1 または -1 に等しく，$\tilde{b}'$ は整数ベクトルであるので，観察 6.3 より z は整数ベクトルである．したがって，問題 (6.5) は整数最適解 z をもつ．以上より，行列 A が単模行列であるならば，多面体 $\mathcal{R} = \{x \in \mathbb{R}^n \mid Ax = b, x \geq \mathbf{0}\}$ は整数多面体である．

次に，任意の整数ベクトル b に対して多面体 $\mathcal{R} = \{x \in \mathbb{R}^n \mid Ax = b, x \geq \mathbf{0}\}$ が整数多面体であると仮定する．A が単模行列であることを示すためには，A の任意の m 次正則部分行列 B に対して $\det B \in \{1, -1\}$ であることを示せばよい．行列 A の列を並べ替えて，B は A の最初の m 列からなる部分行列としてよい．

以降では，任意の整数ベクトル v に対して $B^{-1}v$ が整数ベクトルであることを示す．これが示されれば $\det B \in \{1, -1\}$ であることがいえる．実際，v として第 j 成分が 1 で他の成分が 0 であるベクトル e_j を取ると，$B^{-1}e_j$ が整数ベクトルであることは，B^{-1} の第 j 列が整数ベクトルであることを意味する．ゆえに，B^{-1} は整数行列である．したがって，行列 B と B^{-1} はともに整数行列であり，$\det B \det(B^{-1}) = 1$ であることから，$\det B \in \{1, -1\}$ であると分かる．

v を任意の整数ベクトルとする．このとき，ある整数ベクトル u を用いて

$$u + B^{-1}v > \mathbf{0}$$

のようにできる．$z = u + B^{-1}v,\ b = Bz$ とおく．すると $b = Bu + v$ であるので，b は整数ベクトルである．

上で定めた m 次元ベクトル z に $n - m$ 個の 0 を付け加えて，n 次元ベクトル $z' = \begin{pmatrix} z \\ \mathbf{0} \end{pmatrix}$ を定義する．

主張 6.10. z' は多面体 $\mathcal{R} = \{x \in \mathbb{R}^n \mid Ax = b, x \geq \mathbf{0}\}$ の頂点である．

証明. 行列 A を $A = \begin{pmatrix} B & A' \end{pmatrix}$ のように分割して表す．このとき

$$Az' = \begin{pmatrix} B & A' \end{pmatrix} \begin{pmatrix} z \\ \mathbf{0} \end{pmatrix} = Bz = b$$

が成り立つので，$z' \in \mathcal{R}$ である．

z' は $\mathcal{R}$ に属するので，$\tilde{A}z' \leq \tilde{b}$ を満たす．$\tilde{A}z' \leq \tilde{b}$ において等号を満たす制約に対応する行からなる $\tilde{A}$ の部分行列を $\tilde{A}_{z'}$ とする．$\tilde{A}_{z'}$ は A と $-A$ に対応する行をすべてもつ．さらに，$z'_i = 0$ $(i = m+1, m+2, \ldots, n)$ であるので，$\tilde{A}$ の $m+1, m+2, \ldots, n$ 行目に対応する制約は等号で成立しており，$\tilde{A}_{z'}$ は

$$\begin{pmatrix} O & -I \\ B & A' \end{pmatrix}$$

という部分行列をもつ．B は正則であるので，上の行列は正則である．したがって，$\tilde{A}_{z'}$ は正則な部分行列をもつので，命題 2.5 より z' は $\mathcal{R}$ の頂点である．以上より主張 6.10 が成り立つ．□

z' は $\mathcal{R}$ の頂点であるので，仮定より z' は整数ベクトルである．ゆえに，その部分ベクトルである z も整数ベクトルである．z は $z = u + B^{-1}v$ と定義していたので，$B^{-1}v = z - u$ であり，これは $B^{-1}v$ が整数ベクトルであることを示す．

以上より，任意の整数ベクトル b に対して多面体 $\mathcal{R} = \{x \in \mathbb{R}^n \mid Ax = b, x \geq \mathbf{0}\}$ が整数多面体であるならば，A が単模行列であることが示された．□

定理 6.9 を用いて，定理 6.4 の必要性を示す．

定理 6.4 の必要性の証明. 任意の整数ベクトル b に対して多面体 $\mathcal{P} = \{x \in \mathbb{R}^n \mid Ax \leq b, x \geq \mathbf{0}\}$ は整数多面体であると仮定する．以下では，任意の整数ベクトル b に対して，多面体

$$\hat{\mathcal{R}} = \left\{ x \in \mathbb{R}^{n+m} \;\middle|\; \begin{pmatrix} I & A \end{pmatrix} x = b, x \geq \mathbf{0} \right\}$$

の頂点 z が整数ベクトルであることを示す．z は $\begin{pmatrix} I & A \end{pmatrix} z = b$ を満たすので，$z = \begin{pmatrix} z' \\ z'' \end{pmatrix}$ と分けて表記すると $z' = b - Az''$ という関係がある．

主張 6.11. z'' は多面体 $\mathcal{P}$ の頂点である．

証明. $z \in \hat{\mathcal{R}}$ より $Az'' + z' = b$, $z', z'' \geq \mathbf{0}$ が成り立つ．$z' \geq \mathbf{0}$ であるので，z'' は $Az'' \leq b$, $z'' \geq \mathbf{0}$ を満たす．したがって，z'' は $\mathcal{P}$ に含まれる．

次に，z'' が $\mathcal{P}$ の頂点ではないと仮定して，矛盾を導く．このとき，命題 2.4 より，$x, y \in \mathcal{P}$ $(x \neq y)$ と $\lambda \in (0,1)$ を用いて $z'' = \lambda x + (1-\lambda)y$ と表せる．$z' = b - Az''$ は

$$z' = b - Az'' = \lambda(b - Ax) + (1-\lambda)(b - Ay)$$

と変形できるので，z を

$$z = \begin{pmatrix} z' \\ z'' \end{pmatrix} = \lambda \begin{pmatrix} b - Ax \\ x \end{pmatrix} + (1-\lambda) \begin{pmatrix} b - Ay \\ y \end{pmatrix}$$

と書き表せる．右辺の 2 つのベクトルは $\hat{\mathcal{R}}$ に含まれるので，これは z が $\hat{\mathcal{R}}$ の頂点であることに矛盾する．したがって，z'' は $\mathcal{P}$ の頂点である．以上より主張 6.11 が示された． □

必要性の仮定より $\mathcal{P} = \{x \in \mathbb{R}^n \mid Ax \leq b, x \geq \mathbf{0}\}$ は整数多面体であるので，$\mathcal{P}$ の頂点 z'' は整数ベクトルである．したがって，$z' = b - Az''$ も整数ベクトルであり，z も整数ベクトルであると分かる．

以上より，任意の整数ベクトル b に対して多面体 $\hat{\mathcal{R}}$ の頂点 z は整数ベクトルである．定理 6.9 より行列 $\begin{pmatrix} I & A \end{pmatrix}$ は単模行列である．したがって，観察 6.8 より A は完全単模行列である．以上より，定理 6.4 の必要性が示された． □

6.4 完全単模行列の例

本節では完全単模行列の例をいくつか紹介する．

6.4.1 二部グラフの接続行列

無向グラフ $G = (V, E)$ に対して，G の**接続行列**（incidence matrix）A_G は，行集合 V，列集合 E の行列であり，その (v, e) 成分 a_{ve} は

$$a_{ve} = \begin{cases} 0 & (\text{辺 } e \text{ は頂点 } v \text{ に接続しない}), \\ 1 & (\text{辺 } e \text{ は頂点 } v \text{ に接続する}) \end{cases}$$

と定義される．定義より，接続行列は各列にちょうど 2 つの 1 をもつ行列である．

たとえば，図 6.1 の無向グラフを G としたとき，その接続行列 A_G は 6×8 次行列であり

$$A_G = \begin{array}{c} \\ v_1 \\ v_2 \\ v_3 \\ v_4 \\ v_5 \\ v_6 \end{array} \begin{array}{c} \begin{matrix} e_1 & e_2 & e_3 & e_4 & e_5 & e_6 & e_7 & e_8 \end{matrix} \\ \begin{pmatrix} 1 & 0 & 0 & 0 & 0 & 1 & 0 & 0 \\ 0 & 1 & 0 & 0 & 0 & 1 & 1 & 0 \\ 1 & 1 & 1 & 0 & 0 & 0 & 0 & 1 \\ 0 & 0 & 0 & 1 & 1 & 0 & 1 & 0 \\ 0 & 0 & 1 & 1 & 0 & 0 & 0 & 0 \\ 0 & 0 & 0 & 0 & 1 & 0 & 0 & 1 \end{pmatrix} \end{array} \tag{6.6}$$

である．

以下の定理に示すように，無向グラフ G の接続行列 A_G が完全単模行列で

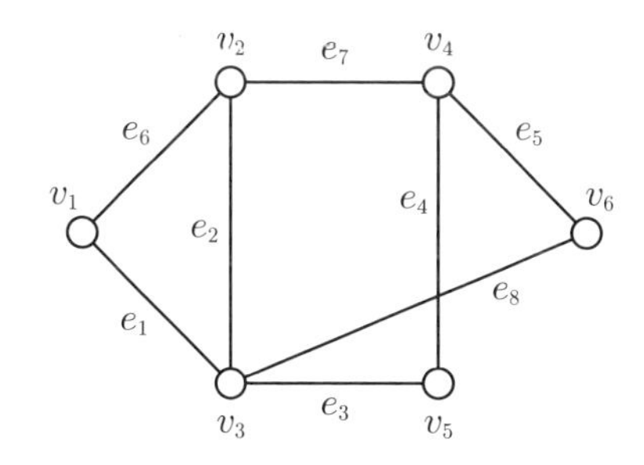

図 6.1　無向グラフの例．このグラフの接続行列は行列 (6.6) である．

あるための必要十分条件は，G が二部グラフであることである．二部グラフの接続行列は，二部グラフの完全マッチング多面体の係数行列として現れる（5 章，7 章参照）．

定理 6.12. 無向グラフ G の接続行列 A_G が完全単模行列であるための必要十分条件は，G が二部グラフであることである．

証明. 無向グラフ G が二部グラフではないとすると，G には長さが奇数のサイクルが存在する．長さが奇数のサイクルで，長さが最も短いものを C とする．接続行列 A_G から C の頂点集合と辺集合に対応する部分行列を取り出して，C に沿って行と列を並べ替えると

$$\begin{pmatrix} 1 & 0 & 0 & \cdots & 0 & 1 \\ 1 & 1 & 0 & \cdots & 0 & 0 \\ 0 & 1 & 1 & \ddots & 0 & 0 \\ \vdots & 0 & 1 & \ddots & \vdots & 0 \\ \vdots & \vdots & \vdots & \ddots & 1 & 0 \\ 0 & 0 & 0 & \cdots & 1 & 1 \end{pmatrix}$$

という正方行列が得られる．この行列は奇数次であるので，行列式は 2 である．したがって，A_G は完全単模行列ではない．

G が二部グラフであり，頂点集合 V が V_1 と V_2 に分割されているとする．このとき，サイズ k の小行列式が $0, 1, -1$ のいずれかであることを k に関する帰納法で示す．接続行列の各成分は 0 または 1 であるので，$k = 1$ のときは正しい．$k \geq 2$ として，A_G のサイズ k の正方部分行列を B とする．以下のように場合分けをして考える．

- B に列ベクトル $\mathbf{0}$ があるとする．このとき B は非正則であるので B の行列式は 0 である．
- B に 1 が 1 つだけの列があるとする．このとき，この列に関する余因子展開を用いると，$\det B$ は，行と列の大きさが 1 つ小さい行列 B' の行列式

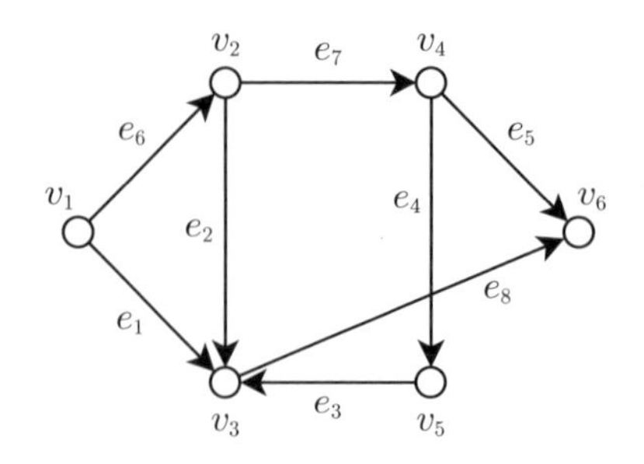

図 6.2　有向グラフの例．このグラフの接続行列は行列 (6.7) である．

（またはその -1 倍）に等しいことが分かる．帰納法の仮定から $\det B'$ の値は $0, 1, -1$ のいずれかであるので，B の行列式も $0, 1, -1$ のいずれかの値を取る．

- B のすべての列が 2 つの 1 をもつとする．このとき，B の頂点集合 V_1 に対応する行ベクトルをすべて足し合わせると，すべての成分が 1 のベクトル $\mathbf{1}^\top$ になる．同様にして，頂点集合 V_2 に対応する行ベクトルの -1 倍をすべて足し合わせると，$-\mathbf{1}^\top$ である．この 2 つのベクトルの和はゼロベクトル $\mathbf{0}^\top$ であるので，B の行ベクトルの集合は線形従属であると分かる．したがって，B の行列式は 0 である．

いずれの場合も k 次正方部分行列 B の行列式は $0, 1, -1$ のいずれかの値を取るので，A_G は完全単模行列である．□

6.4.2　有向グラフの接続行列

有向グラフ $D = (V, E)$ に対して，D の**接続行列** A_D は，行集合 V，列集合 E の行列であり，その (v, e) 成分 a_{ve} は

$$a_{ve} = \begin{cases} 0 & (\text{頂点 } v \text{ は有向辺 } e \text{ の端点ではない}), \\ +1 & (\text{頂点 } v \text{ は有向辺 } e \text{ の終点}), \\ -1 & (\text{頂点 } v \text{ は有向辺 } e \text{ の始点}) \end{cases}$$

と定義される．定義より，有向グラフの接続行列は各列に 1 と -1 を 1 つずつもつ行列である．

たとえば，図 6.2 の有向グラフを D としたとき，その接続行列 A_D は 6×8 次行列であり

$$
A_D = \begin{array}{c} \\ v_1 \\ v_2 \\ v_3 \\ v_4 \\ v_5 \\ v_6 \end{array}
\begin{array}{c} \begin{array}{cccccccc} e_1 & c_2 & e_3 & e_4 & e_5 & e_6 & e_7 & e_8 \end{array} \\
\begin{pmatrix}
-1 & 0 & 0 & 0 & 0 & -1 & 0 & 0 \\
0 & -1 & 0 & 0 & 0 & +1 & -1 & 0 \\
+1 & +1 & +1 & 0 & 0 & 0 & 0 & -1 \\
0 & 0 & 0 & -1 & -1 & 0 & +1 & 0 \\
0 & 0 & -1 & +1 & 0 & 0 & 0 & 0 \\
0 & 0 & 0 & 0 & +1 & 0 & 0 & +1
\end{pmatrix} \end{array}
\tag{6.7}
$$

である．

定理 6.13. 有向グラフ $D = (V, E)$ の接続行列 A_D は完全単模行列である．

証明. サイズ k の小行列式が $0, 1, -1$ のいずれかの値であることを，k に関する帰納法で示す．接続行列の各成分は $0, 1, -1$ であるので，$k = 1$ のときは正しい．$k \geq 2$ として，A_D のサイズ k の部分行列を B とする．以下のように場合分けをして考える．

- B に列ベクトル $\mathbf{0}$ があるとする．このとき B は非正則であるので B の行列式は 0 である．
- B に 非ゼロ成分（1 または -1）が 1 つだけの列があるとする．この列に関する余因子展開を用いると，$\det B$ は，行と列の大きさが 1 つ小さい行列 B' の行列式（またはその -1 倍）に等しいことが分かる．帰納法の仮定から $\det B'$ は $0, 1, -1$ のいずれかの値であるので，B の行列式も $0, 1, -1$ のいずれかの値を取る．
- B のすべての列が非ゼロ成分 1, -1 を 1 つずつもつとする．このとき，B のすべての行ベクトルを足し合わせると，ゼロベクトル $\mathbf{0}^\top$ になる．したがって，B の行ベクトルの集合は線形従属であり，B の行列式は 0 である．

いずれの場合も k 次正方部分行列 B の行列式は $0, 1, -1$ のいずれかの値を取るので，A_D は完全単模行列である．　□

有向グラフ D の辺の向きを無視することで得られる無向グラフを D の**台グラフ** (underlying graph) と呼ぶ．台グラフが連結である有向グラフを**弱連結グラフ** (weakly connected graph) と呼ぶ．有向グラフの部分グラフ $T = (V, F)$ に対応する台グラフが木であるとき，T を**有向全域木** (directed spanning tree) という．

ある行列 M に対して，列の部分集合 X に対応する列からなる M の部分行列を $M[X]$ と表す．このとき，次の補題に示すように，辺の部分集合 F に対して，部分グラフ (V, F) が有向全域木であることと，A_D の部分行列 $A_D[F]$ の階数が $|V| - 1$ であることは同値である．

補題 6.14. 弱連結な有向グラフを $D = (V, E)$ として，その接続行列を A_D とする．A_D から任意の 1 行を取り除いた行列を $\tilde{A}_D$ とする．このとき，D の辺集合 $F \subseteq E$ に対して，以下の 2 条件は同値である．

(a) $\tilde{A}_D[F]$ が正則である．

(b) 部分グラフ (V, F) は D の有向全域木である．

補題 6.14 を証明する前に例を見てみよう．たとえば，図 6.2 の有向グラフ D において，その接続行列 A_D から v_6 に対応する行を取り除いた行列を $\tilde{A}_D$ とする．D の辺集合 $F = \{e_1, e_2, \ldots, e_5\}$ からなる部分グラフ (V, F) は有向全域木である．このとき，F に対応する部分行列 $\tilde{A}_D[F]$ は，$\tilde{A}_D$ の最初の 5 列からなる行列

$$
\tilde{A}_D[F] = \begin{array}{c} \\ v_1 \\ v_2 \\ v_3 \\ v_4 \\ v_5 \end{array}
\begin{array}{c} \begin{array}{ccccc} e_1 & e_2 & e_3 & e_4 & e_5 \end{array} \\
\begin{pmatrix}
-1 & 0 & 0 & 0 & 0 \\
0 & -1 & 0 & 0 & 0 \\
+1 & +1 & +1 & 0 & 0 \\
0 & 0 & 0 & -1 & -1 \\
0 & 0 & -1 & +1 & 0
\end{pmatrix} \end{array}
$$

であり，この行列は正則である．

補題 6.14 の証明. (b) ならば (a) であることを示すために，部分グラフ $T = (V, F)$ は有向全域木であるとする．$B = \tilde{A}_D[F]$ が正則ではないと仮定して，矛盾を導く．このとき，ある非ゼロのベクトル x が存在して $Bx = \mathbf{0}$ が成り立つ．ベクトル x の非ゼロ成分に対応する B の列の集合を $F' = \{j \in F \mid x_j \neq 0\}$ とおく．部分グラフ T は有向全域木であるので，D の台グラフ G において辺の集合 F' は森に対応する．命題 3.1 より，F' は次数 1 の頂点を少なくとも 2 つもつ．したがって，行列 $\tilde{A}_D$ において，F' の次数 1 の頂点に対応する行が少なくとも 1 つ存在する．その頂点を u とおく．B の u に対応する行は 1 つの非ゼロ成分しかもたないので，Bx の u に対応する成分は非ゼロであり，$Bx = \mathbf{0}$ であることに矛盾する．したがって $B = \tilde{A}_D[F]$ は正則である．

次に，(a) ならば (b) であることを示すために，$B = \tilde{A}_D[F]$ は正則行列であると仮定する．$\tilde{A}_D$ の行数は $|V| - 1$ であるので，B の列の数 $|F|$ は $|V| - 1$ に等しい．したがって，部分グラフ $T = (V, F)$ が有向全域木であることを示すためには，T が（台グラフ G 上で）サイクルをもたないことを示せばよい．

仮に，T が（台グラフ G 上で）サイクル C をもつとする．サイクル C をある向きに沿ってたどることにして，E 上のベクトル x を

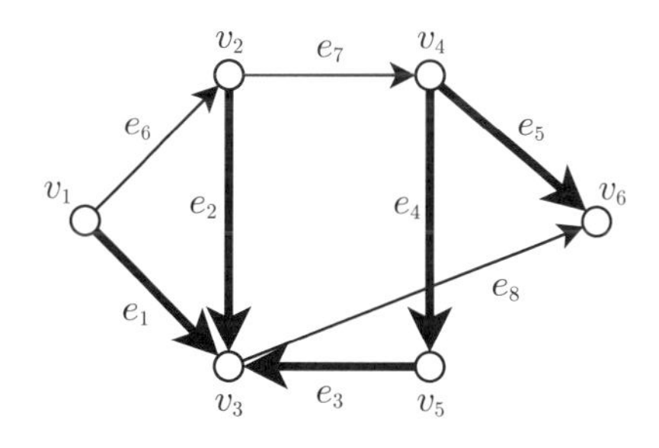

図 6.3　ネットワーク行列を定める有向グラフ（細線）と有向全域木（太線）の例．

$$x_e = \begin{cases} +1 & (C\text{ をたどる向きと有向辺 }e\text{ の向きが同じであるとき}), \\ -1 & (C\text{ をたどる向きと有向辺 }e\text{ の向きが反対であるとき}), \\ 0 & (e\text{ が }C\text{ に含まれないとき}) \end{cases}$$

のように定義する．すると $Bx = \mathbf{0}$ が成り立つので，B が正則であることに矛盾する．

以上より，T はサイクルをもたず，また $|F| = |V| - 1$ であるので，T は有向全域木である． □

6.4.3　ネットワーク行列

完全単模行列の重要な行列クラスの一つにネットワーク行列がある．ネットワーク行列は二部グラフの接続行列や有向グラフの接続行列を特殊な場合として含み，さらに 6.5 節で述べるように，任意の完全単模行列は（本質的には）ネットワーク行列に分解できる．

$D = (V, E)$ を有向グラフ，$T = (V, F)$ を有向全域木とする．D と T は共通の頂点集合 V をもつが，有向辺を共有しないとする．たとえば，図 6.3 のように，有向グラフ D が細線の辺集合，有向全域木 T が太線の辺集合としてそれぞれ与えられる．このとき，任意の有向辺 $e = uv \in E$ に対して T 上で u から v へただ一つのパスがある．このパスを P_e と表す．

ネットワーク行列（network matrix）N は，行集合 F，列集合 E の行列であり，その (e', e) 成分（$e = uv$ とおく）は

$$n_{e'e} = \begin{cases} 0 & (P_e\text{ は }e'\text{ を含まない}), \\ +1 & (P_e\text{ を }u\text{ から }v\text{ へたどったとき }e'\text{ を順方向にたどる}), \\ -1 & (P_e\text{ を }u\text{ から }v\text{ へたどったとき }e'\text{ を逆方向にたどる}) \end{cases}$$

のように定義される．

たとえば，図 6.3 の有向グラフ D と有向全域木 T から定まるネットワーク行列 N は，5×3 次行列であり

$$N = \begin{array}{c} \\ e_1 \\ e_2 \\ e_3 \\ e_4 \\ e_5 \end{array} \begin{array}{c} \begin{array}{ccc} e_6 & e_7 & e_8 \end{array} \\ \begin{pmatrix} +1 & 0 & 0 \\ -1 & +1 & 0 \\ 0 & -1 & -1 \\ 0 & -1 & -1 \\ 0 & 0 & +1 \end{pmatrix} \end{array}$$

である．

次に示すように，6.4.1 節で扱った二部グラフの接続行列および 6.4.2 節で扱った有向グラフの接続行列は，ともにネットワーク行列である．

定理 6.15. 以下の行列はネットワーク行列である．

(1) 二部グラフの接続行列．

(2) 有向グラフの接続行列．

証明. (1) 二部グラフを $G = (V_1, V_2; E)$ とする．有向グラフ $D = (V, E')$ を以下のように定義する．D の頂点集合 V を $V_1 \cup V_2 \cup \{v_0\}$ とする．D の辺集合 E' は，G の各辺 $e \in E$ に V_1 側から V_2 側へ向きを付けた有向辺の集まりとする．有向全域木 $T = (V, F)$ を

$$F = \{uv_0 \mid u \in V_1\} \cup \{v_0 v \mid v \in V_2\}$$

と定義する．これは，V_1 の各頂点 u から v_0 へ有向辺を引き，さらに v_0 から V_2 の各頂点 v へ有向辺を引くことで得られるグラフである．定義より，このように構成した有向グラフ D と有向全域木 T から定まるネットワーク行列は，G の接続行列に一致する．

(2) 有向グラフ $D = (V, E)$ に対して，頂点 v_0 を新たに加えた有向グラフを D' とする．そして，$F = \{v_0 v \mid v \in V\}$ を有向辺集合にもつ有向全域木を $T = (V \cup \{v_0\}, F)$ とする．このとき，有向グラフ D' と有向全域木 T から定まるネットワーク行列は，D の接続行列に一致する． □

行列 A の各成分が 0 または 1 であり，A の各列において 1 が連続して現れるとき，A を**区間行列**（interval matrix）という．たとえば

$$A = \begin{pmatrix} 0 & 0 & 1 & 0 \\ 1 & 0 & 1 & 0 \\ 1 & 1 & 0 & 0 \\ 1 & 1 & 0 & 1 \\ 0 & 1 & 0 & 1 \end{pmatrix} \tag{6.8}$$

は区間行列の例である．次の定理より，区間行列はネットワーク行列である．

定理 6.16. 区間行列はネットワーク行列である．

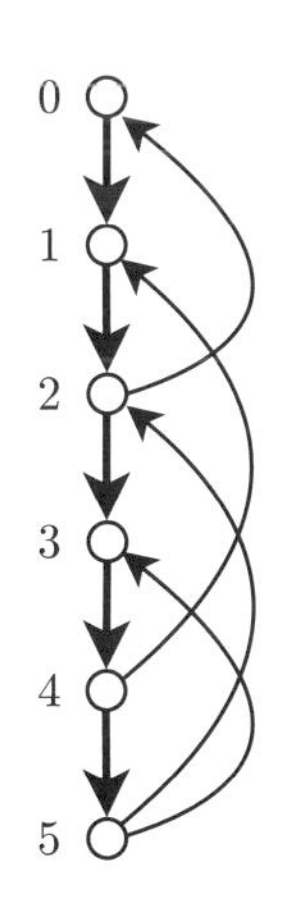

図 6.4　区間行列 (6.8) から構成される有向全域木（太線）と有向グラフ（細線）.

証明. $n \times m$ 次の区間行列を A とおく．A の各列 j は，ある s_j, t_j （$s_j \leq t_j$）を用いて，$a_{s_j j} = a_{s_j+1,j} = \cdots = a_{t_j j} = 1$ であり，それ以外の成分は 0 であるように表されているとする．このとき，有向全域木と有向グラフを次のように定義する．頂点集合を $V = \{0, 1, \ldots, n\}$ とする．有向全域木 $T = (V, F)$ を，頂点 i から頂点 $i+1$ への有向辺 $(i = 0, 1, \ldots, n-1)$ からなる有向パスとする（図 6.4 参照）．また，有向グラフ $D = (V, E)$ を，頂点 t_j から頂点 $s_j - 1$ への有向辺 $(j = 1, 2, \ldots, m)$ をもつ有向グラフとする．すると，これらの有向グラフ D と有向全域木 T から定まるネットワーク行列は，区間行列 A に一致する．したがって A はネットワーク行列である． □

本節の残りでは，ネットワーク行列が完全単模行列であることを示す．

定理 6.17. ネットワーク行列は完全単模行列である．

行列 N をネットワーク行列として，N を定める有向グラフを $D = (V, E)$，有向全域木を $T = (V, F)$ とする．D の接続行列を A_D，T の接続行列を A_T とおく．A_D は行集合 V，列集合 E の行列であり，A_T は行集合 V，列集合 F の行列である．

2 つの接続行列 A_D, A_T には以下のような関係がある．この証明は本節の最後に与える．

補題 6.18. $A_T N = A_D$ が成り立つ．

上の補題 6.18 を用いると定理 6.17 を示すことができる．

定理 6.17 の証明. 任意の頂点 $v \in V$ を選び，A_T, A_D から v に対応する行を取り除いた行列を，それぞれ $\tilde{A}_T, \tilde{A}_D$ とおく．A_T, A_D はともに完全単模行列であるので，観察 6.2 より $\tilde{A}_T, \tilde{A}_D$ も完全単模行列である．また，補題 6.14 より $\tilde{A}_T$ は正則である．

補題 6.18 より $\tilde{A}_T N = \tilde{A}_D$ という関係があるので，$N = \tilde{A}_T^{-1}\tilde{A}_D$ が成り立つ．以下では，$\tilde{A}_T^{-1}\tilde{A}_D$ が完全単模行列であることを示す．

2 つの行列 $\tilde{A}_T, \tilde{A}_D$ と単位行列 I を並べた行列 $M = \begin{pmatrix} I & \tilde{A}_T & \tilde{A}_D \end{pmatrix}$ を考える．観察 6.8 より M は単模行列である．行列 M に左から $\tilde{A}_T^{-1}$ をかけると

$$\tilde{A}_T^{-1} M = \begin{pmatrix} \tilde{A}_T^{-1} & I & \tilde{A}_T^{-1}\tilde{A}_D \end{pmatrix} \tag{6.9}$$

である．

ここで行列 $\tilde{A}_T^{-1} M$ が単模行列であることを示す．$\tilde{A}_T^{-1} M$ の任意の $|V|-1$ 次正方行列 B は，M の $|V|-1$ 次正方行列 B' を用いて $B = \tilde{A}_T^{-1} B'$ と表せる．$\det \tilde{A}_T^{-1} \in \{1, -1\}$ であり M は単模行列であることから，$\det B = \det \tilde{A}_T^{-1} \det B' \in \{0, 1, -1\}$ が成り立つ．したがって，行列 $\tilde{A}_T^{-1} M$ は単模行列である．

観察 6.8 より，$\tilde{A}_T^{-1} M$ の部分行列 $\begin{pmatrix} \tilde{A}_T^{-1} & \tilde{A}_T^{-1}\tilde{A}_D \end{pmatrix}$ は完全単模行列であるので，$N = \tilde{A}_T^{-1}\tilde{A}_D$ は完全単模行列である．以上より，定理 6.17 が示された．

□

本節の最後に，補題 6.18 の証明を与える．

補題 6.18 の証明． $v \in V, e \in E, e' \in F$ とする．この証明では，行列がある文字 X を用いて書かれているとき，その (i,j) 成分を右下に添え字を付けて X_{ij} と表記する．

定義より，$(A_T)_{ve'}$ は，$e' \in \delta^+(v) \cup \delta^-(v)$ のときにのみ非ゼロ（$+1$ または -1）であり，それ以外の場合は 0 である．また，$N_{e'e}$ は，$e' \in P_e$ の場合にのみ非ゼロ（$+1$ または -1）であり，それ以外の場合は 0 である．ゆえに，行列 $A_T N$ の (v,e) 成分は

$$\sum_{e' \in F} (A_T)_{ve'} N_{e'e} = \sum_{e' \in P_e \cap (\delta^+(v) \cup \delta^-(v))} (A_T)_{ve'} N_{e'e} \tag{6.10}$$

である．頂点 v がパス P_e 上になければ，$P_e \cap (\delta^+(v) \cup \delta^-(v)) = \emptyset$ であるので，式 (6.10) の右辺は 0 に等しい．以降では，頂点 v がパス P_e 上のどこにあるかによって場合分けをして議論する．

頂点 v がパス P_e の端点以外の頂点（内点）であると仮定する．v に接続する P_e の有向辺を（P_e をたどったときに現れる順に）e_1, e_2 とおいて，e_1, e_2 の v 以外の端点をそれぞれ v_1, v_2 とする．このとき

$$\bigl(\text{式 (6.10) の右辺}\bigr) = (A_T)_{ve_1} N_{e_1 e} + (A_T)_{ve_2} N_{e_2 e}$$

である．接続行列とネットワーク行列の定義より

$$(A_T)_{ve_1} N_{e_1 e} = 1, \quad (A_T)_{ve_2} N_{e_2 e} = -1$$

が成り立つ．実際，e_1 が v に入る有向辺ならば $(A_T)_{ve_1} = 1$, $N_{e_1 e} = 1$ であ

り，e_1 が v から出る有向辺ならば $(A_T)_{ve_1}=-1, N_{e_1e}=-1$ である．いずれの場合も $(A_T)_{ve_1}N_{e_1e}=1$ が成り立つ．$(A_T)_{ve_2}N_{e_2e}=-1$ についても同様に確かめられる．以上より，(6.10) の右辺は 0 となる．

次に，頂点 v が P_e の終点であると仮定する．v に接続する P_e の有向辺を e_1 とすると

$$\bigl(\text{式 (6.10) の右辺}\bigr)=(A_T)_{ve_1}N_{e_1e}=1$$

が成り立つ．

最後に，頂点 v が P_e の始点であるとする．このとき，v に接続する P_e の有向辺を e_2 とすると

$$\bigl(\text{式 (6.10) の右辺}\bigr)=(A_T)_{ve_2}N_{e_2e}=-1$$

が成り立つ．

以上をまとめると，A_TN の (v,e) 成分は

$$\sum_{e'\in F}(A_T)_{ve'}n_{e'e}=\begin{cases}+1 & (v\text{ が }P_e\text{ の始点}),\\ -1 & (v\text{ が }P_e\text{ の終点}),\\ 0 & (\text{それ以外})\end{cases}$$

である．これは接続行列 A_D の (v,e) 成分と等しい．以上より補題 6.18 が示された．□

6.5 完全単模行列の特徴付け

本節では，与えられた整数行列 A が完全単模行列かどうかを判定する問題について簡単に紹介する．

整数最適化問題

$$\text{maximize}\quad c^\top x\quad \text{subject to}\quad Ax\le b,\quad x\ge \mathbf{0},\quad x\in\mathbb{Z}^n$$

は NP 困難であるが，6.1 節で述べたように，係数行列 A が完全単模行列であれば，線形最適化問題 (6.2) に緩和しても整数最適解をもつので，多項式時間で解くことができる．したがって，係数行列が完全単模行列かどうかを判定することができれば，整数最適化問題が効率的に解けるかどうかを知ることができる．

6.4.3 節で紹介したようにネットワーク行列は完全単模行列であるが，完全単模行列の中にはネットワーク行列ではないものが存在する．たとえば，以下の 2 つの行列

$$
\begin{pmatrix}
1 & -1 & 0 & 0 & -1 \\
-1 & 1 & -1 & 0 & 0 \\
0 & -1 & 1 & -1 & 0 \\
0 & 0 & -1 & 1 & -1 \\
-1 & 0 & 0 & -1 & 1
\end{pmatrix}
\quad \text{と} \quad
\begin{pmatrix}
1 & 1 & 1 & 1 & 1 \\
1 & 1 & 1 & 0 & 0 \\
1 & 0 & 1 & 1 & 0 \\
1 & 0 & 0 & 1 & 1 \\
1 & 1 & 0 & 0 & 1
\end{pmatrix}
$$

が知られている．

シーモア（Seymour）[67]は，任意の完全単模行列がネットワーク行列と上記の 2 つの行列からある操作によって構成できることを示した．言い換えると，任意の完全単模行列は，ある操作によって上記の 2 つの行列とネットワーク行列に分解できる．本書では詳細を割愛するが，この結果は，与えられた行列が完全単模行列であるかどうかを判定する多項式時間アルゴリズムを与える．

定理 6.19（シーモア[67]）．与えられた整数行列が完全単模行列かどうかを多項式時間で判定できる．

他にも，完全単模行列に関する必要十分条件がいくつか知られている．詳細は [65] を参照されたい．

第 7 章
完全単模行列の組合せ最適化への応用

本章では，6 章で紹介したホフマン–クラスカルの定理（定理 6.4）を用いると，様々な組合せ最適化問題を線形最適化問題として定式化することができて，それにより多項式時間で解けることを紹介する．

7.1 二部グラフのマッチングと辺被覆

本節では，6.4.1 節で扱った二部グラフの接続行列に関連する組合せ最適化問題について説明する．

7.1.1 最大マッチング問題

3.3.3 節で述べたように，二部グラフ $G = (U, V; E)$ において最大マッチングを求める問題は

$$\begin{aligned}\text{maximize} \quad & \sum_{e \in E} x_e \\ \text{subject to} \quad & \sum_{e \in \delta(u)} x_e \leq 1 \quad (u \in U), \\ & \sum_{e \in \delta(v)} x_e \leq 1 \quad (v \in V), \\ & x_e \in \{0, 1\} \quad (e \in E)\end{aligned}$$

のように定式化される．これは G の接続行列 A_G を用いると

$$\text{maximize} \quad \mathbf{1}^\top x \quad \text{subject to} \quad A_G x \leq \mathbf{1}, \quad x \in \{0, 1\}^E$$

と書ける．ここで，$\mathbf{1}$ はすべての成分が 1 のベクトルである．

定理 6.12 より A_G は完全単模行列であるので，上の整数最適化問題を線形最適化問題に緩和した問題

$$\text{maximize} \quad \mathbf{1}^\top x \quad \text{subject to} \quad A_G x \leq \mathbf{1}, \quad x \geq \mathbf{0} \tag{7.1}$$

は定理 6.4 より整数最適解をもつ．この整数最適解は，G の最大マッチングの特性ベクトルである．よって，線形最適化問題 (7.1) を解くことで，二部グラフ G の最大マッチングを求めることができる．

定理 7.1. 二部グラフの最大マッチングを，線形最適化問題 (7.1) を解くことで効率的に求めることができる．

線形最適化問題 (7.1) の双対問題は

$$\text{minimize} \quad \mathbf{1}^\top y \quad \text{subject to} \quad A_G^\top y \geq \mathbf{1}, \quad y \geq \mathbf{0} \tag{7.2}$$

である．双対問題 (7.2) の制約は，任意の辺 $e = uv \in E$ に対して $y_u + y_v \geq 1$ であることを述べている．係数行列 $A_G^\top$ は完全単模行列であるので，定理 6.4 より双対問題 (7.2) は整数最適解をもつ．したがって，双対問題 (7.2) と，それに整数制約を課した問題

$$\text{minimize} \quad \mathbf{1}^\top y \quad \text{subject to} \quad A_G^\top y \geq \mathbf{1}, \quad y \in \{0,1\}^V$$

は最適値が等しい．したがって，双対定理（定理 2.2）と合わせて

$$\max \left\{ \mathbf{1}^\top x \mid A_G x \leq \mathbf{1}, x \in \{0,1\}^E \right\} = \min \left\{ \mathbf{1}^\top y \mid A_G^\top y \geq \mathbf{1}, y \in \{0,1\}^V \right\}$$

が成り立つ．この右辺は G の最小頂点被覆を求める問題 (3.12) と一致するので，これは最大マッチングの辺数と最小頂点被覆の要素数が等しいことを示している．このように定理 4.2 の別証明を与えることができる．

二部グラフ G の各辺 e に重み c_e が与えられたとき，マッチング M の中で重み $\sum_{e \in M} c_e$ が最大であるものを求める問題も，問題 (7.1) の目的関数を $c^\top x$ に置き換えることで，同じように解くことができる．

G のマッチングの特性ベクトル全体の凸包は，**マッチング多面体**（matching polytope）と呼ばれ，$\text{conv.hull}(\{x \in \mathbb{R}^E \mid A_G x \leq \mathbf{1}, x \in \{0,1\}^E\})$ と書ける．多面体 $\mathcal{P}$ を $\mathcal{P} = \{x \in \mathbb{R}^E \mid A_G x \leq \mathbf{1}, x \geq \mathbf{0}\}$ とおくと，マッチング多面体は $\mathcal{P}_I = \text{conv.hull}(\mathcal{P} \cap \{0,1\}^E)$ に等しい．定理 6.4 より $\mathcal{P}$ は整数多面体であるので，定理 6.1 より，$\mathcal{P}_I$ は $\mathcal{P}$ と一致することが分かる．

定理 7.2. 二部グラフのマッチング多面体は $\mathcal{P}$ に一致する．

7.1.2　最小コスト完全マッチング問題

5 章で扱った二部グラフの最小コスト完全マッチング問題を再考する．各辺 e にコスト c_e が与えられたとき，G において最小コストの完全マッチングを求める問題は

$$\text{minimize} \quad c^\top x \quad \text{subject to} \quad A_G x = \mathbf{1}, \quad x \in \{0,1\}^E$$

と定式化される．定理 6.12 より A_G は完全単模行列であるので，定理 6.4 より多面体 $\mathcal{P} = \{x \in \mathbb{R}^E \mid A_G x = \mathbf{1}, x \geq \mathbf{0}\}$ は整数多面体である．したがって，定理 6.1 より，$\mathcal{P}$ は $\mathcal{P}_I = \text{conv.hull}(\mathcal{P} \cap \{0,1\}^E)$ と一致するので，G の完全マッチング多面体に一致する．これは定理 5.1 の別証明を与える．

二部グラフの完全マッチングは二重確率行列と関連がある．**二重確率行列**（doubly stochastic matrix）とは，各成分が非負であり，各行，各列の成分の和が 1 である行列のことをいう．つまり，$n \times n$ 次行列 $X = (x_{ij})$ に対して

$$\begin{aligned} & x_{ij} \geq 0 \quad (i, j \in \{1, 2, \ldots, n\}), \\ & \sum_{i=1}^{n} x_{ij} = 1 \quad (j \in \{1, 2, \ldots, n\}), \\ & \sum_{j=1}^{n} x_{ij} = 1 \quad (i \in \{1, 2, \ldots, n\}) \end{aligned} \tag{7.3}$$

が成り立つとき，X を二重確率行列という．各行，各列に 1 が一つあり他の成分が 0 である行列を**置換行列**（permutation matrix）という．置換行列は二重確率行列である．

二重確率行列について以下の定理が成り立つ．

定理 7.3（バーコフ(Birkhoff)–フォン・ノイマン(von Neumann)の定理）．任意の $n \times n$ 次二重確率行列 X は，置換行列の凸結合として表すことができる．

たとえば

$$A = \begin{pmatrix} 0.7 & 0.3 & 0 & 0 \\ 0.1 & 0.5 & 0.2 & 0.2 \\ 0 & 0 & 0.7 & 0.3 \\ 0.2 & 0.2 & 0.1 & 0.5 \end{pmatrix}$$

は二重確率行列であるが，A は

$$\begin{aligned} A = 0.5 & \begin{pmatrix} 1 & 0 & 0 & 0 \\ 0 & 1 & 0 & 0 \\ 0 & 0 & 1 & 0 \\ 0 & 0 & 0 & 1 \end{pmatrix} + 0.2 \begin{pmatrix} 1 & 0 & 0 & 0 \\ 0 & 0 & 0 & 1 \\ 0 & 0 & 1 & 0 \\ 0 & 1 & 0 & 0 \end{pmatrix} \\ & + 0.2 \begin{pmatrix} 0 & 1 & 0 & 0 \\ 0 & 0 & 1 & 0 \\ 0 & 0 & 0 & 1 \\ 1 & 0 & 0 & 0 \end{pmatrix} + 0.1 \begin{pmatrix} 0 & 1 & 0 & 0 \\ 1 & 0 & 0 & 0 \\ 0 & 0 & 0 & 1 \\ 0 & 0 & 1 & 0 \end{pmatrix} \end{aligned}$$

のように 4 つの置換行列の凸結合で表現される．

定理 7.3 の証明． $G = (U, V; E)$ を完全二部グラフとして，$U = V = \{1, 2, \ldots, n\}$ とする．このとき，定理 5.1 より，G の完全マッチング多面体 $\mathcal{P}$ は，辺 ij に対応する変数を x_{ij} とすると，制約 (7.3) を満たすベクトルの集合に一致する．したがって，行列 $X = (x_{ij})$ が二重確率行列であることは，X の成分 x_{ij} をすべて並べた n^2 次元ベクトル x が $\mathcal{P}$ に属することに等しい．

ベクトル x が完全マッチング多面体 $\mathcal{P}$ に属するとき，x は $\mathcal{P}$ の頂点 $y_1, y_2, \ldots, y_k$ の凸結合として表せる．すなわち，G の完全マッチング $M_1, M_2, \ldots, M_k$ が存在して，x は，それらの特性ベクトル $\chi_{M_1}, \chi_{M_2}, \ldots, \chi_{M_k}$ の凸結合として表現される．各特性ベクトル χ_{M_i} を n 次正方行列として表すと，これは置換行列である．したがって，定理 7.3 が成り立つ． □

7.1.3 辺被覆問題

二部グラフを $G = (U, V; E)$ とする．辺の部分集合 $F \subseteq E$ が任意の頂点に接続する辺をもつとき，F を**辺被覆**（edge cover）という．G が孤立点（次数 0 の点）をもつとき，G に辺被覆が存在しないので，G に孤立点がないことを仮定する．このとき，辺集合 E は辺被覆であるので，G は辺被覆をもつ．辺被覆の中で要素数が最小のものを求める問題を**辺被覆問題**（edge cover problem）という．

辺被覆問題は，各辺 e に対して 0-1 変数 x_e を用意すると，整数最適化問題

$$
\begin{array}{ll}
\text{minimize} & \displaystyle\sum_{e \in E} x_e \\
\text{subject to} & \displaystyle\sum_{e \in \delta(u)} x_e \geq 1 \quad (u \in U), \\
& \displaystyle\sum_{e \in \delta(v)} x_e \geq 1 \quad (v \in V), \\
& x_e \in \{0, 1\} \quad (e \in E)
\end{array}
$$

のように定式化される．これは G の接続行列 A_G を用いると

$$
\text{minimize} \quad \mathbf{1}^\top x \quad \text{subject to} \quad A_G x \geq \mathbf{1}, \quad x \in \{0, 1\}^E
$$

と書ける．係数行列 A_G は完全単模行列なので，上の整数最適化問題を線形最適化問題に緩和した問題

$$
\text{minimize} \quad \mathbf{1}^\top x \quad \text{subject to} \quad A_G x \geq \mathbf{1}, \quad x \geq \mathbf{0} \tag{7.4}
$$

は定理 6.4 より整数最適解をもつ．したがって，問題 (7.4) を解くことで要素数が最小である辺被覆を効率的に求めることができる．まとめると以下の定理を得る．

定理 7.4. 二部グラフ G において，線形最適化問題 (7.4) を解くことで，要素数が最小の辺被覆を効率的に求めることができる．

線形最適化問題 (7.4) の双対問題は

$$\text{maximize} \quad \mathbf{1}^\top y \quad \text{subject to} \quad A_G^\top y \leq \mathbf{1}, \quad y \geq \mathbf{0} \tag{7.5}$$

である．双対問題 (7.5) の線形不等式制約は，任意の辺 $e = uv \in E$ に対して $y_u + y_v \leq 1$ であるという制約を意味する．係数行列 $A_G^\top$ は完全単模行列であるので，定理 6.4 より双対問題 (7.5) は整数最適解をもつ．したがって，双対定理（定理 2.2）と合わせて

$$\min \left\{ \mathbf{1}^\top x \mid A_G x \geq \mathbf{1}, x \in \{0,1\}^E \right\} = \max \left\{ \mathbf{1}^\top y \mid A_G^\top y \leq \mathbf{1}, y \in \{0,1\}^V \right\}$$

が成り立つ．この右辺の最大値を達成する整数解を y^* とする．頂点集合 $Y = \{v \in U \cup V \mid y_v^* = 1\}$ を定義すると，Y は互いに隣接しない頂点の集合である．一般に，互いに隣接しない頂点の集合は**安定集合**（stable set）と呼ばれる[*1]．上式の右辺は，要素数が最大の安定集合を見つけることに等しいので，以下の最大最小定理が成り立つ．

系 7.5（**ケーニグの辺被覆定理**）. 二部グラフ G において，安定集合の最大要素数と辺被覆の最小要素数は等しい．

7.1.4 $\boldsymbol{b}$ マッチング問題

二部グラフ $G = (U, V; E)$ と，各頂点 $v \in U \cup V$ に非負整数 b_v が与えられたとする．b_v を並べた $U \cup V$ 上のベクトルを b とおく．辺の部分集合 $F \subseteq E$ で，各頂点 v に接続する辺を b_v 個以下含むものを，$\boldsymbol{b}$ **マッチング**（b-matching）という．つまり，b マッチング F は，各頂点 v に対して $|F \cap \delta(v)| \leq b_v$ が成り立つ辺集合である．任意の頂点 v に対して $b_v = 1$ であるならば，b マッチングは通常のマッチングと一致する．

多面体 $\mathcal{P} = \{x \in \mathbb{R}^E \mid A_G x \leq b, x \geq \mathbf{0}\}$ を考える．このとき，b マッチングの特性ベクトル全体の凸包は $\text{conv.hull}(\mathcal{P} \cap \{0,1\}^E)$ と書ける．係数行列 A_G は完全単模行列であるので，定理 6.4 より $\mathcal{P}$ は整数多面体である．したがって，定理 6.1 より b マッチングの特性ベクトル全体の凸包は $\mathcal{P}$ に一致するので，最大重みの b マッチングを線形最適化問題を用いて効率的に求められる．

定理 7.6. 二部グラフにおいて，多面体 $\mathcal{P} = \{x \in \mathbb{R}^E \mid A_G x \leq b, x \geq \mathbf{0}\}$ 上の線形最適化問題を解くことで，最大重みの b マッチングを効率的に求めることができる．

---

*1） 独立集合（independent set）とも呼ばれる．

7.2 フローとカット

本節では，フローとカットに関連する組合せ最適化問題を紹介する．

7.2.1 最小費用循環流

$D = (V, E)$ を有向グラフとする．有向辺集合 E 上の関数 $x : E \to \mathbb{R}_+$ が任意の頂点 $v \in V$ に対して

$$\sum_{e \in \delta^+(v)} x_e - \sum_{e \in \delta^-(v)} x_e = 0 \tag{7.6}$$

を満たすとき，x を D 上の**循環流** (circulation) という．ここで $\delta^+(v)$ は頂点 v から出る有向辺の集合，$\delta^-(v)$ は頂点 v に入る有向辺の集合を表す．x_e は有向辺 e に沿って流れる量を表しており，(7.6) は，各頂点 v に入る流量と v から出る流量が等しいことを述べている（流量保存則）．有向グラフ D の接続行列を A_D とすると，$x \in \mathbb{R}^E_+$ が循環流であることは，$A_D x = \mathbf{0}$ を満たすことと同値である．

有向グラフ D の各有向辺 e に対して，2 つの非負整数 u_e, ℓ_e が与えられており，有向辺 e に流れる量 x_e に関する制約 $\ell_e \le x_e \le u_e$ があるとする．さらに，各有向辺 e に単位流量あたりのコスト $c_e \in \mathbb{Z}$ が与えられているとする．このとき，容量制約 $\ell_e \le x_e \le u_e$ $(e \in E)$ を満たす循環流 x の中で費用 $\sum_{e \in E} c_e x_e$ が最小のものを求める問題を考える．これは**最小費用循環流問題** (minimum-cost circulation problem) と呼ばれる．$\ell = (\ell_e)$, $u = (u_e)$ のように E 上のベクトルを定義すると，最小費用循環流問題は

$$\text{minimize} \quad \sum_{e \in E} c_e x_e \quad \text{subject to} \quad A_D x = \mathbf{0}, \quad \ell \le x \le u \tag{7.7}$$

と定式化される．

線形最適化問題 (7.7) の制約は

$$\begin{pmatrix} A_D \\ -A_D \\ I \\ -I \end{pmatrix} x \le \begin{pmatrix} \mathbf{0} \\ \mathbf{0} \\ u \\ \ell \end{pmatrix}$$

とまとめられる．定理 6.13 より A_D は完全単模行列であるので，観察 6.2 よりこの係数行列は完全単模行列である．したがって，定理 6.6 より，任意の整数ベクトル ℓ, u に対して多面体 $\{x \in \mathbb{R}^E \mid A_D x = \mathbf{0}, \ell \le x \le u\}$ は整数多面体である．以上より，線形最適化問題 (7.7) は（最適解が存在するならば）整数最適解をもつ．

定理 7.7. 各辺 $e \in E$ の容量 ℓ_e, u_e が非負の整数であるとする．このとき，最小費用循環流問題 (7.7) は（最適解が存在するならば）整数最適解をもつ．

7.2.2　最大流問題と最小カット問題

有向グラフ $D = (V, E)$ と，2 つの異なる頂点 s, t が与えられるとする．**s-t フロー**（s-t flow）とは，有向辺集合 E 上の関数 $x : E \to \mathbb{R}_+$ であり，s, t 以外の頂点では流量保存側 (7.6) を満たすものをいう．s, t は，それぞれ**ソース**（source），**シンク**（sink）と呼ばれる．s-t フローの**流量**（flow value）は，ソース s から流れ出る量 $\sum_{e \in \delta^+(s)} x_e - \sum_{e \in \delta^-(s)} x_e$ と定義される．

最大流問題（maximum flow problem）は，容量制約 $0 \leq x_e \leq u_e$ $(e \in E)$ を満たす s-t フロー x の中で，流量が最大のもの（**最大 s-t フロー**（maximum s-t flow））を求める問題である．最大流問題は

$$
\begin{aligned}
\text{maximize} \quad & \alpha \\
\text{subject to} \quad & \sum_{e \in \delta^+(s)} x_e - \sum_{e \in \delta^-(s)} x_e = \alpha, \\
& \sum_{e \in \delta^+(v)} x_e - \sum_{e \in \delta^-(v)} x_e = 0 \quad (v \in V \setminus \{s, t\}), \\
& 0 \leq x_e \leq u_e \quad (e \in E)
\end{aligned}
\tag{7.8}
$$

という線形最適化問題として表せる．問題 (7.8) の変数は x_e $(e \in E)$ と α であり，α はソース s から流れ出る量を表す．流量保存則より，ソース s からの流れ出る量は，シンク t へ流入する量に等しい．したがって，シンク t の流量保存則に関する制約

$$
\sum_{e \in \delta^+(t)} x_e - \sum_{e \in \delta^-(t)} x_e = -\alpha
$$

は冗長であるので，問題 (7.8) では省略されている．

有向グラフ D の接続行列 A_D から頂点 t に対応する行を取り除いた行列を $\tilde{A}_D$ とする．問題 (7.8) の非負制約以外の制約は

$$
\begin{pmatrix} \tilde{A}_D & \begin{array}{c} 1 \\ \mathbf{0} \end{array} \end{pmatrix} \begin{pmatrix} x \\ \alpha \end{pmatrix} = \mathbf{0},
$$

$$
\begin{pmatrix} I & \mathbf{0} \end{pmatrix} \begin{pmatrix} x \\ \alpha \end{pmatrix} \leq u
$$

のようにまとめて書ける．観察 6.2 より，この 2 つの係数行列を並べた行列は完全単模行列である．したがって，定理 6.4 より，任意の整数ベクトル u に対して，最大流問題は整数最適解をもつ．

定理 7.8. 有向グラフ $D = (V, E)$ に対して，各有向辺 e の容量 u_e が非負整数であるならば，最大 s-t フローで各辺の流量が整数であるものが存在する．

最大流問題 (7.8) の双対問題は

$$
\begin{array}{lll}
\text{minimize} & \displaystyle\sum_{e\in E} u_e y_e & \\
\text{subject to} & y_e + z_v - z_u \geq 0 & (e = uv \in E, u, v \neq t), \\
 & y_e - z_u \geq 0 & (e = ut \in E), \\
 & y_e + z_v \geq 0 & (e = tv \in E), \\
 & z_s \geq 1, & \\
 & y_e \geq 0 & (e \in E)
\end{array} \tag{7.9}
$$

と書ける．系 6.7 より問題 (7.9) は整数最適解をもつ．

有向グラフ $D = (V, E)$ と 2 つの異なる頂点 $s, t \in V$ に対して，$s \in Y$, $t \notin Y$ を満たす頂点の部分集合 $Y \subseteq V$ を ***s-t* カット**（*s-t* cut）という．*s-t* カット Y から出てその補集合 $V \setminus Y$ に入る有向辺の集合を $\delta^+(Y)$ と置いたとき，*s-t* カット Y の**容量**（capacity）を $\sum_{e\in\delta^+(Y)} u_e$ と定義する．容量が最小である *s-t* カットを**最小 *s-t* カット**（minimum *s-t* cut）という．

補題 7.9. 任意の *s-t* フロー x と *s-t* カット Y に対して，*s-t* フロー x の流量は *s-t* カット Y の容量 $\sum_{e\in\delta^+(Y)} u_e$ 以下である．

証明. 流量保存則より，*s-t* フローの流量は，Y から流れ出る流量 $\sum_{e\in\delta^+(Y)} x_e$ 以下である．容量制約 $x_e \leq u_e$ よりこの値は $\sum_{e\in\delta^+(Y)} u_e$ 以下である． □

上の補題 7.9 より，最大 *s-t* フローの流量は最小 *s-t* カットの容量以下である．さらに，以下の定理に示すように，最大 *s-t* フローの流量は最小 *s-t* カットの容量に等しいことがいえる．これは**最大フロー最小カット定理**（max-flow min-cut theorem）と呼ばれる．

定理 7.10（最大フロー最小カット定理）. 有向グラフ $D = (V, E)$ と各辺 e に整数の容量 u_e が与えられているとき，最大 *s-t* フローの流量は最小 *s-t* カットの容量と等しい．

証明. 補題 7.9 より，任意の *s-t* カット Y に対して，最大 *s-t* フローの流量は Y の容量 $\sum_{e\in\delta^+(Y)} u_e$ 以下である．したがって，定理 7.10 を示すためには，ある *s-t* カット Y が存在して，Y の容量が最大 *s-t* フローの流量以下であることを示せばよい．最大 *s-t* フローの流量は，線形最適化問題 (7.8) の最適値と等しく，双対定理（定理 2.2）より，双対問題 (7.9) の最適値とも等しい．系 6.7 より双対問題 (7.9) は整数最適解 y, z をもつ．z は $V \setminus \{t\}$ 上のベクトルであるが，以降では説明を簡単にするために，$z_t = 0$ を付け加えて，z は V 上のベクトルであるとする．

z を用いて頂点集合 Y を，$Y = \{v \in V \mid z_v \geq 1\}$ と定義する．$z_s \geq 1$ より $s \in Y$ である．また，Y から出る任意の有向辺 $e = uv \in \delta^+(Y)$ に対して，$z_u \geq 1$, $z_v \leq 0$ が成り立つので，双対問題 (7.9) の制約より $y_e \geq z_u - z_v \geq 1$

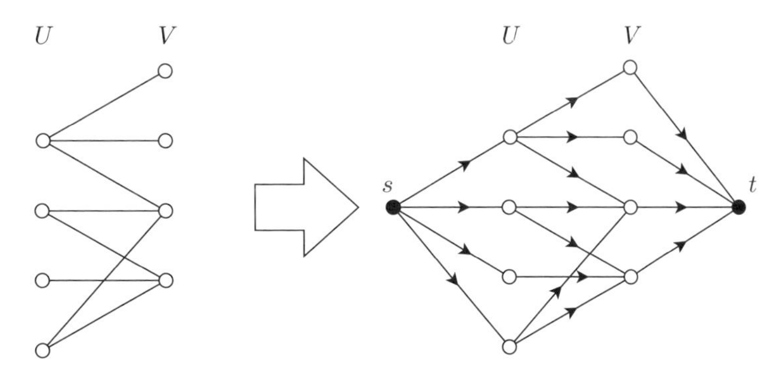

図 7.1　二部グラフの最大マッチング問題の最大流問題への帰着.

が成り立つ．したがって，双対問題 (7.9) の最適値 $\sum_{e\in E} u_e y_e$ は

$$\sum_{e\in E} u_e y_e \geq \sum_{e\in\delta^+(Y)} u_e y_e \geq \sum_{e\in\delta^+(Y)} u_e$$

と s-t カット Y の容量で下から抑えられる．以上より，定理 7.10 が成り立つ． □

最後に，辺の容量がすべて 1 である場合の最大流問題について述べる．このとき，流量が整数である s-t フローは，互いに有向辺を共有しない有向 s-t パスの集合であり，その流量は対応する有向 s-t パスの数に一致する．したがって，定理 7.10 より以下が成り立つ．これは**メンガー**（Menger）**の定理**と呼ばれる．

系 7.11（メンガーの定理）．有向グラフ D と 2 頂点 s, t に対して，互いに有向辺を共有しない有向 s-t パスの最大数は，最小 s-t カットの辺数に等しい．

7.2.3　最大流と二部グラフのマッチング

ここでは，二部グラフの最大マッチング問題を最大流問題として定式化できることを示す．したがって，最大流問題を解くことで，二部グラフの最大マッチングを求めることができる．

二部グラフ $G = (V_1, V_2; E)$ が与えられたとき，最大流問題の問題例を以下のように構成する（図 7.1 参照）．有向グラフ $D = (V, E')$ の頂点集合 V を，$V_1 \cup V_2$ と 2 つの頂点 s, t からなる集合と定義する．V_1 の各頂点へ頂点 s から有向辺を引き，V_2 の各頂点から頂点 t へ有向辺を引く．また，G の各辺 $e = uv \in E$ に対して，D では u から v へ有向辺を引く．できた有向辺の集合を E' と置く．すなわち，E' は

$$E' = \{uv \mid uv \in E\} \cup \{su \mid u \in V_1\} \cup \{vt \mid v \in V_2\}$$

のように定義される．さらに，s から出る有向辺の容量を 1，t に入る有向辺の容量を 1 として，それ以外の有向辺の容量を無限大（十分大きな整数）と定

める．

　このとき以下の定理が成り立つ．

定理 7.12. 二部グラフを $G = (V_1, V_2; E)$ とする．上で構成した有向グラフを $D = (V, E')$ とすると，G の最大マッチングの辺の数と D の最大 s-t フローの流量は等しい．

証明. 有向グラフ D における整数の s-t フローは，二部グラフ G のマッチングに対応する．実際，D の整数 s-t フローを x_e $(e \in E')$ とすると，頂点 s から出る有向辺の容量は 1 であるので，s から出る有向辺 e の流量 x_e は 0 か 1 である．したがって，流量保存則から，各頂点 $u \in V_1$ から出る有向辺 e で $x_e = 1$ を満たすものは 1 つ以下である．各頂点 $v \in V_2$ についても同様である．したがって，$M = \{e \in E \mid x_e = 1\}$ と定義すると，M は G のマッチングであり，M の辺数は x の流量に等しい．同じようにすると，グラフ G のマッチング M が与えられたとき，D において流量 $|M|$ の整数 s-t フローを構成できる．

　定理 7.8 より，D の最大 s-t フローで各流量が整数のものが存在する．したがって，D の最大 s-t フローと G の最大マッチングが 1 対 1 に対応するので，定理 7.12 が成り立つ．□

7.3 最短パス問題

　$D = (V, E)$ を有向グラフとする．さらに，D の異なる 2 頂点 $s, t \in V$ と，各有向辺 e の長さ ℓ_e が与えられているとする．ここでは長さ ℓ_e は負であることも許すが，D に負閉路は存在しないと仮定する．最短パス問題は，3.3.1 節で述べたように，整数最適化問題 (3.6) として定式化される．問題 (3.6) の制約 $x_e \in \{0, 1\}$ を非負制約 $x_e \geq 0$ に緩和した線形最適化問題

$$\begin{aligned} \text{minimize} \quad & \sum_{e \in E} \ell_e x_e \\ \text{subject to} \quad & \sum_{e \in \delta^+(s)} x_e - \sum_{e \in \delta^-(s)} x_e = 1, \\ & \sum_{e \in \delta^+(t)} x_e - \sum_{e \in \delta^-(t)} x_e = -1, \\ & \sum_{e \in \delta^+(v)} x_e - \sum_{e \in \delta^-(v)} x_e = 0 \quad (v \in V \setminus \{s, t\}), \\ & x_e \geq 0 \quad (e \in E) \end{aligned} \tag{7.10}$$

を考える．問題 (7.10) の制約の係数行列は有向グラフ D の接続行列であるため，定理 6.13 より完全単模行列である．したがって，定理 6.4 より問題 (7.10)

は整数最適解をもつ．

定理 7.13. 線形最適化問題 (7.10) は（最適解が存在するならば）整数最適解をもつ．したがって，問題 (7.10) の最適値は最短パスの長さに等しい．

線形最適化問題 (7.10) の双対問題は

$$\begin{array}{ll} \text{maximize} & -y_s + y_t \\ \text{subject to} & y_v - y_u \leq \ell_e \quad (e = uv \in E) \end{array} \tag{7.11}$$

と書ける．

最後に補足として，有向グラフに負閉路 C が存在した場合を考察する．

観察 7.14. 有向グラフ D が負閉路 C をもつならば，双対問題 (7.11) は実行不可能である．したがって，主問題 (7.10) は非有界である．

証明. 双対実行可能解 y が存在したと仮定して，矛盾を導く．負閉路 C 上の頂点を，C に沿ってたどった順に $v_0, v_1, \ldots, v_k = v_0$ とする．問題 (7.11) の制約から，各 $i = 1, 2, \ldots, k$ に対して $y_{v_i} - y_{v_{i-1}} \leq \ell_{v_{i-1}v_i}$ が成り立つので，これらをすべて足し合わせると

$$\sum_{i=1}^{k} \left(y_{v_i} - y_{v_{i-1}} \right) \leq \sum_{i=1}^{k} \ell_{v_{i-1}v_i}$$

である．この左辺は 0 であるが，右辺は C の長さに等しく，C の長さは負であるので，この不等式は成り立たない．したがって，負の閉路があるとき，双対実行可能解は存在しない．このことから，負の閉路があるとき，問題 (7.10) は非有界であると分かる．□

第 8 章
完全双対整数性と一般のグラフのマッチング

6 章では整数多面体と完全単模行列を扱った．6 章の定理 6.4 より，任意の整数ベクトル b に対して，A が完全単模行列であるならば，多面体 $\mathcal{P} = \{x \in \mathbb{R}^n \mid Ax \leq b\}$ は整数多面体である．しかし，多面体 $\mathcal{P} = \{x \in \mathbb{R}^n \mid Ax \leq b\}$ が整数多面体であったとしても，係数行列 A は完全単模行列とは限らない．本章では，線形不等式系 $Ax \leq b$ が定める多面体が整数多面体であるための条件として完全双対整数性を紹介する．完全双対整数性は組合せ最適化における重要な概念の一つであり，二部グラフとは限らないグラフの最大マッチング問題や最小全域木問題と関連がある．一般のグラフの最大マッチング問題については 8.2 節で，最小全域木問題については 9 章で詳しく述べる．

8.1 完全双対整数性

線形不等式系 $Ax \leq b$ が**完全双対整数性**（total dual integrality, TDI）をもつとは，任意の整数ベクトル c に対して

$$\text{minimize} \quad b^\top y \quad \text{subject to} \quad A^\top y = c, \quad y \geq \mathbf{0} \tag{8.1}$$

が（最適解をもつならば）整数最適解をもつことをいう．これは，線形最適化問題

$$\text{maximize} \quad c^\top x \quad \text{subject to} \quad Ax \leq b \tag{8.2}$$

が最適解をもつような任意の整数ベクトル c に対して，その双対問題 (8.1) が整数最適解をもつことを意味する．完全双対整数性は，線形不等式系 $Ax \leq b$ に対する性質であり，多面体 $\{x \in \mathbb{R}^n \mid Ax \leq b\}$ に対する性質ではないことに注意する．

係数行列 A が完全単模行列であり b が整数ベクトルであるならば，系 6.7 より双対問題 (8.1) は（最適解をもつならば）整数最適解をもつ．したがって，

$Ax \leq b$ は完全双対整数性をもつ．

以下の定理に示すように，線形不等式系 $Ax \leq b$ が完全双対整数性をもち b が整数ベクトルであれば，多面体 $\{x \in \mathbb{R}^n \mid Ax \leq b\}$ は整数多面体である．

定理 8.1（エドモンズ（Edmonds）-ジャイルズ（Giles）の定理[15]）．$Ax \leq b$ が完全双対整数性をもち b が整数ベクトルであるならば，多面体 $\mathcal{P} = \{x \in \mathbb{R}^n \mid Ax \leq b\}$ は整数多面体である．

証明． $Ax \leq b$ が完全双対整数性をもち，b が整数ベクトルであるとする．このとき，任意の整数ベクトル c に対して，双対問題 (8.1) は（最適解をもつならば）整数最適解をもつ．双対問題の目的関数の係数ベクトル b は整数ベクトルであるので，双対問題の最適値は整数である．双対定理より，主問題 (8.2) の最適値も整数である．したがって，定理 6.1(e) より $\mathcal{P}$ は整数多面体であることが分かる． □

8.2 一般のグラフのマッチング

本節では，完全双対整数性をもつ線形不等式系が現れる組合せ最適化問題の例として，二部グラフとは限らない一般のグラフにおいて最大重みのマッチングを求める問題を扱う．

3.3.3 節では二部グラフのマッチングを扱ったが，一般の無向グラフ $G = (V, E)$ に対しても，マッチングを端点を共有しない辺の集合のこととして自然に定義できる．グラフ G の各辺 e に重み w_e が与えられたとき，マッチング M の重みを $\sum_{e \in M} w_e$ として，G の最大重みのマッチングを求める問題を考える．この問題を**最大重みマッチング問題**（maximum-weight matching problem）と呼ぶ．

3.3.3 節における議論と同じようにすると，最大重みマッチング問題は，整数最適化問題

$$\begin{aligned}
\text{maximize} \quad & \sum_{e \in E} w_e x_e \\
\text{subject to} \quad & \sum_{e \in \delta(v)} x_e \leq 1 \quad (v \in V), \\
& x_e \in \{0, 1\} \quad (e \in E)
\end{aligned} \tag{8.3}$$

として定式化される．この問題を線形最適化問題に緩和した問題

$$\begin{aligned}
\text{maximize} \quad & \sum_{e \in E} w_e x_e \\
\text{subject to} \quad & \sum_{e \in \delta(v)} x_e \leq 1 \quad (v \in V), \\
& x_e \geq \mathbf{0} \quad (e \in E)
\end{aligned} \tag{8.4}$$

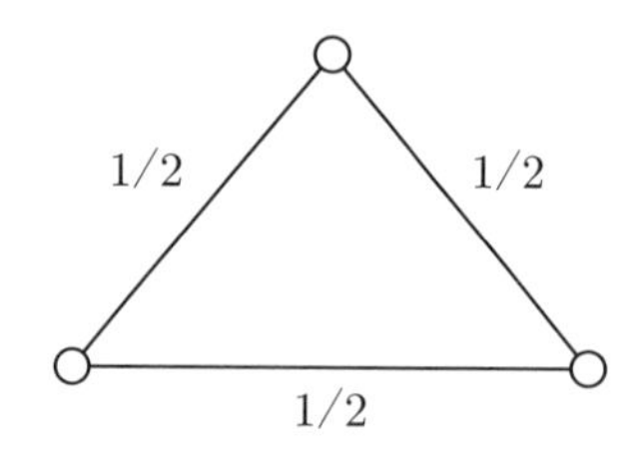

図 8.1　最大マッチングの要素数と線形最適化問題 (8.4) の最適値が異なるグラフ．

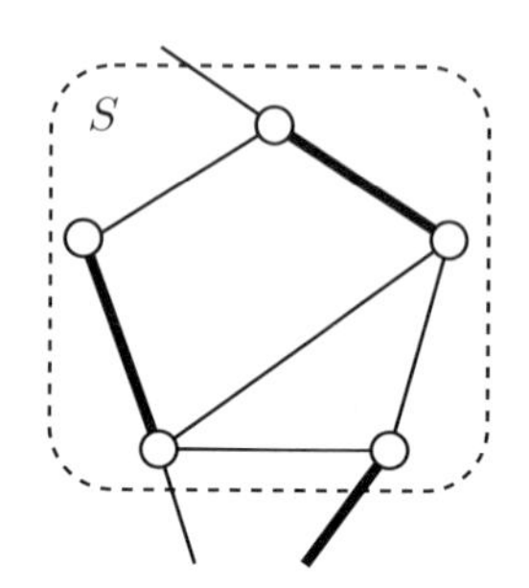

図 8.2　一般のグラフのマッチングが満たす性質．太線がマッチングを表す．

を考える．5 章で扱ったように二部グラフの場合には上の 2 つの問題の最適値は一致するが，一般のグラフの場合は両者が一致するとは限らない．たとえば，図 8.1 のような三角形のグラフ G において，辺の重みをすべて 1 とする．このとき，最大重みマッチングの値は 1 であるが，線形最適化問題 (8.4) では各辺 e において $x_e = 1/2$ としたものが最適解となり，最適値は 3/2 である．

無向グラフ G のマッチングの特性ベクトル全体の凸包を $\mathcal{C}_{\mathrm{M}}(G)$ とする．$\mathcal{C}_{\mathrm{M}}(G)$ をマッチング多面体（matching polytope）と呼ぶ．二部グラフの場合（3.3.3 節，5.1 節参照）と同様の議論から，最大重みマッチング問題を解くためには，マッチング多面体 $\mathcal{C}_{\mathrm{M}}(G)$ 上の線形最適化問題

$$\text{maximize} \quad w^{\top}x \quad \text{subject to} \quad x \in \mathcal{C}_{\mathrm{M}}(G)$$

を解けばよいことが分かる．しかし，上記に述べたように，$\mathcal{C}_{\mathrm{M}}(G)$ は，線形最適化問題 (8.4) の実行可能領域と一致していない．

以降では，問題 (8.4) の実行可能領域に線形不等式を加えることで，マッチング多面体 $\mathcal{C}_{\mathrm{M}}(G)$ の線形不等式表現が得られることを示す．

そのために，マッチング M がどのような性質を満たしているのかを見る．任意の頂点部分集合 $S \subseteq V$ に対して，S が誘導する（induce）辺集合を，$E[S] = \{uv \in E \mid u, v \in S\}$ と定義する．このとき，$|S|$ が（3 以上の）奇数ならば，$E[S]$ に含まれる M の辺の数は $\left\lfloor \frac{|S|}{2} \right\rfloor$ 以下である．ただし，実数 a に対して $\lfloor a \rfloor$ は a 以下の最大の整数である．たとえば，図 8.2 のように，5 頂点の集合 S を選ぶと，$E[S]$ の中から $\left\lfloor \frac{|S|}{2} \right\rfloor = 2$ 辺までしかマッチングの辺を選ぶことができない．このことを式で書くと

$$|E[S] \cap M| \leq \left\lfloor \frac{|S|}{2} \right\rfloor$$

である．これをマッチング M の特性ベクトル χ_M を用いて書き直すと

$$\sum_{e \in E[S]} (\chi_M)_e \leq \left\lfloor \frac{|S|}{2} \right\rfloor$$

である．多面体 $\mathcal{C}_\mathrm{M}(G)$ 内の任意のベクトル x は，マッチングの特性ベクトルの凸結合として表せるので，x についても

$$\sum_{e \in E[S]} x_e \leq \left\lfloor \frac{|S|}{2} \right\rfloor \tag{8.5}$$

が成り立つ．問題 (8.4) の制約に上の制約 (8.5) を加えた線形最適化問題

$$\begin{array}{ll} \text{maximize} & \displaystyle\sum_{e \in E} w_e x_e \\ \text{subject to} & \displaystyle\sum_{e \in \delta(v)} x_e \leq 1 \quad (v \in V), \\ & \displaystyle\sum_{e \in E[S]} x_e \leq \left\lfloor \frac{|S|}{2} \right\rfloor \quad (S \in \mathcal{S}_\mathrm{odd}), \\ & x_e \geq 0 \quad (e \in E) \end{array} \tag{8.6}$$

を考える．ただし，$\mathcal{S}_\mathrm{odd}$ は $\mathcal{S}_\mathrm{odd} = \bigl\{ S \subseteq V \bigm| |S|\text{: 奇数}, |S| \geq 3 \bigr\}$ と定義される．上記の議論より，マッチング多面体 $\mathcal{C}_\mathrm{M}(G)$ は問題 (8.6) の実行可能領域に含まれる．さらに，以下に示すように両者は一致して，線形不等式系 (8.6) は完全双対整数性をもつ．

定理 8.2（エドモンズ[14]）．$G = (V, E)$ を無向グラフとする．任意の整数ベクトル w に対して，線形最適化問題 (8.6) の双対問題

$$\begin{array}{ll} \text{minimize} & \displaystyle\sum_{v \in V} y_v + \sum_{S: S \in \mathcal{S}_\mathrm{odd}} z_S \cdot \left\lfloor \frac{1}{2}|S| \right\rfloor \\ \text{subject to} & \displaystyle y_u + y_v + \sum_{S \in \mathcal{S}_\mathrm{odd}, u, v \in S} z_S \geq w_e \quad (e = uv \in E), \\ & y_v \geq 0 \quad (v \in V), \\ & z_S \geq 0 \quad (S \in \mathcal{S}_\mathrm{odd}) \end{array} \tag{8.7}$$

は整数最適解 y, z をもち，その最適値は重み w に関する最大重みマッチングの重みと等しい．したがって，問題 (8.6) の線形不等式系は完全双対整数性をもち，問題 (8.6) の実行可能領域はマッチング多面体に一致する．

カニンガム（Cunningham）–マーシュ（Marsh）[7]に基づき定理 8.2 を証明する．証明の前に，用語をいくつか定義する．グラフ G において，辺の重みが w であったときの最大重みマッチングを w 最大マッチング（w-maximum matching) と呼び，その重みを ν_w と表す．また，辺の集合 F に対して，$w(F) = \sum_{e \in F} w_e$ と表記する．

証明. 定理の前半の主張が成り立たない無向グラフ $G = (V, E)$ と整数ベクトル w が存在すると仮定して，矛盾を導く．このようなグラフ G と重み w の組の中で $|V| + |E| + w(E)$ が最小のものを選ぶ．このとき G は連結であると仮定してよい（連結でなければ，G のある連結成分を G より小さなグラフとして取れる）．また，重みが 0 の辺を取り去ることができるので，任意の辺 e に対して $w_e \geq 1$ であると仮定してよい．

以降では，以下の (a) と (b) の 2 つの場合に分けて，それぞれの場合に矛盾が導けることを示す．

(a) ある頂点 u が存在して，任意の w 最大マッチングが u を被覆するとき

重み w' を，辺 $e \in \delta(u)$ に対して $w'_e = w_e - 1$，他の辺 e に対して $w'_e = w_e$ のように定義する．すると (a) の仮定より，$\nu_{w'} = \nu_w - 1$ が成り立つ．いま $w'(E) < w(E)$ より，w' に関する問題 (8.7) には整数最適解 y', z' が存在して，目的関数値は $\nu_{w'}$ に等しい．y を，y' において y'_u の値のみを 1 増やしたベクトルとする．このとき y, z' は，w に関する問題 (8.7) の制約を満たす．実際，問題 (8.7) の 1 つ目の制約を見ると，y', w' から y, w に変更することで，辺 $e \in \delta(u)$ に対する制約では両辺の値が 1 増えて，他の辺に関する制約では両辺の値は変化しない．いずれの場合も問題 (8.7) の 1 つ目の制約は満たされたままである．よって y, z' は w に関する問題 (8.7) の双対実行可能解である．その目的関数値は $\nu_{w'} + 1$ であるので，ν_w に等しい．したがって，y, z' は w に関する問題 (8.7) の整数最適解であり，最適値は ν_w であるので，これは G と w の選び方に矛盾する．

(b) どの頂点も，ある w 最大マッチングに被覆されていないとき

重み w' を，任意の辺 e に対して $w'_e = w_e - 1$ のように定義する．w' 最大マッチングの中で辺数が最大のものを M' とする．

まず，M' は完全マッチングではないことを示す．M' が完全マッチングであると仮定すると，(b) の仮定より任意の w 最大マッチング M は $|M| < |M'|$ を満たすので

$$w'(M) = w(M) - |M| > w(M) - |M'| \geq w(M') - |M'| = w'(M')$$

が成り立つ．これは，M' が w' 最大マッチングであることに矛盾する．ゆえに M' は完全マッチングではないため，ある頂点を被覆しない．

以降では，M' が被覆しない頂点の数に応じて場合分けをする．

(b-1) M' が被覆しない頂点が 1 つのみであるとき

このとき $|M'| = \left\lfloor \frac{1}{2}|V| \right\rfloor$ より

$$w(M') = w'(M') + |M'| = w'(M') + \left\lfloor \frac{1}{2}|V| \right\rfloor$$

が成り立つ．したがって $\nu_w \geq w(M') = \nu_{w'} + \lfloor \frac{1}{2}|V| \rfloor$ である．一方，任意の w 最大マッチング M は $|M| \leq \lfloor \frac{1}{2}|V| \rfloor$ を満たすので

$$\nu_{w'} \geq w'(M) = w(M) - |M| \geq w(M) - \left\lfloor \frac{1}{2}|V| \right\rfloor = \nu_w - \left\lfloor \frac{1}{2}|V| \right\rfloor$$

である．以上より，$\nu_w = \nu_{w'} + \lfloor \frac{1}{2}|V| \rfloor$ が成り立つ．

いま $w'(E) < w(E)$ より，w' に関する問題 (8.7) には整数最適解 y', z' が存在して，その目的関数値は $\nu_{w'}$ と等しい．ベクトル z を，z' から z'_V の値のみを 1 増やして得られたベクトルとする．すると，y', z は，w に関する問題 (8.7) の制約を満たす．実際，1 つ目の制約を見ると，$V \in \mathcal{S}_{\mathrm{odd}}$ であるので，w', z' を w, z へ変更することで，任意の辺 $e \in E$ に対して，その両辺の値が 1 増える．したがって，問題 (8.7) の制約は満たされたままであるので，y', z は双対実行可能解である．さらに，その目的関数値は $\nu_{w'} + \lfloor \frac{1}{2}|V| \rfloor$ であり，これは ν_w に等しい．したがって，y, z' は w に関する問題 (8.7) の整数最適解であり，最適値は ν_w であるので，これは G と w の選び方に矛盾する．

(b-2) M' が被覆しない頂点が 2 つ以上あるとき

M' が被覆しない頂点を u, v と置く．M', u, v の組を，u と v の間の最短パスの長さ（距離）$d(u, v)$ が最小となるように選んだと仮定する．

このとき，まず $d(u, v) > 1$ であることがいえる．それを示すために，$d(u, v) = 1$ であることを仮定する．すると辺 uv が存在する．M' に辺 uv を加えることで，M' よりも辺数が 1 大きく，重みが $w'(M')$ 以上であるマッチングが得られる．これは M' の取り方に矛盾するので，$d(u, v) > 1$ がいえる．

u と v を結ぶ最短パスの内点の一つを t と置く．u と v の距離の最短性から t は M' に被覆されている．M を w 最大マッチングの中で t を被覆しないものとする．

辺集合 $M' \cup M$ をもつ部分グラフを考えると，これはパスとサイクルからなる．この部分グラフにおいて，t を含む連結成分を P とする．t は M に被覆されていないので，P は t を端点とするパスである．パス P の内点は M' に被覆されるため，u と v は P の内点ではない．ゆえに，u と v の少なくとも一方は P に含まれない．u と v の対称性よりパス P は u を含まないと仮定してよい．また，パス P の t ではないほうの端点は M' か M のいずれかに被覆されない．

$\tilde{M}' = M' \triangle P$, $\tilde{M} = M \triangle P$ と置くと，これらはマッチングである．また $|\tilde{M}'| = |M'|$ または $|\tilde{M}'| = |M'| - 1$ が成り立つので，$|\tilde{M}'| \leq |M'|$ である．さらに，$\tilde{M}'$ と $\tilde{M}$ の定義より，$w(\tilde{M}') = w(M') - w(M' \cap P) + w(M' \setminus P)$ と $w(\tilde{M}) = w(M) + w(M' \cap P) - w(M' \setminus P)$ が成り立つ．したがって

$$\begin{aligned} w'(\tilde{M}') - w'(M') &= \bigl(w(\tilde{M}') - |\tilde{M}'|\bigr) - (w(M') - |M'|) \\ &\geq w(\tilde{M}') - w(M') = w(M) - w(\tilde{M}) \end{aligned} \tag{8.8}$$

が成り立つ．M は w 最大マッチングなので，$w(M) \geq w(\tilde{M})$ である．これより (8.8) の最右辺は非負であるので，$w'(\tilde{M}') \geq w'(M')$ が成り立つ．M' は w' 最大マッチングなので，$\tilde{M}'$ も w' 最大マッチングであり，(8.8) の不等号はすべて等号で成立することが分かる．したがって，$w'(\tilde{M}') = w'(M')$, $w(\tilde{M}') = w(M')$ であり，さらに $|\tilde{M}'| = |M'|$ が成り立つ．これより，$\tilde{M}'$ は w' 最大マッチングである．マッチング $\tilde{M}'$ は t と u を被覆せず，さらに $d(u, v) > d(u, t)$ であるので，これは u, v と M' の選び方に矛盾する．

以上より，(a), (b) いずれの場合も矛盾が導かれるので，任意のグラフ $G = (V, E)$ と整数重み w に対して，双対問題 (8.7) は整数最適解をもち，その最適値は ν_w と等しい．したがって，問題 (8.7) の線形不等式系は完全双対整数性をもつ．

定理 8.1 より主問題 (8.6) の実行可能領域 $\mathcal{P}$ は整数多面体である．$\mathcal{P} \cap \mathbb{Z}^E$ は G のマッチングの特性ベクトル全体と等しく，その凸包がマッチング多面体であるので，定理 6.1 より，問題 (8.6) の実行可能領域はマッチング多面体と一致する．

以上より定理 8.2 が成り立つことが示された．□

定理 8.2 より，線形最適化問題 (8.6) を解くことで，一般のグラフにおける最大重みのマッチングを求めることができる．ただし，この線形最適化問題 (8.6) の制約は $|\mathcal{S}_{\text{odd}}|$ 個以上あるので，グラフの入力サイズの多項式では抑えられていないことに注意する．制約の数は入力サイズの多項式ではないが，楕円体法を用いて，線形最適化問題 (8.6) を多項式時間で解けることが知られている[60]．したがって，一般のグラフの最大重みマッチングを効率的に求めることができる．

5.3 節では，二部グラフの最小コスト完全マッチングを求める組合せ的なアルゴリズムを紹介した．一般のグラフの最大重みマッチング問題に対しても，マッチングの組合せ的構造を利用した多項式時間アルゴリズムが知られている[14]．このアルゴリズムは主双対アルゴリズムであり，二部グラフの場合と同様に，マッチングと双対変数を保持しながら増加パスを見つけることを繰り返す．一般のグラフの場合には $S \in \mathcal{S}_{\text{odd}}$ に対する双対変数 z_S が存在するので，アルゴリズムは複雑になる．詳しくは [5], [39], [66] などを参照されたい．このアルゴリズムの帰結としても定理 8.2 を示すことができる．

第 9 章
全域木とマトロイド

連結な無向グラフ $G = (V, E)$ の**全域木**（spanning tree）とは，辺の部分集合 T であり，部分グラフ (V, T) が木であるものをいう．9.1 節で述べるように，全域木が 2 つ与えられたとき，その辺をうまく入れ替えることによって新しい全域木を 2 つ作ることができる．この性質はマトロイドへと抽象化される．9.2–9.3 節ではマトロイドの定義とその性質を紹介する．9.4 節では，マトロイド上での最適化問題が効率的に解けることを説明する．この問題は，最小全域木問題というよく知られた組合せ最適化問題の一般化である．最後に 9.5 節では，マトロイドがもつ多面体的な性質を述べる．

9.1 全域木の性質

本章では，辺の集合 F と辺 e に対して，$F \cup \{e\}$ を $F + e$，$F \setminus \{e\}$ を $F - e$ と略記する．

無向グラフ G の全域木 T として，f を T に含まれない辺とする．辺 f の両端点を u, v とすると，T には u と v を結ぶパスがただ 1 つ存在する．このとき，辺 f を T に加えると f を含むサイクルがちょうど 1 つできる．このサイクルを $C(T, f)$ と書く．サイクルが 1 つだけできたので，そこから辺を 1 つ取り除くと再び全域木になる．すなわち，任意の辺 $e \in C(T, f)$ に対して $T + f - e$ は全域木となる．このように T から別の全域木 $T + f - e$ を作ることができる．

たとえば，図 9.1 の無向グラフには太線のような全域木 $T_1 = \{e_1, e_2, e_3, e_4, e_5\}$ が存在する．全域木 T_1 に含まれない辺 e_7 を T_1 に加えると，e_7 を含むサイクル $C(T_1, e_7) = \{e_2, e_3, e_4, e_7\}$ ができる．サイクル $C(T_1, e_7)$ から辺 e_2 を選んで，$T_1 + e_7$ から取り去ると，T_1 とは異なる全域木 $T_1 + e_7 - e_2$ が得られる．

一方，全域木 T に含まれる辺 e を T から取り去ると，2 つの連結な部分グラ

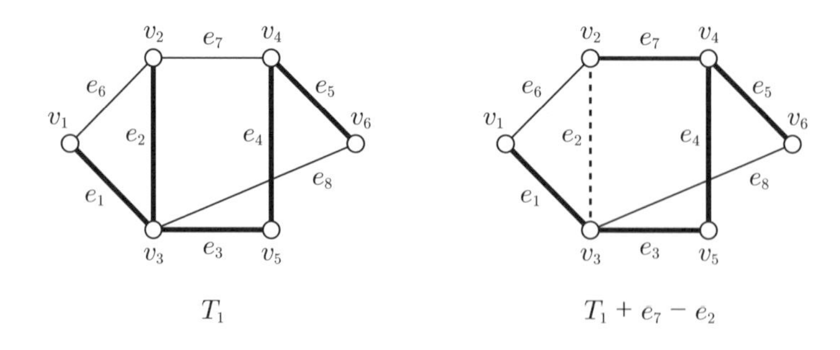

図 9.1　全域木 T_1 に辺 e_7 を加えて辺 e_2 を取り除いたとき.

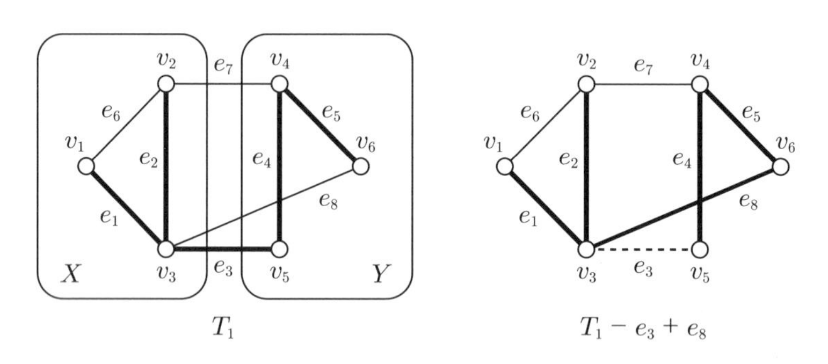

図 9.2　全域木 T_1 から辺 e_3 を取り除いて辺 e_8 を加えたとき.

フ T', T'' に分かれる．T', T'' に含まれる頂点集合をそれぞれ X, Y として，X と Y を結ぶ辺の集合を $D(T, e)$ と表す．$D(T, e)$ から辺を 1 つ足すと再び全域木が得られる．このように，任意の辺 $f \in D(T, e)$ に対して $T - e + f$ は全域木である．このような方法でも T から別の全域木 $T - e + f$ を作ることができる．

たとえば，図 9.2 の無向グラフの全域木 T_1 において，e_3 を取り去ると，T_1 は $\{e_1, e_2\}$ と $\{e_4, e_5\}$ からなる 2 つの連結部分グラフに分かれる．それらを結ぶ辺の集合 $D(T_1, e_3)$ は $D(T, e_3) = \{e_3, e_7, e_8\}$ である．$D(T, e_3)$ から辺 e_8 を選んで，$T_1 - e_3$ に付け加えると，全域木 $T_1 - e_3 + e_8$ が得られる．

以上をまとめると以下の観察が得られる．

観察 9.1．連結なグラフを $G = (V, E)$ として，その全域木を T とする．

(1) 任意の辺 $f \notin T$ と任意の辺 $e \in C(T, f)$ に対して，$T + f - e$ は全域木である．

(2) 任意の辺 $e \in T$ と任意の辺 $f \in D(T, e)$ に対して，$T - e + f$ は全域木である．

以下では，観察 9.1 をもとに，2 つの異なる全域木から，それらに含まれる辺をうまく入れ替えて，別の 2 つの全域木を作ることができることを示す．

定理 9.2．連結なグラフ G の 2 つの異なる全域木を T_1, T_2 とする．任意の辺

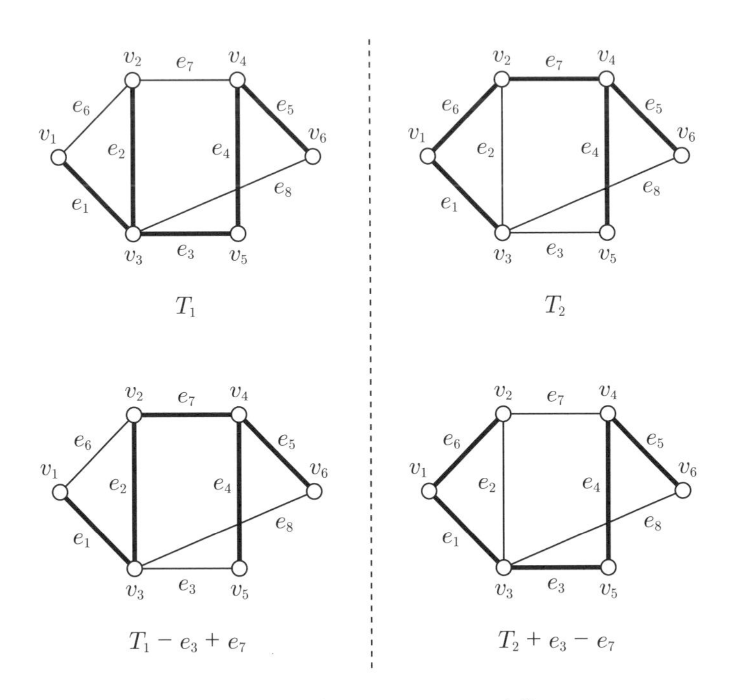

図 9.3　全域木 T_1 と T_2 の辺の交換.

$e \in T_1 \setminus T_2$ に対して，ある辺 $f \in T_2 \setminus T_1$ が存在して，$T_1 - e + f$ と $T_2 + e - f$ はともに全域木である.

たとえば，図 9.3 のように 2 つの全域木 $T_1 = \{e_1, e_2, e_3, e_4, e_5\}$ と $T_2 = \{e_1, e_4, e_5, e_6, e_7\}$ を考える．$T_1 \setminus T_2$ の辺として e_3 を選ぶ．このとき辺 $e_7 \in T_2 \setminus T_1$ を選ぶと，$e_7 \in D(T_1, e_3)$ かつ $e_7 \in C(T_2, e_3)$ であるので，観察 9.1 より $T_1 - e_3 + e_7, T_2 + e_3 - e_7$ はともに全域木となる.

定理 9.2 の証明のために，いくつかの用語と性質を整理する．頂点集合 $X \subseteq V$ に対して，X と $V \setminus X$ を結ぶ辺の集合を**カット**と呼ぶ．以下に示すように，任意のサイクル C とカット D に対して，共通部分 $C \cap D$ が非空であるならば，その要素数 $|C \cap D|$ は偶数である.

命題 9.3. 任意のサイクル C と任意のカット D に対して，共通部分 $C \cap D$ が非空であるならば，$|C \cap D|$ は偶数である.

証明. カット D が，頂点部分集合 X と $V \setminus X$ を結ぶ辺の集合であるとする．共通部分 $C \cap D$ が非空であるならば，サイクル C はある頂点 $v \in X$ から始まり，X と $V \setminus X$ を行ったり来たりして頂点 v に戻ることになる．X 内の頂点 v に必ず戻ってくるので，X と $V \setminus X$ の間をまたぐ回数は偶数である.　□

命題 9.3 を用いると定理 9.2 を証明できる.

定理 9.2 の証明. T_1 から辺 $e \in T_1 \setminus T_2$ を除いたときにできるカットを

$D(T_1, e)$ とする．また T_2 に辺 e を加えることでできるサイクルを $C(T_2, e)$ とする．$D(T_1, e)$ と $C(T_2, e)$ は共通部分 e をもつので，命題 9.3 より $|D(T_1, e) \cap C(T_2, e)|$ は偶数となる．したがって，その要素数は 2 以上であり，$D(T_1, e) \cap C(T_2, e)$ には e 以外の要素 f が存在する．観察 9.1 より，$f \in D(T_1, e)$ なので $T_1 - e + f$ は全域木であり，また $f \in C(T_2, e)$ でもあるので $T_2 + e - f$ は全域木である． □

9.2 マトロイド

マトロイドは，ベクトル集合の線形独立性の組合せ論的性質を抽象化して得られる公理系を満たすものとして，1935 年頃に H. ホイットニー (H. Whitney)[75] と中澤武雄によって独立に定義された（[57] も参照）．マトロイド（matroid）という言葉は，「行列」を意味する matrix に「のようなもの」を表すギリシャ語起源の接尾辞 “-oid” を付けて作られており「行列もどき」を意味する．

無向グラフ $G = (V, E)$ において，G の全域木をすべて集めてきたものを $\mathcal{B}(G)$ と置くと，$\mathcal{B}(G)$ は E の部分集合族である．たとえば，図 9.1–9.3 の無向グラフでは

$$\mathcal{B}(G) = \{\{e_1, e_2, e_3, e_4, e_5\}, \{e_1, e_4, e_5, e_6, e_7\}, \dots\}$$

のようになる．

9.1 節で見たように，無向グラフ G の全域木は定理 9.2 を満たす．$\mathcal{B}(G)$ を用いて定理 9.2 を書き直すと

$$T_1, T_2 \in \mathcal{B}(G), e \in T_1 \backslash T_2 \Rightarrow \exists f \in T_2 \backslash T_1, T_1 - e + f \in \mathcal{B}(G), T_2 + e - f \in \mathcal{B}(G)$$

である．一般に，上の条件を満たす部分集合の族をマトロイドと定義する．より正確には，台集合 E と E 上の部分集合の族 $\mathcal{B} \subseteq 2^E$ の組 $(E, \mathcal{B})$ であって，以下の (B0), (B1) を満たすものを**マトロイド**という．

(B0) $\mathcal{B} \neq \emptyset$.

(B1) $B_1, B_2 \in \mathcal{B}$, $e \in B_1 \setminus B_2 \Rightarrow \exists f \in B_2 \setminus B_1$, $B_1 - e + f \in \mathcal{B}$ かつ $B_2 + e - f \in \mathcal{B}$.

(B1) は**同時交換公理**（simultaneous base exchange axiom）と呼ばれる．$\mathcal{B}$ をマトロイドの基族といい，$\mathcal{B}$ の要素を**基**（base）という．定義から基の要素数は一定である．同時交換公理 (B1) の後半を「$\exists f \in B_2 \setminus B_1$, $B_1 - e + f \in \mathcal{B}$」と弱めたものを**交換公理**（base exchange axiom）という．マトロイドの基族は交換公理を用いて定義されることが多いが，両者は同値であることが知られている．

グラフ $G = (V, E)$ の辺集合 E と全域木の族 $\mathcal{B}(G)$ の組 $(E, \mathcal{B}(G))$ は，定

理 9.2 より (B0), (B1) を満たすので，マトロイドである．これを**グラフ的マトロイド**（graphic matroid）と呼ぶ．別の例として，有限集合 E において要素数が k である部分集合をすべて集めてきた $\mathcal{B} = \{X \subseteq E \mid |X| = k\}$ はマトロイドの基族である．これは**一様マトロイド**（uniform matroid）と呼ばれる．たとえば $E = \{e_1, e_2, e_3\}$ として $k = 2$ と置くと，一様マトロイドの基族 $\mathcal{B}$ は $\mathcal{B} = \{\{e_1, e_2\}, \{e_1, e_3\}, \{e_2, e_3\}\}$ である．

マトロイドはベクトル集合の線形独立性の抽象化であり，ベクトルからなる集合の族からもマトロイドを構成できる．行列 A は列集合が E である行列であるとする．A の列ベクトルの集合を $\{a_e \mid e \in E\}$ と表す．列集合 E の部分集合で対応する列ベクトル集合が線形独立であるものの集まりを $\mathcal{I}(A)$ と置く．つまり，E の部分集合 X は，ベクトルの集合 $\{a_e \mid e \in X\}$ が線形独立であるとき，$\mathcal{I}(A)$ に属する．$\mathcal{I}(A)$ の中で包含関係に関して極大なもののみを集めたものを $\mathcal{B}(A)$ と置く．$\mathcal{B}(A)$ は，行列 A の列ベクトルの集合 $\{a_e \mid e \in E\}$ が張る線形空間を W としたとき，W を張る線形独立な列ベクトルの集合（基底）を集めてきたものである．このとき，基底の性質から $\mathcal{B}(A)$ は (B0), (B1) を満たす．このように，行列 A から $\mathcal{B}(A)$ を基族とするマトロイドを定義できる．これを**線形マトロイド**（linear matroid）と呼ぶ．

たとえば，行列

$$
\begin{array}{cc}
 & \begin{array}{cccc} e_1 & e_2 & e_3 & e_4 \end{array} \\
A = & \begin{pmatrix} 1 & 0 & 1 & 1 \\ 0 & 1 & 1 & 1 \\ 1 & 1 & 1 & 2 \end{pmatrix}
\end{array}
$$

を考える．このとき，A の線形独立な列ベクトルの集合で極大なものをすべて求めると

$$\mathcal{B}(A) = \{\{e_1, e_2, e_3\}, \{e_1, e_3, e_4\}, \{e_2, e_3, e_4\}\}$$

である．

グラフ的マトロイド $\mathcal{B}(G)$ は線形マトロイドの特殊な場合である．具体的には，無向グラフ G の接続行列 A_G を GF(2) 上の行列[*1] だとみなしたときに，A_G から定義される線形マトロイドの基族 $\mathcal{B}(A_G)$ は，$\mathcal{B}(G)$ と一致する．たとえば，図 9.1–9.3 の無向グラフ G の接続行列は

*1） GF(2) とは 0 と 1 の 2 つを要素とする有限体のことである．GF(2) では，和を $0+0=0, 0+1=1, 1+1=0$，積を $0 \cdot 0 = 0, 0 \cdot 1 = 0, 1 \cdot 1 = 1$ のように計算する．

$$
A_G = \begin{array}{c} \\ v_1 \\ v_2 \\ v_3 \\ v_4 \\ v_5 \\ v_6 \end{array}
\begin{array}{c}
\begin{array}{cccccccc} e_1 & e_2 & e_3 & e_4 & e_5 & e_6 & e_7 & e_8 \end{array} \\
\begin{pmatrix}
1 & 0 & 0 & 0 & 0 & 1 & 0 & 0 \\
0 & 1 & 0 & 0 & 0 & 1 & 1 & 0 \\
1 & 1 & 1 & 0 & 0 & 0 & 0 & 1 \\
0 & 0 & 0 & 1 & 1 & 0 & 1 & 0 \\
0 & 0 & 1 & 1 & 0 & 0 & 0 & 0 \\
0 & 0 & 0 & 0 & 1 & 0 & 0 & 1
\end{pmatrix}
\end{array}
$$

である．このとき，全域木 $T_1 = \{e_1, e_2, e_3, e_4, e_5\}$ や $T_2 = \{e_1, e_4, e_5, e_6, e_7\}$ に対応する列ベクトルの集合は，線形独立であり極大なものであることが確認できる．一方，たとえば辺集合 $F = \{e_1, e_2, e_3, e_4, e_6\}$ を見ると，e_1, e_2, e_6 に対応する列ベクトルの和は（GF(2) 上で）ゼロベクトルであるので，F に対応するベクトルの集合は（GF(2) 上で）線形従属である．辺集合 F は G においてサイクルを含むので全域木ではなく，$\mathcal{B}(G)$ に含まれないことが確認できる．

グラフ的マトロイドは線形マトロイドであるが，線形マトロイドの中にはグラフ的マトロイドではないものが存在する．たとえば，行列

$$
A = \begin{array}{c}
\begin{array}{cccc} e_1 & e_2 & e_3 & e_4 \end{array} \\
\begin{pmatrix}
1 & 0 & 1 & 2 \\
0 & 1 & 2 & 1
\end{pmatrix}
\end{array}
\tag{9.1}
$$

を考える．このとき，$\mathcal{B}(A)$ は，基の要素数が 2 の一様マトロイドの基族と一致する．$\mathcal{B}(A)$ は GF(2) 上の行列として表現できないので，$\mathcal{B}(A) = \mathcal{B}(G)$ が成り立つような無向グラフ G は存在しないことが分かる．

9.3 マトロイドの独立集合，ランク関数，サーキット

本節では，マトロイドにおける基本的な概念として，独立集合族，ランク関数，サーキット族を定義する．前節では基族を用いてマトロイドを定義したが，これらを用いてマトロイドを定義することもできる．

9.3.1 独立集合

マトロイド $(E, \mathcal{B})$ に対して，ある基 $B \in \mathcal{B}$ に含まれている部分集合 X を**独立集合** (independent set) という．このとき，X は独立である (independent) という．マトロイドの独立集合をすべて集めてきた $\mathcal{I} = \{I \subseteq E \mid \exists B \in \mathcal{B}, B \supseteq I\}$ をマトロイドの独立集合族と呼ぶ．

たとえば，図 9.4 の無向グラフ G から定義されるグラフ的マトロイドを考える．独立集合族 $\mathcal{I}$ は G の全域木の部分集合をすべて集めてきたものなので，$\mathcal{I}$ の要素はサイクルを含まない辺部分集合（森）に対応する．図 9.4 の太線の

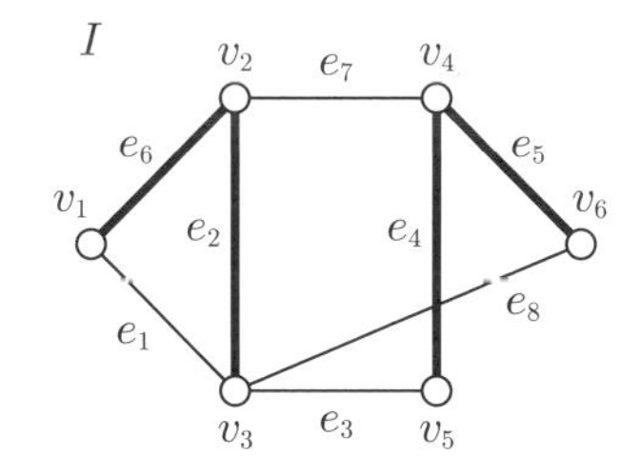

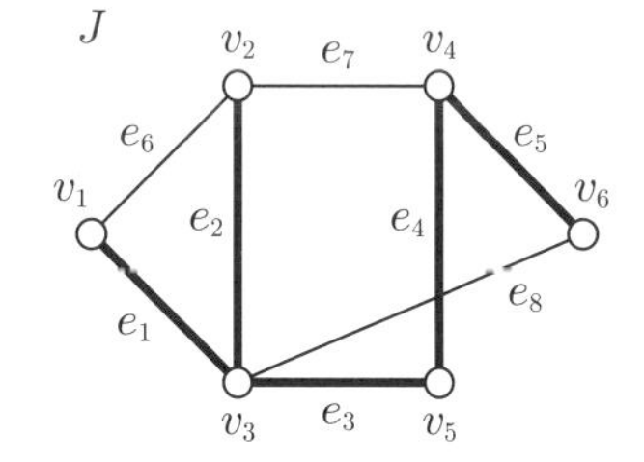

図 9.4　グラフ的マトロイドの独立集合.

辺からなる集合 $I = \{e_2, e_4, e_5, e_6\}$（左図）や $J = \{e_1, e_2, e_3, e_4, e_5\}$（右図）は独立集合である．線形マトロイドの独立集合族は，線形独立なベクトル集合の族 $\mathcal{I}(A)$ に対応する．

マトロイドの独立集合族 $\mathcal{I}$ は以下の 3 つの性質を満たす．

(I0) $\emptyset \in \mathcal{I}$.

(I1) $I \subseteq J \in \mathcal{I} \Rightarrow I \in \mathcal{I}$.

(I2) $I, J \in \mathcal{I}, |I| < |J| \Rightarrow \exists e \in J \setminus I, I + e \in \mathcal{I}$.

(I1) は独立集合の部分集合は独立集合であることを述べている．(I2) は，要素数が異なる 2 つの独立集合 I, J があったとき，要素数が小さな独立集合 I に，大きな独立集合 J の要素を 1 つ付け加えられることを述べている．

たとえば，図 9.4 の無向グラフで定義されるグラフ的マトロイドにおいて，要素数が異なる 2 つの独立集合 $I = \{e_2, e_4, e_5, e_6\}$（左図）と $J = \{e_1, e_2, e_3, e_4, e_5\}$（右図）を考えると，辺 $e_3 \in J \setminus I$ を I に（森であることを保ったまま）付け加えることができる．このように (I2) を満たすことが確認できる．

前節では，基族を用いてマトロイドを定義したが，独立集合族の性質 (I0)–(I2) を用いてもマトロイドを定義できる．具体的には，台集合 E と (I0)–(I2) を満たす部分集合の族 $\mathcal{I}$ が与えられたとき，$\mathcal{I}$ の中で包含関係について極大なものを集めてくると，これは (B0), (B1) を満たすので，基族である．このように，(I0)–(I2) を満たす部分集合の族から，基族を構成することができる．

9.3.2　ランク関数

マトロイドのランク関数は行列の階数（ランク）に対応するものである．マトロイド $\mathcal{M} = (E, \mathcal{I})$ に対して，E の部分集合を引数に取る関数 $r : 2^E \to \mathbb{Z}$ を以下のように定義する．部分集合 $X \subseteq E$ に対して，$r(X)$ を X に含まれる独立集合の最大要素数，すなわち

$$r(X) = \max \{|I| \mid I \subseteq X, I \in \mathcal{I}\}$$

と定義する．関数 r を**ランク関数**（rank function）と呼ぶ．一般に，ランク関数のように部分集合を引数に取る関数を**集合関数**（set function）と呼ぶ．

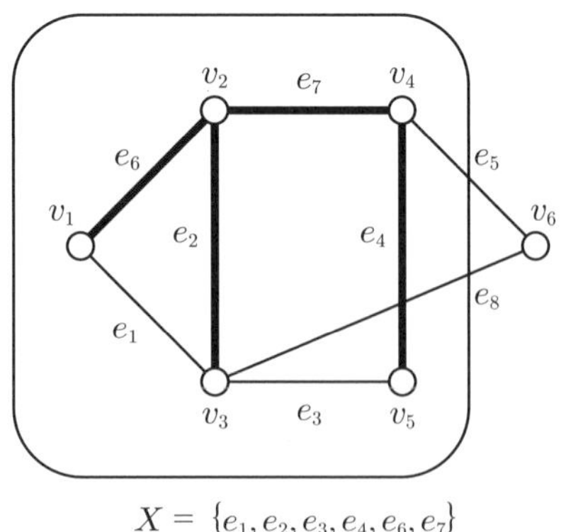

図 9.5　グラフ的マトロイドのランク関数.

線形マトロイドの場合，列部分集合 X に対するランク関数の値 $r(X)$ は，X に対応する列ベクトルが張る部分空間の次元に等しい．また，グラフ的マトロイドの場合，$r(X)$ は，X を辺集合とする部分グラフに含まれる極大森の辺数に等しい．つまり，この部分グラフの連結成分の数を c_X とすると $r(X) = |X| - c_X$ が成り立つ．

たとえば，図 9.5 の無向グラフから作られるグラフ的マトロイドを考える．このとき，$X = \{e_1, e_2, e_3, e_4, e_6, e_7\}$（図で囲まれた部分）とすると，$X$ を辺集合にもつ部分グラフにおいて，太線のように 4 辺からなる極大森が存在するので，$r(X) = 4$ である．

ランク関数 r は以下の 3 つの性質を満たす．

(R1) $\forall X \subseteq E,\ 0 \leq r(X) \leq |X|$.

(R2) $X \subseteq Y \subseteq E \Rightarrow r(X) \leq r(Y)$.

(R3) $\forall X, Y \subseteq E,\ r(X) + r(Y) \geq r(X \cup Y) + r(X \cap Y)$.

(R3) の不等式は**劣モジュラ不等式** (submodular inequality) と呼ばれる（10.1 節参照）.

上記の 3 つの条件 (R1)–(R3) を満たす集合関数 r を用いて，マトロイドを定義することもできる．具体的には，台集合 E と E 上の集合関数 r で (R1)–(R3) を満たすものが与えられたとき

$$\mathcal{I} = \{I \subseteq E \mid r(I) = |I|\}$$

のように定義すると，$\mathcal{I}$ は性質 (I0)–(I2) を満たすので独立集合族である．

9.3.3　サーキット

マトロイドの**サーキット** (circuit) を定義する．台集合 E の部分集合 C が，$C \notin \mathcal{I}$ であり，任意の $e \in C$ に対して $C - e$ が独立であるとき，C をサーキットという．

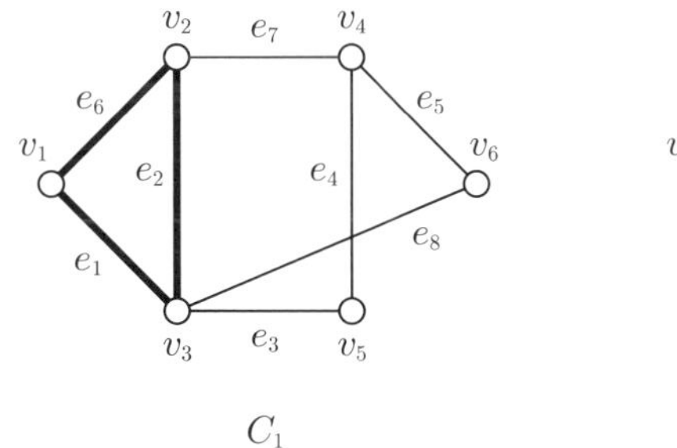

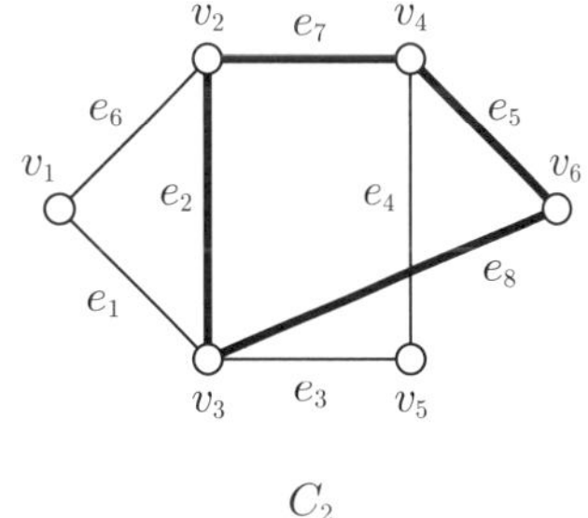

図 9.6　グラフ的マトロイドのサーキット.

グラフ的マトロイドの場合，サーキットはグラフのサイクルと一致する．たとえば，図 9.6 の無向グラフが定義するグラフ的マトロイドにおいて，$C_1 = \{e_1, e_2, e_6\}$ はサーキットである．

マトロイド $\mathcal{M} = (E, \mathcal{B})$ に対して，サーキットをすべて集めてきたものをサーキット族と呼び，$\mathcal{C}$ と書く．サーキット族 $\mathcal{C}$ は以下の 3 つの性質を満たす．

(C0) $\emptyset \notin \mathcal{C}$.

(C1) $C_1, C_2 \in \mathcal{C}$, $C_1 \subseteq C_2 \Rightarrow C_1 = C_2$.

(C2) $C_1, C_2 \in \mathcal{C}$ $(C_1 \neq C_2)$, $e \in C_1 \cap C_2 \Rightarrow \exists C_3 \in \mathcal{C}$ s.t. $C_3 \subseteq C_1 \cup C_2 - e$.

たとえば，図 9.6 の無向グラフで定義されるグラフ的マトロイドにおいて，2 つのサーキット $C_1 = \{e_1, e_2, e_6\}$, $C_2 = \{e_2, e_7, e_5, e_8\}$ を考える．すると $C_1 \cap C_2 = \{e_2\}$ である．このとき，$C_1 \cup C_2 - e$ に含まれる別のサーキット $\{e_1, e_5, e_6, e_7, e_8\}$ が存在する．このように (C2) が成り立つことが確認できる．

後の節で用いるマトロイドの性質を一つ紹介する．

観察 9.4. 独立集合 I に対して，$I + e$ が独立ではないならば，$I + e$ はサーキットをただ 1 つもつ．

証明. $I + e$ は独立ではないのでサーキットを含む．$I + e$ が 2 つの異なるサーキット C_1, C_2 をもつとする．I は独立であるので，C_1, C_2 はともに e を含む．したがって，(C2) より，あるサーキット $C_3 \in \mathcal{C}$ が存在して $C_3 \subseteq C_1 \cup C_2 - e$ を満たす．C_3 は e を含まないので，I に含まれる．これは I が独立であることに矛盾する．したがって，$I + e$ はサーキットをただ 1 つもつ．　□

独立集合族，ランク関数と同様に，サーキット族を用いてもマトロイドを定義することができる．

9.4　最小基問題

連結な無向グラフ $G = (V, E)$ の各辺 $e \in E$ にコスト c_e が与えられているとする．**最小全域木問題**（minimum spanning tree problem）は，全域木 T でコスト $\sum_{e\in T} c_e$ が最小のものを求める問題である．最小全域木問題はよく知られている組合せ最適化問題の一つであり，多項式時間で解くことができる．

最小全域木問題は，グラフ G における全域木の集まり $\mathcal{B}(G)$ を用いると

$$\text{minimize} \quad c(X) \quad \text{subject to} \quad X \in \mathcal{B}(G)$$

と書ける．ただし，部分集合 $X \subseteq E$ に対して $c(X) = \sum_{e\in X} c_e$ と表記する．

本節では，最小全域木問題を一般化して，上記の $\mathcal{B}(G)$ をマトロイドの基族 $\mathcal{B}$ に置き換えた問題を考える．つまり，マトロイド $(E, \mathcal{B})$ と各要素 $e \in E$ のコスト c_e が与えられたときに

$$\text{minimize} \quad c(X) \quad \text{subject to} \quad X \in \mathcal{B}$$

という最適化問題を考える．この問題をマトロイドの**最小基問題**（minimum-cost base problem）という．コストが最小である基を最小基と呼ぶ．

最小基問題は，コストが小さな要素から順に，独立集合であることを保ったまま要素を加えていくことで，効率的に解くことができる．具体的には次のようにする．台集合 E を $E = \{e_1, e_2, \ldots, e_m\}$ として，$c_{e_1} \leq c_{e_2} \leq \cdots \leq c_{e_m}$ を仮定する．まず X を空集合とする．そして，各 $i = 1, 2, \ldots, m$ に対して，$X + e_i$ が独立であるならば，X に e_i を追加する．この繰り返しの後に最終的に得られた X を出力する．このアルゴリズムは以下のように記述される．

アルゴリズム **9.1**. 最小基を求めるアルゴリズム

Step 0. 台集合 E の要素を並べ替えて，$E = \{e_1, e_2, \ldots, e_m\}$ は $c_{e_1} \leq c_{e_2} \leq \cdots \leq c_{e_m}$ を満たすようにする．

Step 1. $X \leftarrow \emptyset$ とする．

Step 2. 各 $i = 1, 2, \ldots, m$ に対して，以下を行う：$X + e_i$ が独立集合であるならば $X \leftarrow X + e_i$ と更新する．

Step 3. X を出力する．

上のアルゴリズムでは，各反復において，その時点で X に加えられる要素の中で，コストが最小のものを選んでいる．このことから，アルゴリズム 9.1 は**貪欲法**（greedy algorithm）と呼ばれる．

定理 9.5. アルゴリズム 9.1 は最小基を求める．アルゴリズム 9.1 の計算量は，マトロイドの要素数を m として，与えられた部分集合が独立かどうかを判定することにかかる計算量を τ とすると，$O(m \log m + m\tau)$ である．

証明. アルゴリズム 9.1 の i 回目（$i = 1, 2, \ldots, m$）の反復が終了したときに保持している集合 X を X_i と置く．また $X_0 = \emptyset$ と置く．このとき以下の主張が成り立つ．

主張 9.6. 任意の $i = 0, 1, \ldots, m$ に対して，X_i を含む最小基が存在する．

証明. i に関する帰納法で示す．$i = 0$ のときは $X_0 = \emptyset$ より主張は正しい．いま，X_{i-1} を含む最小基 X^* が存在したと仮定して，X_i を含む最小基が存在することを示す．$X_i = X_{i-1}$ ならば，X^* は X_i を含むので，$X_i \neq X_{i-1}$ であるとする．これは，i 回目の反復で要素 e_i が X_{i-1} に加えられたことを意味する．$e_i \in X^*$ ならば X^* は X_i を含むので，$e_i \notin X^*$ の場合を考える．X^* は基であるので $X^* + e_i$ は独立ではない．観察 9.4 より $X^* + e_i$ はサーキット C をただ 1 つ含む．X_i は独立であるので C を包含しない．ゆえに，C には X_i に含まれない要素 e が存在する．$X^* + e_i - e$ はサーキットを含まないため独立集合である．アルゴリズム 9.1 の i 回目の反復において，e_i が選ばれたので $c_e \geq c_{e_i}$ である．したがって，$c(X^* + e_i - e) \leq c(X^*)$ が成り立つ．X^* は最小基であるので，$X^* + e_i - e$ も最小基である．$X^* + e_i - e$ は $X_i = X_{i-1} + e_i$ を含むので，主張 9.6 が成り立つ． □

以上より，アルゴリズム 9.1 が出力する集合 X_m はある最小基に含まれる．さらに X_m は最小基であることがいえる．

主張 9.7. X_m は最小基である．

証明. X_m が独立であることは明らかであるので，X_m が基であることを示せばよい．X_m が基ではないと仮定して，矛盾を導く．X_m は独立集合なので，X_m を含む基 B が存在する．独立集合の性質 (I2) より，ある要素 $e \in B \setminus X_m$ が存在して $X_m + e$ は独立である．アルゴリズム 9.1 で e を加える反復を考えると，この時点での集合 X は X_m の部分集合であるため，$X + e$ は独立であり，e は X に加えられるはずである．しかし e は X_m に含まれないので，アルゴリズム 9.1 の動きに矛盾する．以上より主張 9.7 が示された． □

最後に，アルゴリズム 9.1 の計算量について述べる．Step 0 では，E の要素を重みの小さい順に並べ替えることに $O(m \log m)$ 時間かかる．さらに，Step 2 の各反復ではある部分集合が独立かどうかを 1 回判定するので，Step 2 を m 回繰り返したときにかかる計算量は $O(m\tau)$ である．以上より，定理 9.5 が示された． □

無向グラフ G の最小全域木を求めるアルゴリズムとして，**クラスカル法** (Kruskal's algorithm) と呼ばれるアルゴリズムが知られている．クラスカル法は，重みの小さな辺から順番に，サイクルができないように辺を選んでいくアルゴリズムである．これは，マトロイドの最小基を求める貪欲法（アルゴリズム 9.1）をグラフ的マトロイドに対して適用したものと一致する．したがって，定理 9.5 より以下が得られる．

系 9.8. クラスカル法は最小全域木を求める．

無向グラフ $G=(V,E)$ において，与えられた辺部分集合 X がサイクルを含まないかどうかを多項式時間で判定できる．したがって，定理 9.5 より，クラスカル法は多項式時間で最小全域木を求める．頂点数 n，辺数 m の無向グラフに対して，クラスカル法は $O(m\alpha(n))$ 時間で実装できることが知られている．ここで $\alpha(n)$ はアッカーマン関数 $A(n,n)$ の逆関数であり，n が非常に大きくなっても小さな値を取ることが知られている．したがって，最小全域木問題はほぼ $O(m)$ 時間で解けるといえる．

9.5 マトロイド多面体

本節では，マトロイドの独立集合族から定まる多面体を定義して，その多面体が完全双対整数性をもつことを示す．多面体と最適化問題との関係を見るために，まず次節では，マトロイドにおいて最大重みの独立集合を求める問題を考える．

9.5.1 最大重み独立集合問題

台集合 E 上のマトロイドを $\mathcal{M}$ とする．本節では，$\mathcal{M}$ の独立集合族が $\mathcal{I}$ であるとき，$\mathcal{M}=(E,\mathcal{I})$ と書く．各要素 $e\in E$ に重み $w_e\in\mathbb{R}$ が与えられているときに，独立集合 $X\in\mathcal{I}$ の中で重み $\sum_{e\in X}w_e$ が最大のものを求める問題を考える．これをマトロイドの**最大重み独立集合問題**（maximum-weight independent set problem）と呼ぶ．部分集合 X に対して $w(X)=\sum_{e\in X}w_e$ と表記すると，最大重み独立集合問題は

$$\text{maximize}\quad w(X)\quad \text{subject to}\quad X\in\mathcal{I} \tag{9.2}$$

のように書ける．最大重みの独立集合には重み w_e が負の要素 e は含まれないので，負の重みをもつ要素をあらかじめ取り除いておくことができる．したがって，最大重み独立集合問題において，重み w_e は非負であると仮定してよい．

最大重み独立集合問題と 9.4 節で扱った最小基問題は，いずれか一方を解くことができれば，もう一方を解くことができるという関係にある．以下では，この事実を説明する．

まず，マトロイド $\mathcal{M}$ と各要素 $e\in E$ に非負の重み w_e が与えられたときに最大重み独立集合問題 (9.2) を解くことを考える．このとき，問題 (9.2) の最適解として基であるものが存在する．実際，独立集合 X が問題 (9.2) の最適解であるとすると，X を含む基 B が存在して，$\sum_{e\in X}w_e\le\sum_{e\in B}w_e$ が成り立つので，B も最適解である．このことから

$$\max\left\{\sum_{e\in X}w_e\;\middle|\;X\in\mathcal{I}\right\}=\max\left\{\sum_{e\in B}w_e\;\middle|\;B\in\mathcal{B}\right\} \tag{9.3}$$

が成り立つことが分かる．したがって，各要素 e のコスト c_e を $c_e = -w_e$ と置いて最小基を求めれば，問題 (9.2) を解くことができる．

反対に，マトロイド $\mathcal{M}$ と各要素 $e \in E$ のコスト c_e が与えられたときに最小基を求めることを考える．基の要素数は一定であるので，十分大きな正の数 Δ を用いて，各要素 e のコスト c_e を $c_e + \Delta$ と変更しても，最小基は変わらない．したがって，各要素 e のコスト c_e は非負であると仮定してよい．

このとき，$C = \sum_{e \in E} c_e$ とおいて，各要素 e の重みを $w_e = C - c_e$ と定義する．そして，重み w_e に対して重みが最大である独立集合を求めることを考える．このとき，以下の観察が成り立つ．

観察 9.9. 上述のように重み w_e を定義すると

$$\min\left\{\sum_{e \in B} c_e \;\middle|\; B \in \mathcal{B}\right\} = C \cdot r(E) - \max\left\{\sum_{e \in X} w_e \;\middle|\; X \in \mathcal{I}\right\} \tag{9.4}$$

が成り立つ．

証明. 各要素 e の重み w_e は非負であるので (9.3) が成り立つ．したがって，(9.4) の右辺は

$$\begin{aligned} C \cdot r(E) - \max\left\{\sum_{e \in X} w_e \;\middle|\; X \in \mathcal{I}\right\} &= C \cdot r(E) - \max\left\{\sum_{e \in B} w_e \;\middle|\; B \in \mathcal{B}\right\} \\ &= \min\left\{C \cdot |B| - \sum_{e \in B} w_e \;\middle|\; B \in \mathcal{B}\right\} \end{aligned} \tag{9.5}$$

のように書き換えられる．2 つ目の等号は，$r(E)$ が基 B の要素数に等しいことから導かれる．ここで

$$C \cdot |B| - \sum_{c \in B} w_e = \sum_{e \in B} (C - w_e) = \sum_{e \in B} c_e$$

であるので，(9.5) の右辺は (9.4) の左辺に一致する．以上より，観察 9.9 が成り立つ． □

上の観察 9.9 から，最大重み独立集合問題を解くことで，最小基を求めることができることが分かる．

9.5.2 マトロイド多面体の線形不等式表現

マトロイド $\mathcal{M}$ に対して，**マトロイド多面体** (matroid polytope) $\mathcal{P}(\mathcal{M})$ は，$\mathcal{M}$ の独立集合の特性ベクトル全体の凸包と定義される．$\mathcal{P}(\mathcal{M})$ は $\mathbb{R}^E$ 上の多面体である．本節の目的は多面体 $\mathcal{P}(\mathcal{M})$ の線形不等式表現を得ることである．ベクトル $z \in \mathbb{R}^E$ と部分集合 $S \subseteq E$ に対して $z(S) = \sum_{e \in S} z_e$ と表記する．

マトロイド $\mathcal{M}$ のランク関数を r とする．任意の独立集合 I の部分集合は独

立なので，任意の部分集合 $S \subseteq E$ に対して $S \cap I$ は独立であり，$r(S \cap I) = |S \cap I|$ が成り立つ．独立集合 I の特性ベクトル $x = \chi_I$ を用いると，$x(S) = |S \cap I|$ であるので，ランク関数の性質 (R2) より $x(S) = r(S \cap I) \leq r(S)$ が成り立つ．したがって

$$\begin{aligned} & x(S) \leq r(S) \quad (S \subseteq E), \\ & x_e \geq 0 \quad (e \in E) \end{aligned} \tag{9.6}$$

が成り立つ．多面体 $\mathcal{P}(\mathcal{M})$ の任意のベクトル x は独立集合 I の特性ベクトルの凸結合として表現されるので，(9.6) を満たす．

J. エドモンズは，線形不等式系 (9.6) が完全双対整数性をもつことを示した．したがって，定理 8.1 より，線形最適化問題

$$\begin{aligned} \text{maximize} \quad & \sum_{e \in E} w_e x_e \\ \text{subject to} \quad & x(S) \leq r(S) \quad (S \subseteq E), \\ & x_e \geq 0 \quad (e \in E) \end{aligned} \tag{9.7}$$

は整数最適解をもつ．これより，マトロイド多面体 $\mathcal{P}(\mathcal{M})$ が線形不等式系 (9.6) で記述されることが分かる．

線形最適化問題 (9.7) の双対問題は

$$\begin{aligned} \text{minimize} \quad & \sum_{S \subseteq E} r(S) y_S \\ \text{subject to} \quad & \sum_{S : e \in S} y_S \geq w_e \quad (e \in E), \\ & y_S \geq 0 \quad (S \subseteq E) \end{aligned} \tag{9.8}$$

である．

本節の最後にエドモンズの定理を証明する．

定理 9.10（エドモンズ）．各要素の重みが整数であるならば，線形最適化問題 (9.7) とその双対問題 (9.8) はともに整数最適解をもつ．したがって，線形不等式系 (9.6) は完全双対整数性をもつ．

証明． 台集合 E の要素を並べ替えて，$E = \{e_1, e_2, \ldots, e_m\}$ は $w_{e_1} \geq w_{e_2} \geq \cdots \geq w_{e_m}$ を満たすと仮定する．また，要素 e_i の重み w_{e_i} が負であるとき，重み w_{e_i} を 0 に置き換えても主問題 (9.7) の最適値は変わらないので，要素の重みはすべて非負であると仮定してよい．任意の $i = 1, 2, \ldots, m$ に対して $X_i = \{e_1, e_2, \ldots, e_i\}$ と表記する．さらに

$$Z = \{e_i \in E \mid r(X_i) > r(X_{i-1})\}$$

と定義する．ただし $X_0 = \emptyset$ とする．Z の定義より，$e_i \in Z$ ならば $r(X_i) =$

$r(X_{i-1})+1$ であり，$e_i \notin Z$ ならば $r(X_i)=r(X_{i-1})$ であると分かる．さらに，次の主張で，Z は独立集合であることを示す．

主張 9.11. Z は独立集合である．

証明. 各 $i=1,2,\ldots,m$ に対して $Z_i=Z\cap X_i$ が独立であることを，i に関する帰納法で示す．

$i=0$ のときは Z_0 は空集合であるので正しい．$i\geq 1$ のとき Z_{i-1} が独立であることを仮定して，Z_i が独立であることを示す．$Z_i=Z_{i-1}$ であるならば，Z_i は独立であるので，$Z_i\neq Z_{i-1}$ の場合を考える．つまり $Z_i=Z_{i-1}+e_i$ の場合である．このとき，Z の定義より，$r(X_i)=r(X_{i-1})+1$ である．$Z_{i-1}\subseteq X_{i-1}$ であるので，ランク関数の性質 (R3) より

$$r(X_{i-1})+r(Z_i)\geq r(X_{i-1}\cup Z_i)+r(X_{i-1}\cap Z_i)\geq r(X_i)+r(Z_{i-1})$$

が成り立つ．ゆえに

$$r(Z_i)\geq r(Z_{i-1})+r(X_i)-r(X_{i-1})=r(Z_{i-1})+1$$

である．Z_{i-1} は独立であるので，$r(Z_{i-1})=|Z_{i-1}|$ である．したがって，$r(Z_i)\geq |Z_{i-1}|+1=|Z_i|$ が成り立つ．以上より，$r(Z_i)=|Z_i|$ であるので，Z_i は独立集合である．

したがって，$Z=Z_m$ は独立集合であり，主張 9.11 が示された． □

主張 9.11 より，Z の特性ベクトル $z=\chi_Z$ は主問題 (9.7) の整数実行可能解である．2^E 上のベクトル y を

$$y_S=\begin{cases} w_{e_i}-w_{e_{i+1}} & (S=X_i\ (i\in\{1,2,\ldots,m-1\})\ \text{であるとき}),\\ w_{e_n} & (S=X_m\text{であるとき}),\\ 0 & (\text{それ以外のとき})\end{cases}$$

のように定義すると，y は双対問題 (9.8) の実行可能解であることがいえる．

主張 9.12. y は双対実行可能解である．

証明. $w_{e_i}\geq w_{e_{i+1}}$ であるので y の各成分は非負である．任意の $i=1,2,\ldots,m$ に対して，y の定義より

$$\begin{aligned}\sum_{S:e_i\in S}y_S&=\sum_{j=i}^{m}y_{X_j}=\sum_{j=i}^{m-1}y_{X_j}+y_{X_m}\\ &=\left(\sum_{j=i}^{m-1}\left(w_{e_j}-w_{e_{j+1}}\right)\right)+w_{e_m}=w_{e_i}\end{aligned}$$

である．したがって，y は双対問題 (9.8) の制約を満たすので，主張 9.12 が示

された. □

さらに，Z の重みと y の目的関数値は等しいことがいえる.

主張 9.13. 独立集合 Z の重み $\sum_{e\in Z} w_e$ と，双対実行可能解 y の目的関数値 $\sum_{S\subseteq E} r(S)y_S$ は等しい.

証明. Z の重みは

$$\sum_{e\in Z} w_e = \sum_{j=1}^{m} w_{e_j}\left(r(X_j) - r(X_{j-1})\right)$$

と書ける. この式を変形すると

$$\begin{aligned}\sum_{j=1}^{m} w_{e_j}\left(r(X_j) - r(X_{j-1})\right) &= w_{e_m} r(X_m) + \sum_{j=1}^{m-1}\left(w_{e_j} - w_{e_{j+1}}\right) r(X_j)\\ &= \sum_{j=1}^{m} y_{X_j} r(X_j) = \sum_{S\subseteq E} r(S)y_S\end{aligned}$$

が成り立つ. したがって主張 9.13 が成り立つ. □

以上をまとめると，独立集合 Z の特性ベクトル $z = \chi_Z$ は主問題 (9.7) の実行可能解であり，その目的関数値は双対実行可能解 y の目的関数値と等しい. したがって，z と y はいずれも最適解であるので，線形不等式系 (9.6) は完全双対整数性をもつ. □

マトロイドの**基多面体** (base polytope) は，マトロイドの基の特性ベクトル全体の凸包として定義される. マトロイドの基多面体についても，定理 9.10 と似た結果が成り立つ. すなわち，マトロイドの基多面体は

$$\begin{aligned}&x(S) \le r(S) \quad (S \subseteq E),\\ &x(E) = r(E),\\ &x_e \ge 0 \quad (e \in E)\end{aligned} \tag{9.9}$$

という線形不等式表現で定まり，完全双対整数性をもつ.

第 10 章
最小カットと対称劣モジュラ関数

本章では，無向グラフにおいて容量が最小のカットを求める問題を扱う．10.1 節で述べるように，最小カット問題は最大流問題を解くことで多項式時間で解くことができる．10.2 節以降では，それとは異なるアプローチに基づくアルゴリズムを 2 つ紹介する．1 つ目は最大隣接順序と呼ばれる頂点順序を用いるアルゴリズムであり，10.2 節で紹介する．最大隣接順序を用いると，最小カット問題よりも一般的な問題である対称劣モジュラ関数最小化問題を解くことができる．10.3–10.4 節では，確率を用いることで辺数が最小のカットを高速に求めるアルゴリズムを紹介する．

10.1 最小カット問題

無向グラフ $G = (V, E)$ において，頂点の部分集合 X とその補集合 $V \setminus X$ をまたぐ辺の集合を**カット**（cut）といい，$\delta_G(X)$ と書く．グラフ G が文脈から明らかである場合は $\delta(X)$ と略記する．また本章では，カット $\delta(X)$ を定める頂点集合 X 自身をカットと呼ぶこともある．

無向グラフ G の各辺 e に非負のコスト c_e が与えられたとき，カット $X \subseteq V$ の容量を $\sum_{e \in \delta(X)} c_e$ と定義する．容量が最小のカットを**最小カット**（minimum cut）と呼び，最小カットを求める問題を**最小カット問題**（minimum cut problem）という．ただし $X = \emptyset$ や $X = V$ のときは自明なカットになるので，求めるカットは $X \neq \emptyset$ かつ $V \setminus X \neq \emptyset$ であることを仮定する．

たとえば，図 10.1 の無向グラフにおいて辺のコストをすべて 1 とする．このとき，頂点集合 X を $X = \{v_1, v_2, v_3, v_4\}$ とすると，$\delta(X) = \{e_3, e_5\}$ となり，これは容量 2 の最小カットである．

10.1.1 最小 *s-t* カット問題との関連

最小カット問題と似た問題に，7.2.2 節で扱った最小 s-t カット問題がある．

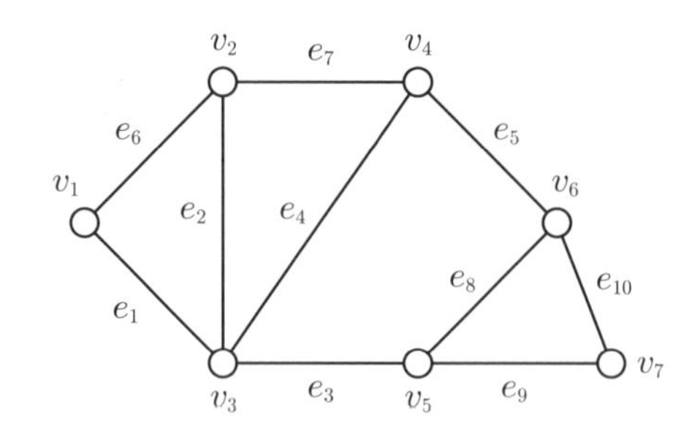

図 10.1　最小カット問題の例.

最小 s-t カット問題は，有向グラフ D において 2 頂点 s, t を分けるカットの中で容量が最小のもの（最小 s-t カット）を求める問題である．定理 7.10 より，最小 s-t カットの容量は最大 s-t フローの流量と等しく，最小 s-t カットを効率的に求めることができる.

ここでは，最小 s-t カット問題を繰り返し解くことで，最小カット問題を解くことができることを示す．まず説明を簡単にするために，仮に無向グラフ G の最小カット X が分かっているとする．このとき，X に含まれる頂点から s を選び，X に含まれない頂点から t を選ぶ．そして，G の各辺 $e = uv \in E$ を 2 つの有向辺 uv, vu に置き換えることで得られる有向グラフを D と置く．すると，X は有向グラフ D の最小 s-t カットであることが分かる．したがって，このような s と t が分かれば，D の最小 s-t カットを求めることで，G の最小カットを見つけることができる．実際には X は分からないので，すべての頂点対 s, t に対して D における最小 s-t カットを求めて，その中で容量が最小のカットを選べば，G の最小カットを求めることができる.

無向グラフ G の頂点数を n，辺数を m とする．上で述べた方法は，頂点数 n，辺数 $2m$ の有向グラフにおいて最小 s-t カットを $O(n^2)$ 回求める．計算方法を工夫すると，最小 s-t カットを求める回数を $O(n)$ 回に改善できることが知られている.

10.1.2　カット関数の対称劣モジュラ性

無向グラフを $G = (V, E)$ とする．頂点集合 $X \subseteq V$ に対して，カット $\delta(X)$ の容量 $\sum_{e \in \delta(X)} c_e$ を $d(X)$ と置く．すると最小カット問題は，$d(X)$ を最小にする頂点部分集合 X（ただし $X \neq \emptyset, V$）を求める問題と言い換えられる．d は頂点集合 V の部分集合を引数とする集合関数であり，**カット関数**（cut function）と呼ばれる.

本節では，カット関数の性質として，対称性と劣モジュラ性を紹介する.

一般に，V 上の集合関数 f が任意の $X \subseteq V$ に対して $f(X) = f(V \setminus X)$ を満たすとき，f を**対称関数**（symmetric function）という．また，任意の

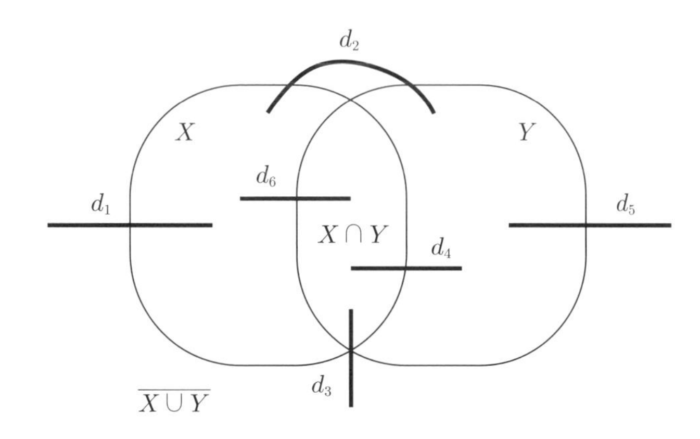

図 10.2　定理 10.1 の証明.

$X, Y \subseteq V$ に対して

$$f(X) + f(Y) \geq f(X \cup Y) + f(X \cap Y)$$

が成り立つとき, 集合関数 f を**劣モジュラ関数** (submodular function) という.

以下の定理に示すように, カット関数 d は対称な劣モジュラ関数である. ここでは, 互いに素な頂点の部分集合 X, Y に対して, X と Y を結ぶ辺のコストの和を $d(X, Y)$ と表す. つまり $d(X, Y)$ は, $E(X, Y) = \{uv \in E \mid u \in X, v \in Y\}$ と置くと

$$d(X, Y) = \sum_{e \in E(X,Y)} c_e$$

と書ける.

定理 10.1. カット関数 d は対称劣モジュラ関数である.

証明. カット関数の定義より d は対称関数であるので, d が劣モジュラ関数であることを示せばよい. 頂点集合 X, Y を任意に取り, $\overline{X \cup Y} = V \setminus (X \cup Y)$ と置く. 表記を簡単にするために

$$d_1 = d(X \setminus Y, \overline{X \cup Y}), \quad d_2 = d(X \setminus Y, Y \setminus X),$$
$$d_3 = d(X \cap Y, \overline{X \cup Y}), \quad d_4 = d(X \cap Y, Y \setminus X),$$
$$d_5 = d(Y \setminus X, \overline{X \cup Y}), \quad d_6 = d(X \cap Y, X \setminus Y)$$

とする (図 10.2 参照). このとき定義より

$$d(X) = d_1 + d_2 + d_3 + d_4, \quad d(Y) = d_2 + d_3 + d_5 + d_6,$$
$$d(X \cup Y) = d_1 + d_3 + d_5, \quad d(X \cap Y) = d_3 + d_4 + d_6$$

である. したがって

$$d(X) + d(Y) = d(X \cup Y) + d(X \cap Y) + 2d_3 \geq d(X \cup Y) + d(X \cap Y)$$

が成り立つ．ゆえに d は劣モジュラ関数である． □

10.2 最大隣接順序によるアルゴリズム

有限集合 V 上の（カット関数とは限らない）対称劣モジュラ関数 f に対して，$f(X)$ を最小にする $X \subseteq V$（ただし $X \neq \emptyset, V$）を求める問題を考える．この問題を**対称劣モジュラ関数最小化問題**（symmetric submodular function minimization problem）という．

本節では，キラーン（Queyranne）[61]によるアルゴリズムを紹介する（[27]も参照）．対称劣モジュラ関数最小化問題が解ければ，定理 10.1 より最小カット問題を解くことができる．記法を単純にするために，要素 $u \in V$ に対して $f(u) = f(\{u\})$ と表記する．また集合 $W \subseteq V$ と $u \in V$ に対して，$W \cup \{u\}$ を $W + u$ と表す．

キラーンのアルゴリズムでは，まず集合 V の要素を並べ替えて，最大隣接順序と呼ばれる頂点の順序 $(v_1, v_2, \ldots, v_n)$ を求める．

頂点の順序 $(v_1, v_2, \ldots, v_n)$ に対して，最初の i 個（$i = 1, 2, \ldots, n$）の頂点の集合を $W_i = \{v_1, v_2, \ldots, v_i\}$ と置く．また $W_0 = \emptyset$ とする．頂点の順序 $(v_1, v_2, \ldots, v_n)$ が任意の $2 \leq i < j \leq n$ に対して

$$f(W_{i-1} + v_i) - f(v_i) \leq f(W_{i-1} + v_j) - f(v_j) \tag{10.1}$$

を満たすとき，その順序を**最大隣接順序**（maximum-adjacency ordering, MA ordering）と呼ぶ．

たとえば，関数 f が無向グラフ G のカット関数 d の場合を考える．頂点集合 X と頂点 v の間の辺のコストの和を $d(X, v)$ とする．(10.1) の左辺は

$$d(W_{i-1} + v_i) - d(v_i) = d(W_{i-1}) - 2d(W_{i-1}, v_i)$$

と変形できる．(10.1) の右辺も同様に変形すると，最大隣接順序の条件 (10.1) は，任意の $2 \leq i < j \leq n$ に対して

$$d(W_{i-1}, v_i) \geq d(W_{i-1}, v_j) \tag{10.2}$$

が成り立つことと同値である．これより，v_i は，部分集合 W_{i-1} と隣接している頂点のうち，辺のコストの和 $d(W_{i-1}, v)$ が最も大きな頂点であることが分かる．これが最大隣接順序を呼ばれる所以である．

次の定理は，最大隣接順序を求めるための計算量について述べている．ここでは，部分集合 X に対して $f(X)$ の値を計算することを何回行ったかで計算量を解析する．

定理 10.2. 要素数 n の集合 V 上の対称劣モジュラ関数を f とする．このとき，f の関数値を $O(n^2)$ 回計算することで，最大隣接順序を求めることができる．

証明. v_1 から順番に求めていく．具体的には，v_1 を適当な頂点とする．そして，各 $i = 2, 3, \ldots, n$ に対して，$f(W_{i-1} + v) - f(v)$ が最小となる頂点 $v \in V \setminus W_{i-1}$ を求めて，$v_i = v$ とする．この反復が終わった後に得られる頂点の順序 $(v_1, v_2, \ldots, v_n)$ は (10.1) を満たすので，最大隣接順序である．各反復では $O(n)$ 回の関数値の計算を行うので，全体での関数値の計算回数は $O(n^2)$ である． □

無向グラフ G のカット関数 d の最大隣接順序を求める場合，(10.2) を用いて，各反復 $i = 2, 3, \ldots, n-1$ において，$d(W_{i-1}, v)$ が最大となる頂点 $v \in V \setminus W_{i-1}$ を求めればよい．このとき，$O(m + n\log n)$ 時間で最大隣接順序を求めることができる（[27] 参照）．

定理 10.3. 辺数 m，頂点数 n の無向グラフに対して，カット関数の最大隣接順序を $O(m + n\log n)$ 時間で求められる．

V の要素 2 つからなる順序付き対 (t, u) で $f(u) = \min\{f(U) \mid U \subseteq V, t \notin U, u \in U\}$ を満たすものを**ペンダントペア**（pendant pair）という．定義より，(t, u) がペンダントペアであるならば，t と u を分ける任意の部分集合 X に対して $f(u) \leq f(X)$ が成り立つ．

補題 10.4. 集合関数 f を対称劣モジュラ関数として，その最大隣接順序を $(v_1, v_2, \ldots, v_n)$ とする．このとき，(v_{n-1}, v_n) はペンダントペアである．

証明. まず，以下の不等式を示す．

主張 10.5. 任意の $i = 1, 2, \ldots, n-1$, $y \in V \setminus W_i$, $X \subseteq W_{i-1}$ に対して

$$f(W_i) + f(y) \leq f(W_i \setminus X) + f(X + y) \tag{10.3}$$

が成り立つ．

証明. i に関する帰納法で示す．$i = 1$ の場合は $X = \emptyset$ であるので，(10.3) の両辺はいずれも $f(W_1) + f(y)$ である．したがって，(10.3) が成り立つ．$i \leq k-1$ のとき (10.3) が成り立つと仮定して，$i = k$ の場合を考える．

$u \in V \setminus W_k$, $S \subseteq W_{k-1}$ とする．以降では，(10.3) の $i = k$ の場合である

$$f(W_k) + f(u) \leq f(W_k \setminus S) + f(S + u) \tag{10.4}$$

が成り立つことを示す．$(v_1, v_2, \ldots, v_n)$ は最大隣接順序であるので，(10.1) より

$$f(W_k) + f(u) \leq f(W_{k-1} + u) + f(v_k) \tag{10.5}$$

が成り立つ．

j を $S \subseteq W_{j-1}$ が成り立つ最小の整数とする．以下，$j = k$ かどうかで場合分けをして議論する．

(a) $j = k$ である場合

このとき $v_{k-1} \in S$ であるので $W_{k-1} \setminus S \subseteq W_{k-2}$ である．帰納法の仮定から (10.3) において $y = v_k \in V \setminus W_{k-1}$, $X = W_{k-1} \setminus S \subseteq W_{k-2}$ とすると

$$\begin{aligned} f(W_{k-1}) + f(v_k) &\leq f(W_{k-1} \setminus (W_{k-1} \setminus S)) + f((W_{k-1} \setminus S) + v_k) \\ &\leq f(S) + f((W_{k-1} \setminus S) + v_k) \end{aligned}$$

が成り立つ．これを用いると，$v_k \notin S$ より，(10.4) の右辺は

$$\begin{aligned} f(W_k \setminus S) + f(S + u) &= f((W_{k-1} \setminus S) + v_k) + f(S + u) \\ &\geq f(W_{k-1}) + f(v_k) - f(S) + f(S + u) \end{aligned} \tag{10.6}$$

と抑えられる．f の劣モジュラ性から，$S \subseteq W_{k-1}$, $u \notin W_{k-1}$ に注意すると

$$\begin{aligned} f(W_{k-1}) + f(S + u) &\geq f(W_{k-1} \cap (S + u)) + f(W_{k-1} \cup (S + u)) \\ &= f(S) + f(W_{k-1} + u) \end{aligned}$$

が成り立つので，これを (10.6) に用いると

$$\begin{aligned} f(W_k \setminus S) + f(S + u) &\geq f(W_{k-1}) + f(v_k) - f(S) + f(S + u) \\ &\geq f(W_{k-1} + u) + f(v_k) \geq f(W_k) + f(u) \end{aligned}$$

が成り立つ．最後の不等式は (10.5) を用いた．以上より (10.4) が成り立つ．

(b) $j \leq k - 1$ である場合

このとき $v_{j-1} \in S$ であり $v_j, v_{j+1}, \ldots, v_k \notin S$ である．また $S \subseteq W_{j-1}$ である．帰納法の仮定から (10.3) において $i = j$, $y = u \in V \setminus W_{j-1}$, $X = S \subseteq W_{j-1}$ とすると

$$f(W_j) + f(u) \leq f(W_j \setminus S) + f(S + u)$$

が成り立つ．これを用いると，(10.4) の右辺は

$$f(W_k \setminus S) + f(S + u) \geq f(W_k \setminus S) + f(W_j) - f(W_j \setminus S) + f(u) \tag{10.7}$$

と抑えられる．劣モジュラ性から

$$\begin{aligned} f(W_k \setminus S) + f(W_j) &\geq f((W_k \setminus S) \cap W_j) + f((W_k \setminus S) \cup W_j) \\ &\geq f(W_j \setminus S) + f(W_k) \end{aligned}$$

である．ここで 2 つ目の不等式は，$S \subseteq W_{j-1}$ であることから導かれる．これより，(10.7) の右辺は $f(W_k)+f(u)$ 以上であると分かる．よって (10.4) が成り立つ．

(a), (b) のいずれの場合も，$i=k$ の場合の不等式 (10.4) が成り立つので，帰納法より主張 10.5 が示された． □

(10.3) において $i=n-1$, $y=v_n$ と置くと，任意の $X \subseteq W_{n-1}$ に対して

$$f(W_{n-1})+f(v_n) \leq f(W_{n-1} \setminus X)+f(X+v_n)$$

である．f の対称性から $f(W_{n-1})=f(v_n)$, $f(W_{n-1} \setminus X)=f(X+v_n)$ であるので，この式は $f(v_n) \leq f(X+v_n)$ を意味する．したがって，(v_{n-1}, v_n) はペンダントペアである．以上より補題 10.4 が成り立つ． □

ペンダントペアを用いると，f を最小にする解を次のように再帰的に求めることができる．頂点対 (t,u) をペンダントペアとする．仮に f を最小にする解 X^* で t と u を分けるものが存在したとすると，ペンダントペアの定義より $f(X^*)=f(u)$ であるので，$\{u\}$ は f を最小にする．次に，f を最小にする解 X^* が t と u を分けない場合を考える．このとき，$\{t,u\} \subseteq X^*$ または $\{t,u\} \subseteq V \setminus X^*$ を満たす．集合 $V'=V \setminus \{u\}$ 上の集合関数

$$f'(X)=\begin{cases} f(X) & (t \notin X \subseteq V'), \\ f(X+u) & (t \in X \subseteq V') \end{cases} \tag{10.8}$$

を定義する．関数 f' は対称劣モジュラ関数であることが確かめられるので，f' を最小にする解 X' を再帰的に計算する．f' の対称性より $V' \setminus X'$ も f' を最小にするので，（必要ならば X' と $V \setminus X'$ を交換して）X' は t を含むと仮定してよい．すると $\hat{X}=X'+u$ は f を最小にする解である．実際，$\{t,u\} \subseteq X^*$ ならば $f(\hat{X})=f'(X') \leq f'(X^* \setminus \{u\})=f(X^*)$ であるので，$\hat{X}$ は f を最小にする．$\{t,u\} \subseteq V \setminus X^*$ の場合も同様に示される．

以上より，f を最小にする解を求めるためには，最大隣接順序 $(v_1, v_2, \ldots, v_n)$ を求めて，ペンダントペア (v_{n-1}, v_n) を用いて再帰的にアルゴリズムを適用すればよい．アルゴリズムの記述は以下のようになる．

アルゴリズム **10.1.** 対称劣モジュラ関数最小化アルゴリズム

Step 1. 最大隣接順序 $(v_1, v_2, \ldots, v_n)$ を求める．

Step 2. 集合 $V \setminus \{v_n\}$ 上の集合関数 f' を (10.8) のように定義する．このアルゴリズム 10.1 を再帰的に実行して，f' を最小にする解 X' を求める．f' の対称性より $t \in X'$ を仮定する．

Step 3. $f(X'+v_n) \geq f(v_n)$ ならば $X=\{v_n\}$ を，そうでないならば $X=X'+v_n$ を出力する．

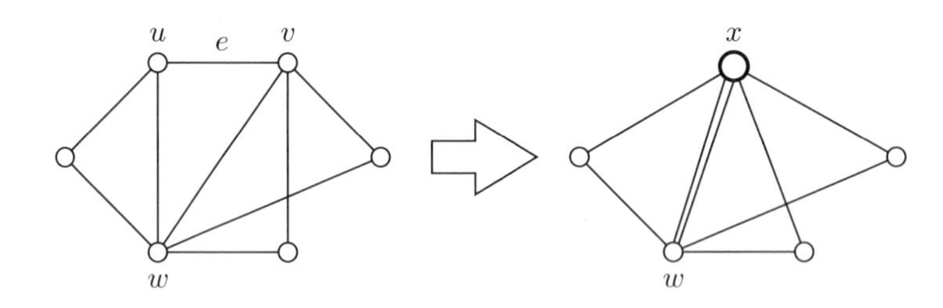

図 10.3　辺 uv を縮約したグラフ．

アルゴリズム 10.1 の計算量を考える．アルゴリズム 10.1 では，1 回再帰を行うごとに集合 V の要素数が 1 つ小さくなるので，$O(n)$ 回の再帰が行われる．1 回の再帰を行うために最大隣接順序を求めるので，定理 10.2 より以下が成り立つ．

定理 10.6. 要素数 n の有限集合上の対称劣モジュラ関数 f に対して，アルゴリズム 10.1 は，f の関数値を $O(n^3)$ 回計算することで，f を最小化する．

f が無向グラフ G のカット関数である場合を考える．このとき，(10.8) で定義した関数 f' は，G において頂点対 (v_{n-1}, v_n) を 1 点とみなした無向グラフのカット関数であることが分かる．したがって，定理 10.2 より以下が成り立つ．

定理 10.7. アルゴリズム 10.1 は，頂点数 n，辺数 m の連結な無向グラフ G に対して，最小カットを $O(n(m + n \log n))$ 時間で求める．

10.3 辺数最小のカットを求める乱択アルゴリズム

本節では，カーガー（Karger）[33]が提案した乱択アルゴリズムを紹介する．ここでは，連結な無向グラフ $G = (V, E)$ において，辺のコストがすべて 1 であるときの最小カット問題を考える．つまり，辺の数 $|\delta(X)|$ が最小であるカット X を求める問題を扱う．

辺 $e = uv \in E$ を**縮約**する（contract）とは，以下の操作によって G から新しいグラフを作ることをいう（図 10.3 参照）．

1. u と v を結ぶ辺をすべて取り去る．
2. u, v を新しい頂点 x に置き換える．
3. u に接続する辺 uw を xw に変更する．v に接続する辺 vw についても vx に変更する．

辺 e を縮約してできたグラフを G/e と書く．縮約後のグラフでは，同じ 2 つの頂点を結ぶ辺が 2 つ以上現れることがある．たとえば，図 10.3 において，辺 e を縮約した後のグラフは頂点 x と頂点 w を結ぶ辺を 2 つもつ．このような辺を**並行辺**（parallel edge）と呼ぶ．

縮約前のグラフのカットと縮約後のグラフのカットには以下の関係がある．

観察 10.8. 無向グラフを $G=(V,E)$ とする．G/e の任意のカット X に対して，G のカットで辺数が等しいものが存在する．

証明. グラフ G の辺 $e=uv$ を縮約して得られた頂点を x とする．G/e の頂点集合は $V-\{u,v\}+x$ である．カットの対称性より，G/e のカット X は x を含むと仮定してよい．このとき，$\delta_G(X-x+\{u,v\})$ は G のカットであり，縮約の定義からその辺数は $|\delta_{G/e}(X)|$ と等しい． □

G の任意のカットが G/e のカットとして残るわけではないことに注意する．実際，G において e の端点 u, v を分けるカットを考えると，G/e には対応するカットが存在しない．

カーガーのアルゴリズムは，G の辺 e を 1 つランダムに選んで e を縮約するということを繰り返す．頂点数を n としたとき，縮約を $n-1$ 回繰り返すとグラフは 2 頂点になる．2 頂点のグラフのカットは唯一であるので，それに対応する元のグラフ G のカットを，観察 10.8 を用いて出力する．アルゴリズムの記述は以下になる．

アルゴリズム 10.2. 辺数最小のカットを求める乱択アルゴリズム

Step 0. $G_0 \leftarrow G$ とする．

Step 1. $i=1,2,\ldots,n-1$ に対して以下の 1-1 を行う．

　1-1. G_{i-1} の辺 e_i をランダムに選び，$G_i \leftarrow G_{i-1}/e_i$ とする．

Step 2. G_{n-1} の唯一のカットに対応する元のグラフ G_0 のカットを出力する．

頂点数 n の無向グラフが与えられたときに，辺を 1 つ縮約することは $O(n)$ 時間で計算できる．アルゴリズム 10.2 では，縮約を $n-1$ 回行うので，アルゴリズム全体の計算量は $O(n^2)$ である．

以降では，アルゴリズム 10.2 が辺数最小のカットを求める確率を解析する．

補題 10.9. 頂点数 n の連結な無向グラフを $G=(V,E)$ とする．アルゴリズム 10.2 が辺数最小のカットを求める確率は $\frac{2}{n(n-1)}$ 以上である．

証明. グラフ G の辺数最小のカットに対応する頂点部分集合を X^* とし，その辺数 $|\delta(X^*)|$ を k とする．グラフは連結であるので $k \geq 1$ である．G の各頂点の次数は k 以上であるので，G の辺数は $\frac{kn}{2}$ 以上である．辺を一様ランダムに選んだとき，ある辺 e を選ぶ確率は $\frac{1}{|E|}$ であり，これは $\frac{2}{kn}$ 以下である．$\delta(X^*)$ に含まれる辺を選ぶ確率は，$|\delta(X^*)|=k$ より，$k\frac{2}{kn}=\frac{2}{n}$ 以下である．1 辺 e を縮約した後のグラフ G/e が $\delta(X^*)$ に対応するカットをもつ確率は，観察 10.8 より辺 e が $\delta(X^*)$ に含まれない確率と等しいので，$1-2/n$ 以上で

ある．

n 頂点の無向グラフに対して，アルゴリズム 10.2 が辺数最小のカットを求める確率を $P(n)$ と置く．前段落の議論より，$n \geq 3$ のとき

$$P(n) \geq \frac{n-2}{n} P(n-1)$$

が成り立つ．この式を繰り返し用いると，$P(2) = 1$ であるので

$$P(n) \geq \frac{n-2}{n}\frac{n-3}{n-1} P(n-2) \geq \cdots \geq \prod_{i=3}^{n} \frac{i-2}{i} P(2) = \frac{2}{n(n-1)}$$

である．したがって補題 10.9 が成り立つ．□

辺数最小のカットを求める確率を大きくするために，アルゴリズム 10.2 を N 回独立に繰り返して，N 回の試行で得られたカットの中で辺数が最も少なかったカットを出力する．各試行は独立であるので，N 回試行したときに少なくとも 1 回成功する確率（辺数最小のカットが出力される確率）は，補題 10.9 より

$$1 - \left(1 - \frac{2}{n(n-1)}\right)^N \geq 1 - e^{-\frac{2N}{n(n-1)}}$$

である．ここでは，一般に実数 x に対して不等式 $1 - x \leq e^{-x}$ が成り立つことを用いた．c を定数として $N = c\frac{n(n-1)}{2} \log n$ と選ぶと，成功確率は少なくとも

$$1 - e^{-c \log n} = 1 - \frac{1}{n^c}$$

以上である．したがって，アルゴリズム 10.2 を $N = O(n^2 \log n)$ 回行うと，n が大きいときには，辺数最小のカットを 1 に近い確率で求めることができる．

乱択アルゴリズムは，入力サイズ s を $s \to \infty$ としたときに成功確率が 1 に収束するとき，**高い確率で**（with high probability）成功するという．この言葉を使って以上のことをまとめると，次の定理が成り立つ．

定理 10.10. 頂点数 n の連結な無向グラフに対して，高い確率で最小辺数のカットを求める $O(n^4 \log n)$ アルゴリズムが存在する．

補題 10.9 から分かる別のこととして，頂点数 n である無向グラフにおける最小カットの総数が $O(n^2)$ であるということがある．実際，補題 10.9 の証明では，任意の最小カット X^* に対して，その最小カットを見つける確率が $\frac{2}{n(n-1)}$ 以上であることを示していた．ある最小カットが見つかるという事象と，別の最小カットが見つかるという事象が同時に起こることはないので，これは無向グラフの最小カットの数が $O(n^2)$ で抑えられるということを示している．

10.4 辺数最小のカットを求めるアルゴリズムの改良

カーガー (Karger)–スタイン (Stein)[34]は，前節のアルゴリズムの計算量を $O(n^2 \log^2 n)$ に改善した．本節では，カーガー–スタインのアルゴリズムを説明する．

まず，前節のアルゴリズム（アルゴリズム 10.2）の失敗確率を見直す．n 頂点の無向グラフにおいて，最初に 1 辺を縮約したとき，辺数最小のカットが残らない確率（失敗する確率）は $2/n$ 以下であり，これは n が大きいときは小さいといえる．しかし，縮約を繰り返すにつれて頂点数が少なくなるため，失敗確率が大きくなる．特に，最後の縮約（$n = 3$ のとき）では失敗確率は $2/3$ にもなる．このように頂点数が多いと 1 回の縮約あたりの失敗確率は小さいが，縮約を繰り返していき頂点数が少なくなると，1 回の縮約あたりの失敗確率が大きくなってしまう．そこで，失敗確率を小さく保つために，頂点数 n が大きい間は縮約を繰り返して，n が小さくなったら再帰的にアルゴリズムを適用することにする．

カーガー–スタインのアルゴリズムの具体的な手続きは次のようになる．アルゴリズムでは以下の手続きを 2 回独立に試行して，値が良いほうを出力する．それぞれの試行では，頂点数が多い間は，アルゴリズム 10.2 と同じように，ランダムに辺を選んで縮約することを繰り返す．頂点数が $\lceil n/\sqrt{2}+1 \rceil$ になったとき，縮約することをやめて，アルゴリズムを再帰的に適用する．そして，得られたカットに対応する元のグラフのカットを出力する．

頂点数が $\lceil n/\sqrt{2}+1 \rceil$ になるまで辺を縮約したとき，辺数最小のカット X^* に対応するカットが現在のグラフに残っている確率 $P'(n)$ は，補題 10.9 の証明と同様にすると

$$
\begin{aligned}
P'(n) &\geq \prod_{i=\lceil n/\sqrt{2}+1 \rceil+1}^{n} \frac{i-2}{i} = \frac{\left(\lceil n/\sqrt{2}+1 \rceil\right)\left(\lceil n/\sqrt{2}+1 \rceil - 1\right)}{n(n-1)} \\
&\geq \frac{\left(n/\sqrt{2}+1\right)\left(n/\sqrt{2}\right)}{n(n-1)} \geq \frac{1}{2}
\end{aligned}
$$

である．したがって，この手続きを 2 回独立に試行すれば，縮約後のグラフのうちの 1 つには X^* に対応するカットが残っていることが期待できる．

頂点数 n の連結な無向グラフに対して，カーガー–スタインのアルゴリズムが辺数最小カットを求める確率を $Q(n)$ とすると

$$
Q(n) \geq 1 - \left(1 - P'(n) Q\left(\left\lfloor \frac{n}{\sqrt{2}} \right\rfloor\right)\right)^2 \geq 1 - \left(1 - \frac{1}{2} Q\left(\frac{n}{\sqrt{2}}\right)\right)^2 \quad (10.9)
$$

と再帰的に書くことができる．$n < 5$ では定数時間で辺数最小のカットを求められるので，ここでは $n \geq 5$ であることを仮定する．このとき，カーガー–スタインのアルゴリズムが成功確率 $1/\log_2 n$ 以上で辺数最小のカットを求める

ことを示す．

補題 10.11．$n \geq 5$ ならば $Q(n) \geq 1/\log_2 n$ が成り立つ．

証明．n に関する帰納法で示す．帰納法の仮定より

$$Q\left(\frac{n}{\sqrt{2}}\right) \geq \frac{1}{\log_2(n/\sqrt{2})} = \frac{1}{\log_2 n - 0.5}$$

が成り立つ．(10.9) より

$$\begin{aligned} Q(n) &\geq 1 - \left(1 - \frac{1}{2}Q\left(\frac{n}{\sqrt{2}}\right)\right)^2 \geq 1 - \left(1 - \frac{1}{2}\frac{1}{\log_2 n - 0.5}\right)^2 \\ &= \frac{1}{\log_2 n - 0.5} - \frac{1}{4(\log_2 n - 0.5)^2} \\ &= \frac{1}{\log_2 n - 0.5} - \frac{1}{(\log_2(n^2/2))^2} \end{aligned} \tag{10.10}$$

のように変形できる．$x > 0$ に対して $1/(1-x) \geq 1 + x$ が成り立つので

$$\begin{aligned} \frac{1}{\log_2 n - 0.5} &= \frac{1}{\log_2 n}\frac{1}{1 - 0.5/\log_2 n} \\ &\geq \frac{1}{\log_2 n}\left(1 + \frac{1}{2\log_2 n}\right) = \frac{1}{\log_2 n} + \frac{1}{2(\log_2 n)^2} \end{aligned}$$

である．したがって，(10.10) の右辺は，$n \geq 5$ ならば

$$\frac{1}{\log_2 n} + \frac{1}{2(\log_2 n)^2} - \frac{1}{(\log_2(n^2/2))^2} \geq \frac{1}{\log_2 n}$$

のように下から抑えられる．以上より $Q(n) \geq 1/\log_2 n$ が成り立つ． □

カーガー–スタインのアルゴリズムの計算量を考える．頂点数 n の連結な無向グラフに対して，このアルゴリズムを実行したときの計算量を $T(n)$ とする．このアルゴリズムでは，$O(n)$ 回の縮約を独立に 2 回行い，頂点数 $\lceil n/\sqrt{2}+1 \rceil$ のグラフを 2 つ得る．そして，これらのグラフに対して再帰的にアルゴリズムを適用する．したがって

$$T(n) = O\left(n^2\right) + 2T\left(\left\lceil n/\sqrt{2}+1 \right\rceil\right)$$

という関係が成り立つ．これを計算すると $T(n) = O(n^2 \log n)$ を得る．

カーガー–スタインのアルゴリズムの成功確率を大きくするために，このアルゴリズムを $N = \lceil c \log_2 n \log_e n \rceil$ 回独立に試行して（c は定数），辺数が最も小さいカットを出力する．このとき，辺数最小のカットを出力する確率は，補題 10.11 より

$$1 - (1 - Q(n))^N \geq 1 - \left(1 - \frac{1}{\log_2 n}\right)^N \geq 1 - e^{-c \log_e n} = 1 - \frac{1}{n^c}$$

のように下から抑えられる．したがって，$O(\log^2 n)$ 回独立に試行することで，

高い確率で辺数最小のカットを求めることができる．

本節の議論をまとめると，以下の定理を得る．

定理 10.12. 頂点数 n の連結な無向グラフに対して，高い確率で最小辺数のカットを出力する $O(n^2 \log^2 n)$ 時間アルゴリズムが存在する．

第 11 章
線形代数を利用したアルゴリズム

本章では，二部グラフの完全マッチングを求める問題を例として，線形代数を利用して組合せ最適化問題を解く手法を紹介する．11.1 節で述べるように，与えられた二部グラフが完全マッチングをもつかどうかを判定することは，ある行列の行列式が非ゼロかどうかを判定することと同値である．この事実を用いることで二部グラフの完全マッチングを効率的に求めることができることを紹介する．

11.1　グラフと行列

本節では，与えられた二部グラフが完全マッチングをもつための必要十分条件が，ある行列の行列式が非ゼロであることを示す．

まず，行列式の定義を復習する．n 次正方行列 $A = (a_{ij})$ の**行列式**（determinant）は $\det A$ と表記され

$$\det A = \sum_{\sigma \in \mathrm{S}_n} \operatorname{sgn} \sigma \prod_{i=1}^{n} a_{i\sigma(i)}$$

と定義される．ここで S_n は n 次の置換全体を表す．$\operatorname{sgn} \sigma$ は置換 $\sigma \in \mathrm{S}_n$ の符号であり

$$\operatorname{sgn} \sigma = \begin{cases} 1 & (\sigma \text{ が偶置換}), \\ -1 & (\sigma \text{ が奇置換}) \end{cases}$$

と定義される．

$G = (U, V; E)$ を両側の頂点の数が等しい二部グラフとして，その頂点集合 U, V を $U = \{u_1, u_2, \ldots, u_n\}$, $V = \{v_1, v_2, \ldots, v_n\}$ と置く．このとき，グラフ G の**エドモンズ行列**（Edmonds matrix）$A(G) = (a_{ij})$ を

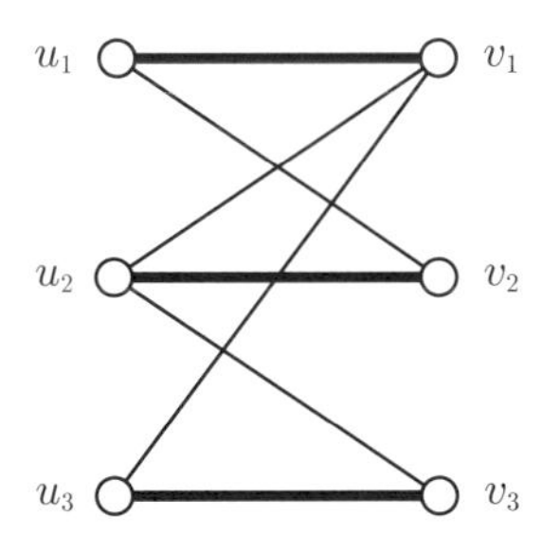

図 11.1　二部グラフと完全マッチング.

$$a_{ij} = \begin{cases} x_{ij} & (u_i v_j \in E), \\ 0 & (u_i v_j \notin E) \end{cases}$$

のように定義する．ここで x_{ij} は互いに独立な変数（不定元）である．エドモンズ行列 $A(G)$ の行列式 $\det A(G)$ は，x_{ij} を変数とする多項式である．その次数は n であり，変数の数は G の辺の数に等しい．

たとえば，図 11.1 の二部グラフ G のエドモンズ行列は

$$A(G) = \begin{pmatrix} x_{11} & x_{12} & 0 \\ x_{21} & x_{22} & x_{23} \\ x_{31} & 0 & x_{33} \end{pmatrix}$$

である．この行列 $A(G)$ の行列式は

$$\det A(G) = x_{11}x_{22}x_{33} + x_{12}x_{23}x_{31} - x_{12}x_{21}x_{33} \tag{11.1}$$

という多項式である．右辺の第 1 項 $x_{11}x_{22}x_{33}$ は辺集合 $\{u_1v_1, u_2v_2, u_3v_3\}$ に対応しており，これは G の完全マッチングである．(11.1) の右辺の各項は，G の完全マッチングに対応していることが分かる．

m 個の変数をもつ多項式を $p(x_1, x_2, \ldots, x_m)$ と置く．多項式 $p(x_1, x_2, \ldots, x_m)$ は，すべての項の係数が 0 であるとき，恒等的に 0（identically zero）であるという．恒等的に 0 ではない多項式を**非ゼロ多項式**（non-zero polynomial）という．

次の命題のように，二部グラフ G に完全マッチングが存在することと，エドモンズ行列 $A(G)$ の行列式が非ゼロ多項式であることは同値である．

命題 11.1. 二部グラフ $G = (U, V; E)$ は $n = |U| = |V|$ であるとする．G が完全マッチングをもつための必要十分条件は，$\det A(G)$ が非ゼロ多項式であることである．

証明. G が完全マッチング M をもつとする．$M = \{u_i v_{j_i} \mid i = 1, 2, \ldots, n\}$ と表したとき，n 次の置換 σ を $\sigma(i) = j_i$ と定義する．σ の定め方より

$\prod_{i=1}^{n} a_{i\sigma(i)} \neq 0$ であるので，$\det A(G)$ は非ゼロの項 $\operatorname{sgn}\sigma \prod_{i=1}^{n} a_{i\sigma(i)}$ をもつ．したがって，$\det A(G)$ は非ゼロ多項式である．逆も同様に成り立つ．□

11.2 完全マッチングの存在を判定するアルゴリズム

命題 11.1 より，二部グラフ $G = (U, V; E)$ が完全マッチングをもつかどうかを判定するためには，多項式 $\det A(G)$ が恒等的に 0 であるかどうかを判定すればよい．しかし，$A(G)$ のように不定元が含まれる行列の行列式 $\det A(G)$ を計算することは煩雑であり，計算時間がかかる．

不定元が含まれる行列の行列式計算を避けるために，不定元 x_{ij} に数値を適当に代入する．不定元 x_{ij} すべてに適当に数値を代入した行列を $\tilde{A}(G)$ と置く．行列 $\tilde{A}(G)$ は数値を成分とする普通の行列であるから，行列式 $\det \tilde{A}(G)$ を効率的に求めることができる．このとき，$\det \tilde{A}(G)$ の値が 0 でないならば，$\det A(G)$ は非ゼロ多項式であるので，命題 11.1 より G は完全マッチングをもつことが分かる．

たとえば，図 11.1 の二部グラフ G において，エドモンズ行列 $A(G)$ の非ゼロ成分すべてに 1 を代入した行列を $\tilde{A}(G)$ とすると

$$\det \tilde{A}(G) = \det \begin{pmatrix} 1 & 1 & 0 \\ 1 & 1 & 1 \\ 1 & 0 & 1 \end{pmatrix} = 1 + 1 - 1 = 1$$

が成り立つ．このことから $\det A(G)$ は非ゼロ多項式であると分かる．実際 $\det A(G)$ は (11.1) のような非ゼロ多項式である．

一方，$\det \tilde{A}(G)$ の値が 0 であっても，$\det A(G)$ が恒等的に 0 であるかどうかは分からない．図 11.1 の二部グラフ G において，エドモンズ行列 $A(G)$ への数値の割当を少し変えると

$$\det \begin{pmatrix} 1 & 1 & 0 \\ 2 & 1 & 1 \\ 1 & 0 & 1 \end{pmatrix} = 1 + 1 - 2 = 0$$

のように，各項が打ち消し合って行列式は 0 になる．このように，多項式 $\det A(G)$ が非ゼロであるにも関わらず，$\det \tilde{A}(G) = 0$ である数値の割当 $\tilde{A}(G)$ が存在する．$\det A(G)$ が恒等的に 0 であることを示すためには，$A(G)$ にどのような数値を代入しても $\det \tilde{A}(G)$ が 0 になることを確かめなければならない．

以下のシュワルツ（Schwartz）–ジッペル（Zippel）の補題は，一般の非ゼロの m 変数多項式 $p(x_1, x_2, \ldots, x_m)$ に対して，数値 $(r_1, r_2, \ldots, r_m)$ を代入したときの値 $p(r_1, r_2, \ldots, r_m)$ が 0 である割合を評価している．この補題を用い

ると，$\det A(G)$ が非ゼロ多項式ならば，数値を適当に代入した行列 $\tilde{A}(G)$ の行列式 $\det \tilde{A}(G)$ は，ほとんどの場合にゼロではないことが分かる．

補題 11.2（シュワルツ–ジッペルの補題）．K を任意の体[*1)]として，$S \subseteq K$ を有限の部分集合とする．係数が K の要素である非ゼロ多項式を $p(x_1, x_2, \ldots, x_m)$ として，その次数を d とする．このとき，$p(r_1, r_2, \ldots, r_m) = 0$ を満たす値 $(r_1, r_2, \ldots, r_m) \in S^m$ の個数は $d|S|^{m-1}$ 個以下である．

証明．変数の数 m に関する帰納法で命題を示す．$m = 1$ のとき，1 変数多項式の根は高々 d 個以下であるので，命題が成り立つ．

次に，$m > 1$ を仮定する．変数の添え字を入れ替えることで，多項式 $p(x_1, x_2, \ldots, x_m)$ には x_1 を含む項が存在すると仮定してよい．$p(x_1, x_2, \ldots, x_m)$ を x_1 の項でまとめて

$$p(x_1, x_2, \ldots, x_m) = \sum_{i=0}^{k} x_i^i p_i(x_2, x_3, \ldots, x_m)$$

と表記する．ここで，各 p_i は $m-1$ 個の変数からなる $d-i$ 次以下の多項式である．また k $(k \leq d)$ は x_1 の次数であり，p_k は非ゼロ多項式である．

$p(r_1, r_2, \ldots, r_m) = 0$ を満たす値 $(r_1, r_2, \ldots, r_m)$ の個数を，次の 2 つの場合に分けて数える．

まず，$p(r_1, r_2, \ldots, r_m) = 0$ であるもののうち，$p_k(r_2, r_3, \ldots, r_m) = 0$ であるものの個数を数える．p_k は $d-k$ 次以下の $m-1$ 変数多項式であるので，帰納法の仮定より，$p_k(r_2, r_3, \ldots, r_m) = 0$ を満たす $(r_2, r_3, \ldots, r_m)$ の個数は $(d-k)|S|^{m-2}$ 個以下である．r_1 の候補は $|S|$ 個であるので，この場合の $(r_1, r_2, \ldots, r_m)$ の組は，$(d-k)|S|^{m-1}$ 個以下である．

次に，$p(r_1, r_2, \ldots, r_m) = 0$ であるもののうち，$p_k(r_2, r_3, \ldots, r_m) \neq 0$ であるものの個数を数える．多項式 p は，$(r_2, r_3, \ldots, r_m)$ を固定すると，x_1 についての k 次 1 変数多項式である．したがって，$(r_2, r_3, \ldots, r_m)$ を固定したとき，$p(r_1, r_2, \ldots, r_m) = 0$ となる r_1 の個数は k 個以下である．$(r_2, r_3, \ldots, r_m)$ の組合せは $|S|^{m-1}$ 個であるので，この場合の $(r_1, r_2, \ldots, r_m)$ の組は $k|S|^{m-1}$ 個以下である．

以上より，$p(r_1, r_2, \ldots, r_m) = 0$ を満たす $(r_1, r_2, \ldots, r_m)$ の個数は，合計で $(d-k)|S|^{m-1} + k|S|^{m-1} = d|S|^{m-1}$ 以下である．□

上の補題 11.2 を言い換えると，次の系が成り立つ．

系 11.3．K を任意の体として，$S \subseteq K$ を有限部分集合とする．係数が K の要素である d 次非ゼロ多項式 $p(x_1, x_2, \ldots, x_m)$ に対して，S^m の中から一様

*1）本書では体の定義を与えないが，体 K として実数の集合 $\mathbb{R}$ を考えればほとんどの場合には読み進めることができる．

ランダムに $(r_1, r_2, \ldots, r_m)$ を選ぶと

$$\Pr[p(r_1, r_2, \ldots, r_m) = 0] \leq \frac{d}{|S|}$$

が成り立つ．

証明. $(r_1, r_2, \ldots, r_m)$ の組の総数は $|S|^m$ 個であるので，補題 11.2 より

$$\Pr[p(r_1, r_2, \ldots, r_m) = 0] \leq \frac{d|S|^{m-1}}{|S|^m} \leq \frac{d}{|S|}$$

である． □

系 11.3 を用いて，二部グラフに完全マッチングが存在するかどうかを判定する．与えられた二部グラフの片側の頂点数を n とすると，アルゴリズムは以下のように記述される．

アルゴリズム 11.1. 二部グラフの完全マッチングの存在判定アルゴリズム

Step 1. 有限集合 $S \subseteq K$ を $|S| \geq n^3$ となるように取る．

Step 2. 行列 $A(G)$ の各成分に S から一様ランダムに値を割り当てて，得られた行列を $\tilde{A}(G)$ とする．

- $\det \tilde{A}(G) \neq 0$ ならば yes と出力する．
- $\det \tilde{A}(G) = 0$ ならば no と出力する．

アルゴリズム 11.1 において yes が出力されれば，$\det A(G)$ は非ゼロの多項式であるので，命題 11.1 より，G に完全マッチングが存在する．一方で，アルゴリズム 11.1 が no を出力したとしても，G に完全マッチングが存在する可能性がある．つまり，$\det \tilde{A}(G) = 0$ であったとしても $\det A(G) \neq 0$ である可能性がある．この誤り確率を，系 11.3 を用いて評価する．$\det A(G)$ は m 個の変数をもつ n 次多項式であるので，$\det A(G)$ が非ゼロの多項式であるとき，アルゴリズム 11.1 が誤って no を出力してしまう確率は

$$\Pr\left[\det \tilde{A}(G) = 0\right] \leq \frac{n}{|S|}$$

である．したがって，$1 - \frac{n}{|S|}$ 以上の確率で正しく yes と出力する．まとめると次の定理が得られる．

定理 11.4. 二部グラフ G の片側の頂点数が n であるとする．G が完全マッチングをもたないとき，アルゴリズム 11.1 はいつでも no を出力する．G が完全マッチングをもつとき，アルゴリズム 11.1 が yes を出力する確率は $1 - n/|S|$ 以上である．したがって，$|S| \geq n^3$ とすれば，成功確率は $1 - 1/n^2$ 以上である．

アルゴリズム 11.1 の計算量は，n 次正方行列の行列式を計算するための計

算量に等しい．ガウスの消去法を用いると，行列式を $O(n^3)$ 時間で求めることができる．行列式を求める現在最速のアルゴリズム[76]の計算量は $O(n^\omega)$ であることが知られている（$w < 2.3716$）．したがって，アルゴリズム 11.1 は $O(n^\omega)$ 時間で答えを出力する．

アルゴリズム 11.1 で用いる体 K は要素数が十分に大きければよい（$|K| \geq n^3$）ので，K として有理数や実数の集合を考えればよい．しかし，有理数や実数を成分とする行列の計算では，有限桁で打ち切ることによる数値誤差が計算途中で生じるため，行列式が 0 かどうかの判定が困難になることがある．それを避けるためには，体 K として要素数が大きな有限体を用いる．

11.3 完全マッチングを求めるアルゴリズム

前節のアルゴリズム 11.1 は，二部グラフ G に対して完全マッチングをもつかどうかを判定していたが，G が完全マッチングをもつときは yes を出力するのみで，G の完全マッチング自体を求められてはいなかった．本節では，アルゴリズム 11.1 を利用して，G に完全マッチングが存在するときに，G の完全マッチング自体を求める効率的なアルゴリズムを紹介する．

11.3.1 素朴な再帰アルゴリズム

本節で紹介するアルゴリズムは，アルゴリズム 11.1 を利用した再帰アルゴリズムである．ここでは，与えられた二部グラフ $G = (U, V; E)$ の完全マッチングを見つける手続きを $\mathrm{FindPM}(G)$ と書くことにする．

二部グラフ G に完全マッチングが存在すると仮定する．辺 $e = uv$ を適当に選んで，G から辺 e を除いたグラフを $G - e$ とする（頂点 u, v は残す）．$G - e$ が完全マッチングをもつならば，G には辺 e を使わない完全マッチングが存在するので，$\mathrm{FindPM}(G - e)$ を再帰的に実行すればよい．得られた $G - e$ の完全マッチングは，G の完全マッチングである．一方，$G - e$ に完全マッチングが存在しないのであれば，G の任意の完全マッチングは辺 e を必ず含む．したがって，辺 e の端点 u, v とそれに接続する辺をすべて取り除いたグラフ $G - \{u, v\}$ において完全マッチングを求めればよい．$\mathrm{FindPM}(G - \{u, v\})$ によって得られたマッチングを M' とすると，$M' \cup \{e\}$ は G の完全マッチングである．

アルゴリズムは次のように記述される．

アルゴリズム 11.2. 二部グラフの完全マッチングを求めるアルゴリズム

Step 0. 二部グラフ G に対してアルゴリズム 11.1 を実行して，その出力が yes の場合にのみ以下を行う．

Step 1. 辺 $e = uv$ を適当に選び，$G - e$ に完全マッチングが存在するかどうかを，アルゴリズム 11.1 を用いて判定する．

Step 2. Step 1 のアルゴリズム 11.1 の答えが yes ならば，$M \leftarrow \mathrm{FindPM}(G-e)$ とする．no であれば，$M' \leftarrow \mathrm{FindPM}(G-\{u,v\})$ を求めて，$M \leftarrow M' \cup \{uv\}$ と置く．

Step 3. M を出力する．

アルゴリズム 11.2 が完全マッチングを求める確率と計算時間を解析する．

定理 11.5. G は片側の頂点数 n，辺数 m の二部グラフであり，完全マッチングをもつとする．このとき，$|S| > 2n^3$ であれば，アルゴリズム 11.2 は，$O(mn^\omega)$ 時間で，1/2 よりも大きな確率で完全マッチングを求める．

証明. アルゴリズム 11.2 において再帰を 1 回行うと，辺 e または e の端点 u, v が取り除かれる．したがって再帰を行う回数は $\max\{m, n\} = m$ 回以下である．再帰を 1 回行うごとに，アルゴリズム 11.1 を実行するので，合計の計算量は $O(mn^\omega)$ である．

再帰を 1 回行ったときにアルゴリズム 11.1 が誤った答えを出力する確率は，定理 11.4 より $n/|S|$ 以下であるので，$|S| > 2n^3$ であれば $1/(2n^2)$ よりも小さい．それを m 回繰り返すので，アルゴリズム全体を通じて誤った答えを出す確率は $m \cdot 1/(2n^2)$ よりも小さく，$m \leq n^2$ であるので，これは 1/2 よりも小さい．以上より，定理 11.5 が成り立つ． □

アルゴリズム 11.2 を独立に複数回試行することで，誤り確率を小さくすることができる．c を定数として，アルゴリズム 11.2 を $\lceil c \log_2 n \rceil$ 回独立に繰り返したとすると，すべての試行で失敗する確率は

$$\left(\frac{1}{2}\right)^{c \log_2 n} = \frac{1}{n^c}$$

以下である．したがって，成功確率を $1 - 1/n^c$ 以上にできて，そのときの計算量は $O(mn^\omega \log_2 n)$ である．

系 11.6. 片側の頂点数が n，辺数が m である二部グラフ G に対して，高い確率で完全マッチングを求める $O(mn^\omega \log_2 n)$ 時間アルゴリズムが存在する．

11.3.2 ラビン–ヴァジラーニのアルゴリズム

本節では，アルゴリズム 11.2 の計算量を $O(n^{\omega+1})$ に改善できることを示す．この結果はラビン（Rabin）–ヴァジラーニ（Vazirani）による[62]．

ここで紹介するアルゴリズムでは，再帰を行うときに，ある完全マッチングに含まれる辺 $e = uv$ を見つける．そのような辺 e が見つかれば，$G - \{u, v\}$ は完全マッチングをもつので，$G - \{u, v\}$ の完全マッチング M' を再帰的に求める．すると $M' \cup \{uv\}$ は G の完全マッチングである．再帰を 1 回行うと G から 2 頂点が取り除かれるので，再帰を行う回数は $O(n)$ である．アルゴリズムの記述は以下のようになる．

アルゴリズム **11.3.** 二部グラフの完全マッチングを求めるアルゴリズム 2

Step 0. 二部グラフ G に対してアルゴリズム 11.1 を実行して，その出力が yes の場合にのみ以下を行う．

Step 1. $G - \{u, v\}$ に完全マッチングが存在する辺 $e = uv$ を見つける．

Step 2. $G - \{u, v\}$ に対して再帰的にアルゴリズムを実行して，得られたマッチングを M' とする．

Step 3. $M' \cup \{uv\}$ を出力する．

このアルゴリズムの Step 1 を実装するために，次の補題を示す．

補題 11.7. G は完全マッチングをもつと仮定する．辺 $e = uv$ とする．このとき，$G - \{u, v\}$ が完全マッチングをもつための必要十分条件は，$A(G)$ の逆行列 $(A(G))^{-1}$ の (v, u) 成分が非ゼロ多項式であることである．

証明. 逆行列の定義より，$(A(G))^{-1}$ は $\frac{1}{\det A(G)} \cdot \mathrm{adj} A$ に等しい．したがって，逆行列 $(A(G))^{-1}$ の (v, u) 成分が非ゼロ多項式であることは，$A(G)$ から第 u 行および第 v 列を取り除いた行列の行列式が非ゼロ多項式であることと同値である．命題 11.1 より，これは $G - \{u, v\}$ が完全マッチングをもつことと同値である． □

補題 11.7 より，アルゴリズム 11.3 の Step 1 を実現するためには，$A(G)$ の不定元に適当に値を代入した行列 $\tilde{A}(G)$ の逆行列 $\left(\tilde{A}(G)\right)^{-1}$ を求めて，その (v, u) 成分が非ゼロである辺 $uv \in E$ を見つければよい．n 次正則行列の逆行列は $O(n^\omega)$ 時間で求められることが知られている．前に述べたようにアルゴリズム 11.3 において再帰を行う回数は $O(n)$ であるので，アルゴリズム 11.3 全体の計算量は $O(n^{\omega+1})$ である．

アルゴリズム 11.3 が誤った答えを出力する確率を考える．$|S| > 2n^2$ とすると，Step 1 で誤った辺を見つける確率は，定理 11.4 より $1/(2n)$ よりも小さい．再帰の回数は n 回であるので，アルゴリズム 11.3 が誤った答えを出す確率は $n \cdot 1/(2n) = 1/2$ より小さい．

まとめると次の定理が成り立つ．

定理 11.8. 二部グラフ G は，片側の頂点数 n，辺数 m の二部グラフであり，完全マッチングをもつとする．このとき，$|S| > 2n^2$ であれば，アルゴリズ

ム 11.3 は，$O(n^{\omega+1})$ 時間で，1/2 よりも大きな確率で完全マッチングを求める．

11.3.3 ムハ–サンコフスキーのアルゴリズム

ムハ (Mucha)–サンコフスキー (Sankowski)[48], [49]は，逆行列計算を工夫することで，前節のアルゴリズム 11.3 の計算量を $O(n^\omega)$ に削減できることを示した．本節では，ムハ–サンコフスキーのアルゴリズムのアイデアを紹介する．

まず以下の補題を示す．

補題 11.9. n 次正則行列 A を

$$A = \begin{pmatrix} a & v^\top \\ u & B \end{pmatrix}$$

と表記する．ここで a は A の $(1,1)$ 成分であり，$a \neq 0$ を仮定する．B は $n-1$ 次正則行列，u, v は $n-1$ 次元ベクトルであるとする．A の逆行列 A^{-1} を，A と同じように分割して

$$A^{-1} = \begin{pmatrix} \hat{a} & \hat{v}^\top \\ \hat{u} & \hat{B} \end{pmatrix}$$

と置く．このとき

$$B^{-1} = \hat{B} - \frac{1}{\hat{a}}\hat{u}\hat{v}^\top$$

が成り立つ．

証明. $AA^{-1} = I$ より

$$\begin{pmatrix} a & v^\top \\ u & B \end{pmatrix}\begin{pmatrix} \hat{a} & \hat{v}^\top \\ \hat{u} & \hat{B} \end{pmatrix} = \begin{pmatrix} a\hat{a} + v^\top\hat{u} & a\hat{v}^\top + v^\top\hat{B} \\ u\hat{a} + B\hat{u} & u\hat{v}^\top + B\hat{B} \end{pmatrix} = \begin{pmatrix} 1 & \mathbf{0}^\top \\ \mathbf{0} & I \end{pmatrix}$$

が成り立つ．両辺を比較すると $\hat{a}u + B\hat{u} = \mathbf{0}$, $u\hat{v}^\top + B\hat{B} = I$ である．これらを用いると

$$\begin{aligned} B\left(\hat{B} - \frac{1}{\hat{a}}\hat{u}\hat{v}^\top\right) &= B\hat{B} - \frac{1}{\hat{a}}B\hat{u}\hat{v}^\top = \left(I - u\hat{v}^\top\right) - \frac{1}{\hat{a}}B\hat{u}\hat{v}^\top \\ &= I - u\hat{v}^\top + \frac{1}{\hat{a}}\hat{a}u\hat{v}^\top = I \end{aligned}$$

が成り立つ．したがって $B^{-1} = \hat{B} - \frac{1}{\hat{a}}\hat{u}\hat{v}^\top$ である． □

前節のアルゴリズム 11.3 では，現在の行列 $\tilde{A}$ から 1 行 1 列を取り除いた行列の逆行列を求める．補題 11.9 を利用すると，これは，逆行列 $\tilde{A}^{-1}$ の $n-1$ 次部分行列から $n-1$ 次元ベクトルの積を引くことで得られるので，$\tilde{A}^{-1}$ が分かっていれば $O(n^2)$ 時間で求められる．アルゴリズム 11.3 の繰り返し回数は

$O(n)$ であるので，全体の計算量は $O(n^3)$ である．

ムハ–サンコフスキーのアルゴリズムでは，さらに $O(n^\omega)$ 時間で逆行列を求めるアルゴリズムを利用することで，全体の計算量を $O(n^\omega)$ に削減する．本書では詳細を省略するが，以下の定理にまとめられる．

定理 11.10. 二部グラフ G は，片側の頂点数 n，辺数 m の二部グラフであり，完全マッチングをもつとする．このとき，$|S| > 2n^2$ であれば，$1/2$ よりも大きな確率で完全マッチングを求める $O(n^\omega)$ 時間アルゴリズムが存在する．

第 III 部

解きにくい組合せ最適化問題に対するアプローチ

第Ⅱ部では，組合せ最適化問題に対する多項式時間アルゴリズムと，それらのアルゴリズムの背後にある様々な性質を紹介した．第Ⅲ部では，近似アルゴリズム，固定パラメータアルゴリズム，オンラインアルゴリズムなど，解きにくい組合せ最適化問題に対するアルゴリズムを扱う．

最適化問題に対して，その最適化問題を多項式時間で解くことができればNP に属する任意の判定問題を多項式時間で解けるとき，その最適化問題は **NP 困難**（NP-hard）であるという．NP 困難である組合せ最適化問題は，入力サイズの多項式で抑えられる演算回数で最適解を求める方法が知られていないため，ここでは，計算時間や解の精度を犠牲にしつつも理論的な保証をもつアルゴリズムを設計する．

12–13 章では NP 困難問題に対する近似アルゴリズム（approximation algorithm）を紹介する．近似アルゴリズムは，最適解ではなく最適に近い解を求めるが，求めた解の近似精度を理論的に保証するアルゴリズムである．12 章では近似アルゴリズムの基本的な考え方を紹介する．13 章では，集合被覆問題を例として，近似アルゴリズムの典型的な設計手法を説明する．

14 章では，固定パラメータアルゴリズムの基礎を概観する．ここでは，組合せ最適化問題を入力サイズの多項式時間で解くことを諦めて，比較的高速なアルゴリズムを設計することを目的とする．具体的には，あるパラメータを何らかの意味で導入して，パラメータに関しては多項式でなくてもよいが，入力サイズに関しては多項式である計算量で解くことを目指す（固定パラメータアルゴリズムの正確な定義は 14.1 節にある）．このようなアルゴリズムは，パラメータが小さい場合に最適解を高速で求めることができる．14 章では，頂点被覆問題を例に，固定パラメータアルゴリズムの基本的な設計手法を紹介する．

15 章では，オンラインマッチング問題を扱う．オンラインマッチング問題は，グラフの情報が事前に分からない中で，辺数最大のマッチングを求める問題である．このような不確実な状況下で，できるだけ大きなマッチングを理論保証をもって求めるためのアルゴリズムを紹介する．

第 12 章
近似アルゴリズム

本章および次章では近似アルゴリズムを扱う．近似アルゴリズムという言葉は，ここでは，最適解に近い解を出力するというだけではなく，出力した解の精度を理論的に保証できるアルゴリズムのことを指す．本章では，3 章で紹介した最大マッチング問題と頂点被覆問題，そしてナップサック問題を例に，近似アルゴリズムの基本的な考え方を説明する．

12.1 近似アルゴリズムとは

本節では，近似アルゴリズムとはどのようなものかを知るために，最大マッチング問題と頂点被覆問題を例として，単純な近似アルゴリズムを考える．近似アルゴリズムの正確な定義は 12.1.3 節にある．

12.1.1 最大マッチング問題

最大マッチング問題は，無向グラフ $G = (V, E)$ において辺数最大のマッチングを求める問題である．8 章で述べたように最大マッチングを多項式時間で求めることができるが，ここでは辺数が多いマッチングを高速に求めることを考える．

グラフ G のマッチング M は，辺 $e \notin M$ で $M \cup \{e\}$ がマッチングであるものが存在しないとき，**極大マッチング**（maximal matching）という．つまり，極大マッチング M は，新たに辺を付け加えて M より大きなマッチングを作ることができないマッチングのことである．

グラフ G の極大マッチング M は，次のように簡単に求められる．最初に辺集合 M を空集合としておいて，M がマッチングであることを保ちながら，極大になるまで辺を付け加えていく．どの辺も M に付け加えることができなければ，M は極大マッチングである．G の辺の数を m とすると，極大マッチングを $O(m)$ 時間で求められる．

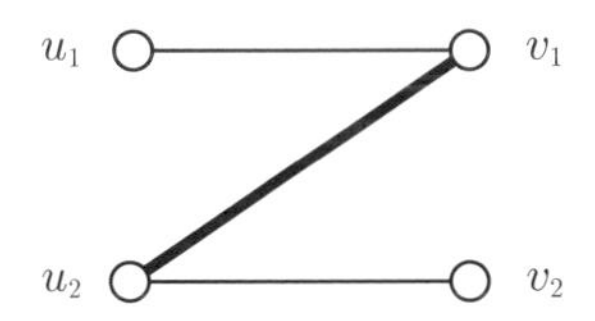

図 12.1　極大マッチング（太線）と最大マッチング（細線）.

観察 12.1. 辺数 m のグラフ G において，極大マッチングを $O(m)$ 時間で求めることができる.

極大マッチングは最大マッチングとは限らない．たとえば，図 12.1 のような二部グラフ $G=(U,V;E)$ を考える．このとき，$M=\{u_2v_1\}$ は極大マッチングである．最大マッチングは $\{u_1v_1, u_2v_2\}$ であるので，M は最大マッチングではない.

次の定理は，極大マッチングの辺の数が，最大マッチングの辺の数を用いて評価できることを述べている.

定理 12.2. グラフ G の最大マッチングの辺数を ν とすると，任意の極大マッチング M の辺数は $\nu/2$ 以上である.

証明. 最大マッチング問題に対する整数最適化問題 (8.3) を線形最適化問題に緩和すると

$$
\begin{aligned}
\text{maximize} \quad & \sum_{e\in E} x_e \\
\text{subject to} \quad & \sum_{e\in\delta(v)} x_e \leq 1 \quad (v \in V), \\
& x_e \geq 0 \quad (e \in E)
\end{aligned}
$$

のように書ける．この線形最適化問題の最適値を ν_f と書くと $\nu \leq \nu_f$ が成り立つ．双対問題は

$$
\begin{aligned}
\text{minimize} \quad & \sum_{v\in V} y_v \\
\text{subject to} \quad & y_u + y_v \geq 1 \quad (e = uv \in E), \\
& y_v \geq 0 \quad (v \in V)
\end{aligned}
$$

である．双対定理（定理 2.2）より双対問題の最適値は ν_f に等しい.

極大マッチング M に対して，M の端点の集合を Z とする．V 上のベクトル y を

$$
y_v = \begin{cases} 1 & (v \in Z), \\ 0 & (v \notin Z) \end{cases}
$$

と定義する.

このとき，M の極大性より，任意の辺 $uv \in E$ に対して $y_u = 1$ または $y_v = 1$ が成り立つので，$y_u + y_v \geq 1$ である．したがって，y は双対実行可能解であるので，$\nu_f \leq \sum_{v \in V} y_v$ が成り立つ．$\sum_{v \in V} y_v = |Z| = 2|M|$ であるので，$\nu_f \leq 2|M|$ がいえる．$\nu \leq \nu_f$ であるので，$\nu \leq 2|M|$ が成り立つことが示された． □

図 12.1 の二部グラフでは，極大マッチングと最大マッチングの比が 1/2 であるので，定理 12.2 の比を 1/2 よりも良くすることができない．

最大マッチング問題に対して極大マッチングを採用するアルゴリズムを考えると，定理 12.2 より，出力されたマッチングは最適値 ν の 1/2 倍以上の辺数をもつ．このように，出力された値と最適値との比が保証されているアルゴリズムを近似アルゴリズムと呼ぶ．

12.1.2 頂点被覆問題

無向グラフ $G = (V, E)$ の頂点の部分集合を X とする．辺 $e = uv \in E$ が $u \in X$ または $v \in X$ を満たすとき，辺 e は X によって被覆されるという．すべての辺を被覆する頂点集合を頂点被覆という．要素数最小の頂点被覆を最小頂点被覆と呼び，要素数最小の頂点被覆を求める問題を頂点被覆問題と呼ぶ（3.3.5 節参照）．グラフ G が二部グラフの場合には頂点被覆問題を多項式時間で解ける（4 章参照）が，一般のグラフにおいては NP 困難であることが知られている．

以降では，極大マッチングを用いて，要素数が小さな頂点被覆を見つける．

観察 12.3. 極大マッチング M の端点の集合 Z は頂点被覆である．

証明. M は極大マッチングであるので，任意の辺 $uv \in E$ に対して u または v は Z に属する．したがって，Z は頂点被覆である． □

観察 12.4. 最小頂点被覆の要素数を τ とする．任意の極大マッチング M に対して，M の端点の集合を Z とすると，$|Z| \leq 2\tau$ が成り立つ．

証明. M の辺は互いに端点を共有しないので，M の辺をすべて被覆するためには，少なくとも $|M|$ 頂点を頂点被覆に含める必要がある．したがって，$\tau \geq |M|$ であるので，$|Z| = 2|M| \leq 2\tau$ が成り立つ． □

上の 2 つの観察から，グラフの極大マッチング M の端点の集合 Z は頂点被覆であり，その要素数は最小頂点被覆の要素数 τ の 2 倍以下であることが分かる．このように，極大マッチングを求めれば，最適値 τ の 2 倍以内の要素数を保証する頂点被覆を求められる．

12.1.3 近似アルゴリズムの定義

本節では，近似アルゴリズムの定義を説明する．解きたい最小化問題を Π とする．Π の問題例（problem instance, 付録 A 参照）I に対して，その最適値を $\mathrm{OPT}(I)$ と書く．問題例 I に対して，あるアルゴリズム $\mathcal{A}$ を実行したときに得られる解の目的関数値を $\mathrm{ALG}(I)$ と置く．

最小化問題 Π に対するアルゴリズム $\mathcal{A}$ が任意の問題例 I に対して

$$\mathrm{OPT}(I) \leq \mathrm{ALG}(I) \leq \alpha \cdot \mathrm{OPT}(I)$$

を満たすとき，$\mathcal{A}$ を α **近似アルゴリズム**（α-approximation algorithm）という．ただし $\alpha \geq 1$ である．α 近似アルゴリズムが出力する解を α **近似解**（α-approximate solution）と呼び，α を**近似比**（approximation ratio）という．定義より，α が小さいほうが望ましく，1 近似アルゴリズムは最適解を求める．

頂点被覆問題において，観察 12.4 より，極大マッチングを利用すると，最小頂点被覆の要素数の 2 倍以内の頂点被覆を多項式時間で求めることができる．このアルゴリズムは，頂点被覆問題に対する多項式時間 2 近似アルゴリズムである．

最大化問題に対しても，近似アルゴリズムを同じように定義できる．最大化問題の場合は

$$\alpha \cdot \mathrm{OPT}(I) \leq \mathrm{ALG}(I) \leq \mathrm{OPT}(I)$$

を満たすアルゴリズムを α 近似アルゴリズムと呼び，α 近似アルゴリズムが出力する解を α 近似解という．ただし，$\alpha \leq 1$ であり，近似比 α は大きいほうが望ましい．たとえば，最大マッチング問題において，定理 12.2 より極大マッチングは 1/2 近似解である．

12.2 ナップサック問題に対する近似アルゴリズム

本節では，ナップサック問題に対して，その線形最適化緩和を利用した近似アルゴリズムを紹介する．

3.3.2 節で定義したように，ナップサック問題は，次のような問題である．n 個のアイテム $N = \{1, 2, \ldots, n\}$ が与えられており，各アイテム $i \in \{1, 2, \ldots, n\}$ は価値 v_i と重量 s_i をもつ．このとき，容量 B のナップサックに詰め込めるアイテムの組合せで，総価値が最大となるものを求めたい．ナップサック問題は，整数最適化問題を用いて

$$\begin{array}{ll} \text{maximize} & \displaystyle\sum_{i \in N} v_i x_i \\ \text{subject to} & \displaystyle\sum_{i \in N} s_i x_i \leq B, \\ & x_i \in \{0, 1\} \quad (i \in N) \end{array}$$

と定式化される．ここでは，任意のアイテム i の重量 s_i は B 以下であること

を仮定してよい．$s_i > B$ を満たすアイテム i はナップサックに詰め込むことができないので，あらかじめ取り除くことができるからである．

ナップサック問題を線形最適化問題に緩和した問題

$$\begin{aligned} \text{maximize} \quad & \sum_{i \in N} v_i x_i \\ \text{subject to} \quad & \sum_{i \in N} s_i x_i \leq B, \\ & 0 \leq x_i \leq 1 \quad (i \in N) \end{aligned} \tag{12.1}$$

を考える．この線形最適化緩和 (12.1) の最適解を利用して近似アルゴリズムを設計しよう．そのためにまず，問題 (12.1) の最適解の性質を調べる．線形最適化問題の最適解は一般に分数の成分をもつが，次の補題に示すように，問題 (12.1) には，分数の成分が 1 つ以下の最適解が存在する．

補題 12.5. ナップサック問題を線形最適化問題に緩和した問題 (12.1) には，最適解 x^* として，分数の成分が 1 つ以下であるものが存在する．つまり，ある最適解 x^* とアイテム j が存在して，x^* の第 i 成分 x_i^* は，$i \neq j$ ならば，0 か 1 のいずれかの値である．

証明. 問題 (12.1) は，定理 2.6 より，実行可能領域を表す多面体の頂点に対応する最適解 x^* をもつ．命題 2.5 より，頂点 x^* では少なくとも n 個の線形不等式制約が等式として成り立つ．$x_i^* \geq 0$ と $x_i^* \leq 1$ の 2 つの制約が同時に等式になることはないので，少なくとも $n-1$ 個のアイテム i で $x_i^* = 0$ または $x_i^* = 1$ のいずれかの等式を満たす．したがって補題 12.5 が成り立つ． □

補題 12.5 を利用して，次の近似アルゴリズムを考える．

アルゴリズム 12.1. ナップサック問題に対する近似アルゴリズム

Step 1. ナップサック問題の線形最適化緩和 (12.1) を解いて，補題 12.5 の条件を満たす最適解を x^* とおく．$S = \{i \in N \mid x_i^* = 1\}$ とする．

Step 2. 価値 v_i が最大であるアイテムを i^* とする．

Step 3. $\sum_{i \in S} v_i \geq v_{i^*}$ ならば，S を出力し，そうでないならば，$\{i^*\}$ を出力する．

アルゴリズム 12.1 の求める解が 1/2 近似解であることを示す．

定理 12.6. アルゴリズム 12.1 は，ナップサック問題に対する 1/2 近似アルゴリズムである．

証明. ナップサック問題の最適値を OPT として，その線形最適化緩和 (12.1) の最適解で補題 12.5 の条件を満たすものを x^* とする．このとき $\mathrm{OPT} \leq \sum_{i \in N} v_i x_i^*$ が成り立つ．x^* に分数の成分が存在するとき，それに対応するアイテムを j とする．また，i^* を Step 2 で求めたアイテムとする．

すると

$$\sum_{i\in N} v_i x_i^* = \sum_{i\in S} v_i + v_j x_j^* \le \sum_{i\in S} v_i + v_j$$
$$\le \sum_{i\in S} v_i + v_{i^*} \le 2\max\left\{\sum_{i\in S} v_i, v_{i^*}\right\}$$

が成り立つ．アルゴリズム 12.1 の出力の値は $\max\left\{\sum_{i\in S} v_i, v_{i^*}\right\}$ に等しいので，$\mathrm{OPT} \le \sum_{i\in N} v_i x_i^*$ と合わせると，これはアルゴリズム 12.1 の出力が 1/2 近似解であることを示している． □

アルゴリズム 12.1 では，線形最適化問題 (12.1) の最適解で補題 12.5 の条件を満たすもの x^* を求める必要がある．以降では，ナップサック問題の性質を利用すると，x^* を効率的に求められることを示す．

アイテム集合 $N = \{1, 2, \ldots, n\}$ は，アイテムの番号を付け替えて $\frac{v_1}{s_1} \ge \frac{v_2}{s_2} \ge \cdots \ge \frac{v_n}{s_n}$ を満たしていると仮定する．k を

$$\sum_{i=1}^{k-1} s_i \le B < \sum_{i=1}^{k} s_i$$

を満たすアイテムとして，ベクトル x を

$$x_i = \begin{cases} 1 & (i < k), \\ \dfrac{1}{s_k}\left(B - \displaystyle\sum_{i=1}^{k-1} s_i\right) & (i = k), \\ 0 & (i > k) \end{cases} \tag{12.2}$$

と定義する．次の補題より，x は線形最適化問題 (12.1) の最適解である．

補題 12.7. (12.2) で定義したベクトル x は線形最適化問題 (12.1) の最適解である．

証明. (12.2) で定義したベクトルを x と置いて，線形最適化問題 (12.1) の最適解を x^* とする．x^* は最適解であるので，$\sum_{i=1}^{n} s_i x_i^* = B$ が成り立つ．以降では，x^* と x が一致していないとき，x^* を変形できることを示す．

いま，2 つのアイテム ℓ, h $(\ell < h)$ が存在して $x_\ell^* < 1$ かつ $x_h^* > 0$ であると仮定する．このとき，正の実数 ε を

$$\varepsilon = \min\left\{x_h^*, \frac{s_\ell}{s_h}(1 - x_\ell^*)\right\}$$

と置いて，ベクトル x' を

$$x'_i = \begin{cases} x_i^* + \varepsilon \dfrac{s_h}{s_\ell} & (i = \ell), \\ x_i^* - \varepsilon & (i = h), \\ x_i^* & (i \ne \ell, h) \end{cases}$$

のように定義する．すると，x' の各成分は 0 以上 1 以下である．さらに

$$\begin{aligned}\sum_{i=1}^{n} s_i x'_i &= \sum_{i\neq \ell,h} s_i x^*_i + s_\ell\left(x^*_\ell + \varepsilon\frac{s_h}{s_\ell}\right) + s_h\left(x^*_h - \varepsilon\right)\\ &= \sum_{i=1}^{n} s_i x^*_i = B\end{aligned}$$

が成り立つので，x' は実行可能解である．x' の目的関数値について

$$\begin{aligned}\sum_{i=1}^{n} v_i x'_i &= \sum_{i\neq \ell,h} v_i x^*_i + v_\ell\left(x^*_\ell + \varepsilon\frac{s_h}{s_\ell}\right) + v_h\left(x^*_h - \varepsilon\right)\\ &= \sum_{i=1}^{n} v_i x^*_i + \varepsilon s_h\left(\frac{v_\ell}{s_\ell} - \frac{v_h}{s_h}\right) \geq \sum_{i=1}^{n} v_i x^*_i\end{aligned}$$

が成り立つ．最後の不等式は，$\ell < h$ より $\frac{v_\ell}{s_\ell} \geq \frac{v_h}{s_h}$ であることから成り立つ．x^* は問題 (12.1) の最適解なので，x' も最適解である．x' の定め方より，$x'_\ell = 1$ または $x'_\ell = 0$ が成り立つ．

以上より，最適解 x^* に $x^*_\ell < 1$ かつ $x^*_h > 0$ を満たす ℓ と h が存在したとすると，他の成分を変えずに，$x'_\ell = 1$ または $x'_\ell = 0$ を満たす最適解 x' を得ることができる．この変形を繰り返すと，このような ℓ と h は存在しないと仮定できる．したがって，任意の $\ell < h$ に対して $x^*_\ell = 1$ または $x^*_h = 0$ である最適解 x^* が存在する．これは (12.2) のベクトル x と一致する．□

(12.2) を満たす最適解 x は，n 個のアイテムを v_i/s_i の大きい順に並べ替えることで求められる．したがって，線形最適化問題 (12.1) の最適解で補題 12.5 の条件を満たすものを $O(n\log n)$ 時間で求めることができる．

定理 12.8. ナップサック問題の 1/2 近似解を $O(n\log n)$ 時間で求めることができる．

ナップサック問題には，より良い近似解を求める効率的なアルゴリズムが知られている．実際，任意の $\varepsilon > 0$ に対して，n と $1/\varepsilon$ の多項式で抑えられる計算量で $(1-\varepsilon)$ 近似解を求められることが知られている．このように，任意の $\varepsilon > 0$ に対して，n と $1/\varepsilon$ に関する多項式時間で $(1-\varepsilon)$ 近似解を求めるアルゴリズムを，**完全多項式時間近似スキーム**（fully polynomial-time approximation scheme, FPTAS）と呼ぶ．詳細は [39], [73], [78] などを参照されたい．

第 13 章
集合被覆問題に対する近似アルゴリズム

本章では，集合被覆問題を例として，近似アルゴリズムの典型的な設計手法を紹介する．特に，集合被覆問題を整数最適化問題として定式化して，その線形最適化緩和を利用することで近似アルゴリズムが設計できることを述べる．この章の説明は主にヴァジラーニ[73]に基づく．

13.1 貪欲法

本節では，集合被覆問題に対する**貪欲法**（greedy algorithm）を紹介する．

3.3.4 節で定義したように，集合被覆問題は以下のような問題である．有限集合を U として，U の部分集合の族を $\mathcal{S} = \{S_1, S_2, \ldots, S_\ell\}$ とする．各部分集合 $S \in \mathcal{S}$ には非負のコスト c_S が与えられているとする．$\mathcal{S}$ の一部分からなる集合族 $\mathcal{C}$ ($\mathcal{C} \subseteq \mathcal{S}$) に対して，要素 e がある $S \in \mathcal{C}$ に含まれるとき，要素 e は $\mathcal{C}$ によって被覆されるという．$\mathcal{C}$ が U の要素すべてを被覆するとき，$\mathcal{C}$ を集合被覆という．また，このとき $\mathcal{C}$ は U を被覆するという．集合被覆 $\mathcal{C}$ のコストを $\sum_{S \in \mathcal{C}} c_S$ と定義したとき，コストが最小の集合被覆を求める問題を集合被覆問題という．集合被覆問題は NP 困難であることが知られている．

集合被覆問題では，直観的には，U を被覆するために，コスト c_S が小さく，かつ，$|S|$ が大きな部分集合 $S \in \mathcal{S}$ を選びたい．貪欲法は，この直観に沿って，新しく被覆される要素 1 つあたりにかかるコストが最小である集合を選ぶことを繰り返す．

貪欲法では，アルゴリズム中で $\mathcal{S}$ の部分族 $\mathcal{C}$ を保持する．$\mathcal{C}$ が被覆する U の要素の集合を T と置く．$\mathcal{C}$ に含まれない $\mathcal{S}$ の要素 $S \in \mathcal{S} \setminus \mathcal{C}$ の**密度**（density）を

$$\mathrm{density}(S) = \frac{c_S}{|S \setminus T|}$$

と定義する．貪欲法では，はじめに $\mathcal{C}$ を空集合 $\emptyset$ とする．貪欲法の各反復で

は，密度が最小である $\mathcal{S}\setminus\mathcal{C}$ の集合 S を選んで，S を $\mathcal{C}$ に加える．これをすべての要素が被覆されるまで繰り返す．

貪欲法は以下のように記述される．

アルゴリズム 13.1. 集合被覆問題に対する貪欲法

Step 1. $T \leftarrow \emptyset, \mathcal{C} \leftarrow \emptyset$ とする．

Step 2. $T \neq U$ である間は以下の 2-1 から 2-3 を繰り返す．

2-1. $\mathcal{S}\setminus\mathcal{C}$ の要素の中で density(S) が最小である集合 S を選ぶ．

2-2. すべての要素 $e \in S \setminus T$ に対して，price(e) = density(S) と置く．

2-3. $T \leftarrow T \cup S, \mathcal{C} \leftarrow \mathcal{C} \cup \{S\}$ と更新する．

Step 3. （$T = U$ になったとき）$\mathcal{C}$ を出力する．

アルゴリズム 13.1 が出力する集合族 $\mathcal{C}$ は U を被覆する．各反復において，選ばれた集合 S のコスト c_S は，S によって新しく被覆された要素の price(e) の和 $\sum_{e\in S\setminus T}$ price(e) に等しい．したがって，アルゴリズム 13.1 が出力した集合被覆 $\mathcal{C}$ のコスト $\sum_{S\in\mathcal{C}} c_S$ は，price の総和 $\sum_{e\in U}$ price(e) に等しい．

アルゴリズム 13.1 で被覆された順番に U の要素を並べて，$e_1, e_2, \ldots, e_n$ と置く．以降では，各要素 e_k に対する price(e_k) が，集合被覆の最小コスト OPT を用いて評価できることを示す．

補題 13.1. 任意の $k \in \{1, 2, \ldots, n\}$ に対して

$$\mathrm{price}(e_k) \leq \frac{\mathrm{OPT}}{n-k+1}$$

が成り立つ．

証明. アルゴリズム 13.1 において k 番目の要素 e_k が被覆されたときの反復を考える．この反復の冒頭で保持している部分集合の族を $\mathcal{C}$ として，$\mathcal{C}$ に被覆されている要素の集合を T とする．

最小コストの集合被覆を $\mathcal{C}^*$ と置く．この反復において，まだ被覆されていない要素の集合 $U\setminus T$ は $\mathcal{C}^*\setminus\mathcal{C}$ によって被覆されるので，$|U\setminus T| \leq \sum_{S\in\mathcal{C}^*\setminus\mathcal{C}} |S\setminus T|$ が成り立つ．いま

$$\beta = \min_{S\in\mathcal{C}^*\setminus\mathcal{C}} \mathrm{density}(S)$$

と置く．任意の $S \in \mathcal{C}^* \setminus \mathcal{C}$ に対して $c_S \geq \beta \cdot |S \setminus T|$ が成り立つので

$$\frac{\mathrm{OPT}}{|U\setminus T|} \geq \frac{\sum_{S\in\mathcal{C}^*\setminus\mathcal{C}} c_S}{|U\setminus T|} \geq \frac{\sum_{S\in\mathcal{C}^*\setminus\mathcal{C}} \beta \cdot |S\setminus T|}{\sum_{S\in\mathcal{C}^*\setminus\mathcal{C}} |S\setminus T|} \geq \beta$$

である．したがって，$S^* \in \mathcal{C}^* \setminus \mathcal{C}$ を $\beta = \mathrm{density}(S^*)$ を満たす集合とすると

$$\frac{\mathrm{OPT}}{|U\setminus T|} \geq \frac{c_{S^*}}{|S^*\setminus T|} \tag{13.1}$$

が成り立つ．

この反復においてアルゴリズム 13.1 が選ぶ集合を S' とすると，S' は密度が最小のものであるので

$$\mathrm{price}(e_k) = \mathrm{density}(S') \leq \frac{c_{S^*}}{|S^* \setminus T|}$$

である．したがって，(13.1) と $|U \setminus T| \geq n - k + 1$ より

$$\mathrm{price}(e_k) \leq \frac{\mathrm{OPT}}{|U \setminus T|} \leq \frac{\mathrm{OPT}}{n - k + 1}$$

が成り立つ．以上より補題 13.1 が成り立つ． □

補題 13.1 を用いると，次の定理のように，貪欲法が出力する解が H_n 近似解であることがいえる．ただし，H_n は n 番目の調和級数であり

$$H_n = 1 + \frac{1}{2} + \frac{1}{3} + \cdots + \frac{1}{n}$$

と定義される．

定理 13.2. 集合被覆問題に対する貪欲法（アルゴリズム 13.1）は多項式時間で H_n 近似解を求める．

証明. アルゴリズム 13.1 が多項式時間で実行できることは明らかである．アルゴリズム 13.1 が求めた集合被覆 $\mathcal{C}$ のコストは price の和に等しいので，補題 13.1 より

$$\sum_{k=1}^{n} \mathrm{price}(e_k) \leq \left(\frac{1}{n} + \frac{1}{n-1} + \cdots + 1\right) \mathrm{OPT} = H_n \cdot \mathrm{OPT}$$

である．以上より定理 13.2 が成り立つ． □

$H_n = O(\log n)$ であるので，アルゴリズム 13.1 は $O(\log n)$ 近似解を求める．この近似比 H_n は最善であることが知られている．すなわち，集合被覆問題のある問題例が存在して，アルゴリズム 13.1 が求める集合被覆のコストと最適値との比が H_n 以上である．さらに，任意の $\varepsilon > 0$ に対して，集合被覆問題は，$(1 - \varepsilon) \log n$ よりもよい近似比（c は定数）を達成する多項式時間アルゴリズムを（$\mathrm{P} = \mathrm{NP}$ でない限り）もたないことが知られている[10]．

13.2 線形最適化緩和

一般に，最小化問題（または最大化問題）に対する近似アルゴリズムを設計するとき，近似比を評価するためには，最適値の下界（最大化問題の場合は上界）を求めることが有用である．たとえば，12.1 節の頂点被覆問題では，極大マッチング M を用いて，最小頂点被覆の要素数が $|M|$ 以上であることを示して，それを利用して 2 近似解を求めた．12.2 節のナップサック問題では，線形

最適化緩和 (12.1) の最適値を上界として利用して，2 近似解を求めた．

集合被覆問題の場合も，線形最適化緩和の最適値を下界として用いることで近似アルゴリズムを構成できる．3.3.4 節で扱ったように，集合被覆問題は，各集合 $S \in \mathcal{S}$ に対する 0-1 変数 x_S を用意して

$$
\begin{aligned}
&\text{minimize} && \sum_{S \in \mathcal{S}} c_S x_S \\
&\text{subject to} && \sum_{S: S \in \mathcal{S}, e \in S} x_S \geq 1 \quad (e \in U), \\
& && x_S \in \{0, 1\} \quad (S \in \mathcal{S})
\end{aligned}
$$

という整数最適化問題に定式化される．1 つ目の制約は，各要素 $e \in U$ について，e を含む $\mathcal{S}$ の要素のうち少なくとも 1 つが選ばれていることを意味する．この問題を線形最適化問題に緩和すると

$$
\begin{aligned}
&\text{minimize} && \sum_{S \in \mathcal{S}} c_S x_S \\
&\text{subject to} && \sum_{S: S \in \mathcal{S}, e \in S} x_S \geq 1 \quad (e \in U), \\
& && x_S \geq 0 \quad (S \in \mathcal{S})
\end{aligned}
\tag{13.2}
$$

となる．問題 (13.2) の双対問題は

$$
\begin{aligned}
&\text{maximize} && \sum_{e \in U} y_e \\
&\text{subject to} && \sum_{e: e \in S} y_e \leq c_S \quad (S \in \mathcal{S}), \\
& && y_e \geq 0 \quad (e \in U)
\end{aligned}
\tag{13.3}
$$

である．双対問題では，各要素 $e \in U$ に非負の値 y_e を割り当てる．1 つ目の制約は，各集合 $S \in \mathcal{S}$ に含まれる y_e の和が c_S 以下であるという制約である．双対問題は，この制約条件のもと総割当量 $\sum_{e \in U} y_e$ を最大化する問題といえる．

問題 (13.2) の最適値を OPT_f とすると，これは双対問題 (13.3) の最適値に等しい．OPT_f は集合被覆問題の最適値 OPT の下界を与える．13.3–13.5 節では，線形最適化緩和の最適値を下界として利用した近似アルゴリズムを紹介する．

13.3 貪欲法と線形最適化緩和

貪欲法（アルゴリズム 13.1）を用いると双対問題 (13.3) の実行可能解を構成することができる．その目的関数値は集合被覆の最小コスト OPT の下界を与えるので，それを利用することでもアルゴリズム 13.1 の近似比（定理 13.2）を解析できる．

補題 13.3. U 上のベクトル y を，アルゴリズム 13.1 で得られた $\mathrm{price}(e)$ $(e \in U)$ を用いて

$$y_e = \frac{\mathrm{price}(e)}{H_n} \quad (e \in U)$$

と定義する．このとき，y は双対問題 (13.3) の実行可能解である．

証明. $\mathcal{S}$ の任意の集合を S とする．S の要素をアルゴリズム 13.1 において被覆された順に並べて，$S = \{e_1, e_2, \ldots, e_k\}$ と置く．

アルゴリズム 13.1 において e_i を被覆するときの反復を考える．この反復の冒頭では $e_i, e_{i+1}, \ldots, e_k$ はまだ被覆されていないので，S の密度は $\frac{c_S}{k-i+1}$ 以下である．この反復において，アルゴリズム 13.1 が選ぶ集合（S とは限らない）は最小の密度をもち，その密度は $\mathrm{price}(e_i)$ に等しいので

$$\mathrm{price}(e_i) \leq \frac{c_S}{k-i+1}$$

が成り立つ．y の定義から

$$y_{e_i} = \frac{\mathrm{price}(e_i)}{H_n} \leq \frac{1}{H_n} \frac{c_S}{k-i+1}$$

である．したがって

$$\begin{aligned}\sum_{e \in S} y_e &= \sum_{i=1}^{k} y_{e_i} \leq \sum_{i=1}^{k} \frac{1}{H_n} \frac{c_S}{k-i+1} = \frac{c_S}{H_n} \sum_{i=1}^{k} \frac{1}{k-i+1} \\ &= \frac{H_k}{H_n} c_S \leq c_S\end{aligned}$$

が成り立つ．このように y は双対問題 (13.3) の S に関する制約を満たす．これが任意の $S \in \mathcal{S}$ について成り立つので，y は双対問題 (13.3) の実行可能解である． □

上の補題 13.3 は定理 13.2 の別証明を与える．

定理 13.2 の別証明. 補題 13.3 のように双対問題 (13.3) の実行可能解 y を定めると，アルゴリズム 13.1 によって求めた解 $\mathcal{C}$ のコストは

$$\sum_{S \in \mathcal{C}} c_S = \sum_{e \in U} \mathrm{price}(e) = H_n \sum_{e \in U} y_e$$

と書ける．y は双対実行可能解であるので，$\sum_{e \in U} y_e$ は線形最適化問題 (13.2) の最適値 OPT_f 以下である．$\mathrm{OPT}_f \leq \mathrm{OPT}$ が成り立つので

$$H_n \sum_{e \in U} y_e \leq H_n \cdot \mathrm{OPT}_f \leq H_n \cdot \mathrm{OPT}$$

である．したがって，$\mathcal{C}$ のコスト $\sum_{S \in \mathcal{C}} c_S$ は $H_n \cdot \mathrm{OPT}$ 以下である． □

整数最適化問題の最適値とその線形最適化緩和の最適値との比は**整数性**

ギャップ（integrality gap）と呼ばれる．正確には，問題例 I に対する整数最適化問題の最適値を $\mathrm{OPT}(I)$ として，線形最適化緩和の最適値を $\mathrm{OPT}_f(I)$ としたとき，整数性ギャップは

$$\sup_{I:\,\text{問題例}} \frac{\mathrm{OPT}(I)}{\mathrm{OPT}_f(I)}$$

として定義される．定理 13.2 の別証明より，集合被覆問題の線形最適化緩和 (13.2) に対して

$$\mathrm{OPT}_f \leq \mathrm{OPT} \leq H_n \cdot \mathrm{OPT}_f$$

が成り立つので，整数性ギャップは H_n 以下であることが分かる．

定理 13.4. 集合被覆問題に対する線形最適化緩和 (13.2) の整数性ギャップは $O(\log n)$ である．

集合被覆問題に対して，OPT と OPT_f の比が $c \log n$ 以上となる問題例が存在することも知られている（c は定数）．

13.4 線形最適化を用いた最適解の構成法

本節では，集合被覆問題に対して，線形最適化緩和 (13.2) の最適解を用いて近似解を構成するアルゴリズムを 2 つ紹介する．一般に，線形最適化緩和の最適解から元の問題の解を得る手法を**丸め手法**（rounding）という．特に，決定的な方法で行う丸め手法を決定的丸め手法（deterministic rounding），確率的に丸める手法を乱択丸め手法（randomized rounding）という．13.4.1 節では集合被覆問題に対する決定的丸め手法を，13.4.2 節では乱択丸め手法をそれぞれ紹介する．

13.4.1 決定的丸め手法

集合被覆問題の線形最適化緩和 (13.2) の最適解を x^* とする．x^* は整数解とは限らないが，x^* の成分 x^*_S が 1 に近い値をもつ集合 $S \in \mathcal{S}$ を集合被覆に含めるほうがよいと予想できる．そこで，x^*_S があるしきい値よりも大きな値を取る集合 $S \in \mathcal{S}$ を集合被覆として採用する．

要素 $e \in U$ の（$\mathcal{S}$ における）**頻度**（frequency）とは，e を含む $\mathcal{S}$ の集合の個数のことをいい，e の頻度を f_e と書く．最大頻度 f を $f = \max_{e \in U} f_e$ と定義する．

アルゴリズムの記述は以下のようになる．

アルゴリズム 13.2. 集合被覆問題に対する決定的丸め手法

Step 1. 線形最適化緩和 (13.2) の最適解を求めて，x^* と置く．
Step 2. $\mathcal{C} = \left\{ S \in \mathcal{S} \,\middle|\, x^*_S \geq \frac{1}{f} \right\}$ を出力する．

定理 13.5. 集合被覆問題に対して，アルゴリズム 13.2 は多項式時間で f 近似解を求める．

証明. 線形最適化問題 (13.2) は多項式時間で解くことができるので，アルゴリズム 13.2 は多項式時間で $\mathcal{C}$ を出力する．

次に，アルゴリズム 13.2 が求めた部分集合の族 $\mathcal{C}$ が U を被覆することを示す．任意の要素 $e \in U$ に着目する．e を含む $\mathcal{S}$ の集合を $S_{i_1}, S_{i_2}, \ldots, S_{i_k}$ とすると，x^* は線形最適化緩和 (13.2) の最適解であるので

$$x^*_{S_{i_1}} + x^*_{S_{i_2}} + \cdots + x^*_{S_{i_k}} \geq 1$$

を満たす．ゆえに，少なくとも 1 つの S_{i_p} について $x^*_{S_{i_p}} \geq 1/k$ が成り立つ．最大頻度の定義より $k \leq f$ であるので，$x^*_{S_{i_p}} \geq 1/f$ である．したがって，S_{i_p} は $\mathcal{C}$ に含まれる．以上より，各要素 $e \in U$ について，その要素を含む集合の少なくとも 1 つが $\mathcal{C}$ に含まれるため，$\mathcal{C}$ は U を被覆する．

$S \in \mathcal{C}$ ならば $f \cdot x^*_S \geq 1$ であることを用いると，$\mathcal{C}$ のコストは

$$\sum_{S \in \mathcal{C}} c_S \leq \sum_{S \in \mathcal{C}} c_S f x^*_S \leq f \sum_{S \in \mathcal{S}} c_S x^*_S = f \cdot \mathrm{OPT}_f \leq f \cdot \mathrm{OPT}$$

のように上から抑えられる．以上より，$\mathcal{C}$ は f 近似解である． □

頂点被覆問題（3.3.5 節参照）は，各要素 e の頻度 f_e が 2 である集合被覆問題と同値である．したがって，アルゴリズム 13.2 は頂点被覆問題に対して 2 近似解を求める．

系 13.6. 頂点被覆問題に対して，アルゴリズム 13.2 は多項式時間で 2 近似解を求める．

頂点被覆問題に対する線形最適化緩和 (13.2) は，多面体としてよい性質をもつ．詳細は 14.3.3 節を参照されたい．

13.4.2 乱択丸め手法

集合被覆問題の線形最適化緩和 (13.2) の最適解を x^* とする．このとき，先に述べたように，x^*_S が 1 に近い $S \in \mathcal{S}$ を集合被覆に含めたいので，ここでは各集合 $S \in \mathcal{S}$ に対して，x^*_S を確率とみなして S を選択することにする．このようにして選ばれた $\mathcal{S}$ の部分族を $\mathcal{C}$ と置く．このとき $\mathcal{C}$ のコストの期待値は

$$\mathrm{E}\left[\sum_{S \in \mathcal{C}} c_S\right] = \sum_{S \in \mathcal{S}} c_S \mathrm{Pr}\left[S \text{ が選ばれる}\right] = \sum_{S \in \mathcal{S}} c_S x^*_S = \mathrm{OPT}_f$$

のように，線形最適化緩和 (13.2) の最適値 OPT_f に等しい．

次に，求めた集合族 $\mathcal{C}$ が U を被覆する確率を考える．そのためにまず，要素 $a \in U$ が $\mathcal{C}$ に被覆される確率を求める．

補題 13.7. 要素 $a \in U$ が $\mathcal{C}$ に被覆される確率は $1 - \frac{1}{e}$ 以上である．

証明. 要素 a が k 個の集合 $\{S_{i_1}, S_{i_2}, \ldots, S_{i_k}\} \subseteq \mathcal{S}$ に含まれているとき，a が $\mathcal{C}$ に被覆される確率は

$$1 - \prod_{i=1}^{k} \left(1 - x^*_{S_i}\right)$$

である．線形最適化緩和 (13.2) の制約より $x^*_{S_{i_1}} + x^*_{S_{i_2}} + \cdots + x^*_{S_{i_k}} \geq 1$ が成り立つので，不等式 $1 - x \leq e^{-x}$ を用いると，これは

$$1 - \prod_{i=1}^{k} \left(1 - x^*_{S_i}\right) \geq 1 - \prod_{i=1}^{k} e^{-x^*_{S_i}} = 1 - e^{-\sum_{i=1}^{k} x^*_{S_i}} \geq 1 - \frac{1}{e}$$

のように下から抑えられる．したがって，要素 a は確率 $1 - \frac{1}{e}$ 以上で $\mathcal{C}$ によって被覆される． □

$\mathcal{C}$ を求める上の試行を N 回独立に行って，その出力の和集合を取る．ここで，N は

$$\left(\frac{1}{e}\right)^N < \frac{1}{4n}$$

を満たすように選ぶ．$N > \log(4n)$ であれば上式を満たすので，$N = O(\log n)$ である．このときに得られた集合の族を $\hat{\mathcal{C}}$ と置く．これをアルゴリズムとして記述すると以下のようになる．

アルゴリズム 13.3. 集合被覆問題に対する乱択丸めアルゴリズム

Step 1. $\hat{\mathcal{C}}$ を空集合 $\emptyset$ とする．

Step 2. 線形最適化問題 (13.2) の最適解を求めて，x^* とする．

Step 3. 以下の 3-1, 3-2 を N 回繰り返す．

3-1. 各集合 $S \in \mathcal{S}$ を確率 x^*_S で独立に選ぶ．選ばれた部分集合の族を $\mathcal{C}$ とする．

3-2. $\hat{\mathcal{C}} \leftarrow \hat{\mathcal{C}} \cup \mathcal{C}$ と更新する．

Step 4. $\hat{\mathcal{C}}$ を出力する．

アルゴリズム 13.3 の出力 $\hat{\mathcal{C}}$ が U を被覆しない確率を評価する．補題 13.7 より，要素 a が $\hat{\mathcal{C}}$ によって被覆されない確率は

$$\Pr\left[a \text{ が } \hat{\mathcal{C}} \text{ に被覆されない}\right] \leq \left(\frac{1}{e}\right)^N < \frac{1}{4n}$$

である．$\hat{\mathcal{C}}$ が集合被覆ではないことは，$\hat{\mathcal{C}}$ がある要素 a を被覆しないことと言

い換えられるので，$\hat{\mathcal{C}}$ が集合被覆ではない確率は

$$\Pr\left[\hat{\mathcal{C}} \text{ が集合被覆でない}\right] \le \sum_{a\in U} \Pr\left[a \text{ が } \hat{\mathcal{C}} \text{ に被覆されない}\right] < n\frac{1}{4n} \le \frac{1}{4}$$

と上から抑えられる．

$\hat{\mathcal{C}}$ のコストは，試行を N 回行うので

$$\mathrm{E}\left[\sum_{S\in\mathcal{C}'} c_S\right] \le N\cdot\mathrm{E}\left[\sum_{S\in\mathcal{C}} c_S\right] = N\cdot\mathrm{OPT}_f$$

である．以下のマルコフの不等式（命題 13.8）を用いると，$\hat{\mathcal{C}}$ のコスト $\sum_{S\in\hat{\mathcal{C}}} c_S$ が大きくなる確率は

$$\Pr\left[\sum_{S\in\hat{\mathcal{C}}} c_S \ge 4N\cdot\mathrm{OPT}_f\right] \le \frac{1}{4}$$

と抑えられる．

命題 13.8（**マルコフの不等式**（Markov's inequality））．確率変数 X は非負の値を取る離散型確率変数とする．非負実数 t に対して

$$\Pr[X \ge t] \le \frac{\mathrm{E}[X]}{t}$$

が成り立つ．

証明． 期待値の定義より $\mathrm{E}[X] = \sum_x x\Pr[X=x]$ である．x は非負であるので，これを変形すると

$$\begin{aligned}\mathrm{E}[X] &= \sum_x x\Pr[X=x] \ge \sum_{x\ge t} x\Pr[X=x]\\ &\ge \sum_{x\ge t} t\Pr[X=x] = t\Pr[X\ge t]\end{aligned}$$

が成り立つ．以上より，マルコフの不等式が示された． □

以上をまとめると，$\hat{\mathcal{C}}$ が U の集合被覆ではないという事象，または，コストが $4N\cdot\mathrm{OPT}_f$ 以上になる事象のいずれかが起こる確率は，1/2 よりも真に小さい．したがって，1/2 よりも大きい確率で，$\hat{\mathcal{C}}$ はコストが $4N\cdot\mathrm{OPT}_f$ 以下の集合被覆である．したがって，$N = O(\log n)$ より，以下の定理を得る．

定理 13.9． 集合被覆問題に対して，アルゴリズム 13.3 は 1/2 よりも真に大きい確率で $O(\log n)$ 近似解を多項式時間で求める．

アルゴリズム 13.3 を実行したとき，得られた出力 $\hat{\mathcal{C}}$ は $O(\log n)$ 近似解とは限らない．出力 $\hat{\mathcal{C}}$ が U を被覆しており，かつ，そのコストが $4N\cdot\mathrm{OPT}_f$ 以下であれば，$\hat{\mathcal{C}}$ は $O(\log n)$ 近似解である．この条件は，多項式時間で確かめるこ

とができる．出力 $\hat{\mathcal{C}}$ が上の条件をみたさなかった場合は，アルゴリズム 13.3 を再度実行すればよい．アルゴリズム 13.3 が成功する確率は 1/2 より大きいので，成功するまでにアルゴリズム 13.3 を繰り返す期待回数は 2 以下である．

13.5 主双対近似アルゴリズム

前節の丸め手法では，集合被覆問題に対して，その線形最適化緩和 (13.2) の最適解 x^* を丸めることで近似解を求めた．このアルゴリズムは，線形最適化緩和 (13.2) の最適解を求める必要があり，計算量が大きい．

本節で紹介する**主双対近似アルゴリズム**（primal-dual approximation algorithm）は，線形最適化緩和 (13.2) の主実行可能解と双対実行可能解から近似解を構成する．丸め手法とは異なり，線形最適化緩和 (13.2) の最適解を求める必要がないことが利点である．

13.5.1 主双対近似アルゴリズムの枠組み

まず，主双対近似アルゴリズムの一般的な枠組みを説明する．主問題

$$\begin{aligned} &\text{minimize} && \sum_{j=1}^{n} c_j x_j \\ &\text{subject to} && \sum_{j=1}^{n} a_{ij} x_j \ge b_i \quad (i = 1, 2, \ldots, m), \\ &&& x_j \ge 0 \quad (j = 1, 2, \ldots, n) \end{aligned} \tag{13.4}$$

と双対問題

$$\begin{aligned} &\text{maximize} && \sum_{i=1}^{n} b_i y_i \\ &\text{subject to} && \sum_{i=1}^{m} a_{ij} y_i \le c_j \quad (j = 1, 2, \ldots, n), \\ &&& y_i \ge 0 \quad (i = 1, 2, \ldots, m) \end{aligned} \tag{13.5}$$

を考える．定理 2.3 より，主問題の実行可能解 x と双対問題の実行可能解 y がともに最適解であるための必要十分条件は以下の 2 条件（相補性条件）を満たすことである．

- $x_j > 0$ ならば $\sum_{i=1}^{m} a_{ij} y_i = c_j$ が成り立つ．
- $y_i > 0$ ならば $\sum_{j=1}^{n} a_{ij} x_j = b_i$ が成り立つ．

このことから，x が主問題 (13.4) の実行可能解，y が双対問題 (13.5) の実行可能解であり，かつ両者が上記の 2 条件を満たせば，x と y はともに最適解であると分かる．

近似アルゴリズムの文脈では，主問題 (13.4) に整数制約を加えた問題に対

して最適解を求めたい．線形最適化問題には整数最適解が存在するとは限らないため，主問題 (13.4) の整数解で相補性条件を満たすものが存在するとは限らない．そこで，以下のように相補性条件を緩めたものを定義する．

(a) $x_j > 0$ ならば $\frac{c_j}{\alpha} \leq \sum_{i=1}^m a_{ij} y_i \leq c_j$ が成り立つ．

(b) $y_i > 0$ ならば $b_i \leq \sum_{j=1}^n a_{ij} x_j \leq \beta b_i$ が成り立つ．

このとき，次の命題のように，主問題 (13.4) における x の目的関数値と，双対問題 (13.5) における y の目的関数値の比を抑えることができる．

命題 13.10. x を主問題 (13.4) の実行可能解，y を双対問題 (13.5) の実行可能解とする．このとき，$\alpha, \beta \geq 1$ として，上の 2 つの条件 (a), (b) が成り立つならば

$$\sum_{i=1}^m b_i y_i \leq \sum_{j=1}^n c_j x_j \leq \alpha\beta \sum_{i=1}^m b_i y_i \tag{13.6}$$

が成り立つ．

証明. 1 つ目の不等号は弱双対定理（定理 2.1）より成り立つ．以下では，2 つ目の不等号が成り立つことを示す．条件 (a) より

$$c_j x_j \leq \alpha x_j \sum_{i=1}^m y_i a_{ij} = \sum_{i=1}^m \alpha y_i a_{ij} x_j$$

であるので

$$\sum_{j=1}^n c_j x_j \leq \sum_{j=1}^n \sum_{i=1}^m \alpha y_i a_{ij} x_j \tag{13.7}$$

が成り立つ．一方，条件 (b) より

$$\sum_{j=1}^n \alpha y_i a_{ij} x_j = \alpha y_i \sum_{j=1}^n a_{ij} x_j \leq \alpha\beta y_i b_i$$

であるので

$$\sum_{i=1}^m \sum_{j=1}^n \alpha y_i a_{ij} x_j \leq \alpha\beta \sum_{i=1}^m y_i b_i \tag{13.8}$$

である．したがって，(13.7), (13.8) より

$$\sum_{j=1}^n c_j x_j \leq \sum_{i=1}^m \sum_{j=1}^n \alpha y_i a_{ij} x_j \leq \alpha\beta \sum_{i=1}^m y_i b_i$$

が成り立つので，命題 13.10 が示された． □

一般に，主双対近似アルゴリズムの枠組みでは，主実行可能解で整数のものを求めるために

1. x は整数ベクトル，

2. x は主実行可能解,

3. y は双対実行可能解,

4. 条件 (a), (b)

をすべて満たすベクトル x, y を求めることを目指す．そのために，上記の一部の条件を満たしながら x, y を更新していき，すべての条件を満たしたらアルゴリズムを終了する．このとき，命題 13.10 より x が $\alpha\beta$ 近似解であるといえる．

13.5.2 集合被覆問題に対する主双対近似アルゴリズム

前節の主双対アルゴリズムの枠組みを集合被覆問題に適用する．集合被覆問題の最大頻度を f とする．$\alpha = 1, \beta = f$ と置くと，相補性条件 (a), (b) は

(a) 各部分集合 $S \in \mathcal{S}$ に対して，$x_S > 0$ ならば $\sum_{e \in S} y_e = c_S$ が成り立つ,

(b) 各要素 $e \in U$ に対して，$y_e > 0$ ならば $\sum_{S: e \in S} x_S \leq f$ が成り立つ

のように書ける．各要素 e は f 個以下の集合に含まれるので，条件 (b) は常に満たされることに注意する．

集合被覆問題に対する主双対アルゴリズムでは，$x = \mathbf{0}, y = \mathbf{0}$ を初期解として

1. x は整数ベクトル,

2. y は双対実行可能解,

3. 条件 (a), (b)

という条件を常に満たしながら x, y を更新していき，x が主実行可能解になったときにアルゴリズムを終了する．

集合被覆問題に対する主双対アルゴリズムを記述すると以下のようになる．ここで，集合 $S \in \mathcal{S}$ で $\sum_{e \in S} y_e = c_S$ を満たすものをタイトな集合と呼ぶ．

アルゴリズム **13.4.** 集合被覆問題に対する主双対近似アルゴリズム

Step 1. $x = \mathbf{0}$, $y = \mathbf{0}$ とする．$\mathcal{C}(x) = \{S \in \mathcal{S} \mid x_S = 1\}$ と定義する．

Step 2. $\mathcal{C}(x)$ に被覆されていない要素がある間は，以下の 2-1 から 2-3 を繰り返す．

2-1. $\mathcal{C}(x)$ に被覆されていない要素 e を 1 つ選ぶ．

2-2. ある集合 $S \in \mathcal{S}$ がタイトな集合になるまで y_e の値を増加する．

2-3. 新しくタイトになった集合 S すべてに対して，$x_S = 1$ と更新する．

Step 3. $\mathcal{C}(x)$ を出力する．

アルゴリズム中の Step 2-3 より，$x_S = 1$ となるのは S がタイトな集合になったときのみである．したがって，x はアルゴリズム中で常に条件 (a) を満たす．

定理 13.11. 集合被覆問題に対して，アルゴリズム 13.4 は多項式時間で f 近似解を求める．

証明. アルゴリズム 13.4 の Step 2 の各反復では，少なくとも 1 つの要素 $S \in \mathcal{S}$ が $x_S = 1$ に更新されるので，Step 2 の繰り返し回数は $|\mathcal{S}|$ 回である．したがって，アルゴリズム 13.4 は多項式時間で終了する．

次に，出力が f 近似解であることを示す．x, y をアルゴリズム 13.4 が終了したときのものとする．$\mathcal{C}(x)$ は U を被覆しているので，x は主実行可能解である．また，更新の仕方から，y は双対実行可能解である．したがって，y の目的関数値 $\sum_{e \in U} y_e$ は線形最適化緩和 (13.2) の最適値 OPT_f 以下である．さらに，x, y は $\alpha = 1$, $\beta = f$ とした相補性条件 (a), (b) を満たすので，命題 13.10 より

$$\sum_{S \in \mathcal{S}} c_S x_S \leq f \sum_{e \in U} y_e$$

が成り立つ．$\mathcal{C}(x)$ のコストは $\sum_{S \in \mathcal{C}} c_S = \sum_{S \in \mathcal{S}} c_S x_S$ であるので

$$\sum_{S \in \mathcal{S}} c_S x_S \leq f \sum_{e \in U} y_e \leq f \cdot \mathrm{OPT}_f \leq f \cdot \mathrm{OPT}$$

が成り立つ．以上より $\mathcal{C}(x)$ は f 近似解である． □

第 14 章
固定パラメータアルゴリズム

これまで扱ってきた効率的なアルゴリズム（第II部）や近似アルゴリズム（12–13 章）は，計算量が入力サイズの多項式で表されるアルゴリズムであった．本章では，入力によって定まるあるパラメータを用意して，入力サイズとパラメータの関数によってアルゴリズムの計算量を評価する枠組みを紹介する．これは固定パラメータアルゴリズムと呼ばれる．本章では，頂点被覆問題を例として，固定パラメータアルゴリズムの基本的な設計手法を説明する．本章の説明はシガンら[8]に基づく．

14.1 固定パラメータアルゴリズムとは

頂点被覆問題は，無向グラフ $G=(V,E)$ が与えられたときに，要素数が最小の頂点被覆（最小頂点被覆）を求める問題である（3.3.4 節，4–5 章，12 章参照）．この問題は NP 困難であり，グラフ G のサイズを n としたとき，n の多項式時間で最適解を求めることは難しい．そこで，あるパラメータ k を用意して，アルゴリズムの計算量を k と n を用いて評価する．パラメータの定め方はいろいろと考えられるが，自然なものの一つとして最適値（解の大きさ）がある．ここでは，最小頂点被覆を求めるかわりに，要素数がパラメータ k 以下の頂点被覆が存在するかどうかを判定する問題を考えて，n と k で表される計算量で解くことを目指す．

まず，この判定問題の計算量について簡単に分かることを整理する．頂点被覆問題は NP 困難であり，頂点被覆の要素数 k は αn（α は定数）以上になり得るので，この判定問題を n と k の多項式時間（たとえば n^3k^4 など）で解くことは難しい．一方，要素数が k 以下の部分集合の総数は $O(n^k)$ であるので，これらをすべて列挙して，各部分集合が頂点被覆かどうかを調べれば，要素数 k 以下の頂点被覆を求めることができる．このときの計算量は n と k に関する指数関数である．このように，この判定問題は，n と k の多項式時間で解くことは難しいが，指数時間で解くことができる．

本章では，この 2 つの計算量の中間に位置するものとして，ある関数 f と定数 c を用いて，$f(k) \cdot n^c$ という計算量で判定問題を解くことを目指す．n の肩に乗る指数 c は，n や k によらない定数であるとする．計算量がこのような式で表されたとすると，パラメータ k が大きくなっても，入力サイズ n の肩に乗る指数は変わらず，n によらない $f(k)$ の部分だけが大きくなる．このような計算量をもつアルゴリズムを固定パラメータアルゴリズムと呼ぶ．たとえば，$O(2^k n^3)$ といった計算量をもつアルゴリズムは，固定パラメータアルゴリズムである．固定パラメータアルゴリズムを用いると，n に比べて k が小さければ，解を高速に求めることができる．特に k が n によらない定数であれば，固定パラメータアルゴリズムの計算量は入力サイズ n の多項式となる．

より正確に固定パラメータアルゴリズムを定義しよう．ある問題 Π に対して，その問題例 I とパラメータ k を用いて，パラメータ化された問題例を (I, k) と表す．I のサイズを n とする．このとき，パラメータ化された問題を解くアルゴリズムが，ある定数 c と関数 f を用いて $f(k) \cdot n^c$ と表せる計算量をもつとき，このアルゴリズムを**固定パラメータアルゴリズム**（または固定パラメータ容易アルゴリズム）（fixed-parameter algorithm, fixed-parameter tractable algorithm）と呼ぶ．固定パラメータアルゴリズムが存在する問題を**固定パラメータ容易**（fixed-parameter tractable, FPT）であるという．

固定パラメータアルゴリズムでは，どのようなパラメータを定めるかによって様々な問題が考えられる．本章では，解の要素数をパラメータとする頂点被覆問題を主に扱う．

14.2 カーネル化

固定パラメータアルゴリズム理論における重要な概念の一つに**カーネル化**（kernelization）がある．**カーネル化アルゴリズム**（kernelization algorithm）は問題を解くための前処理の一つである．カーネル化アルゴリズムは，パラメータ化された問題例 (I, k) が与えられたときに，I のサイズ n と k に関する多項式時間で，(I, k) を等価な問題例 (I', k') に変換する．等価な問題例とは，元の問題例 (I, k) と同じ答え（yes/no）をもつ問題例のことをいう．変換後の問題例 (I', k') のサイズは，ある計算可能関数 g を用いて $g(k)$ で抑えられるものとする．変換後の問題例 (I', k') を**カーネル**（kernel）と呼び，$g(k)$ が k の多項式のとき，**多項式カーネル**（polynomial kernel）と呼ぶ．

以下の命題に示すように，カーネル化アルゴリズムが存在すれば，問題例 (I, k) を，サイズが k のみに依存する問題例 (I', k') に変換できるので，固定パラメータアルゴリズムを設計できる．逆に，固定パラメータアルゴリズムからカーネル化アルゴリズムを設計することもできる．

命題 14.1. パラメータ化された問題 Π に対して，カーネル化アルゴリズムが存在すれば，その問題は固定パラメータ容易である．逆に，Π が固定パラメータ容易であるならば，カーネル化アルゴリズムが存在する．

証明. 問題 Π がカーネル化アルゴリズムをもつと仮定する．カーネル化アルゴリズムは，入力の問題例 (I, k) を等価な問題例 (I', k') に変換する．その計算量は，I のサイズを n とすると，n と k に関する多項式 $p(n, k)$ で表される．(I', k') のサイズは k のみに依存するので，(I', k') を k のみに依存する計算量 $q(k)$ で解ける．したがって，元の問題例 (I, k) を $p(n, k) + q(k)$ 時間で解くことができる．これは固定パラメータアルゴリズムである．

反対に，問題 Π が固定パラメータ容易であるとすると，固定パラメータアルゴリズム $\mathcal{A}$ が存在する．I のサイズが n のとき，問題例 (I, k) を解くための $\mathcal{A}$ の計算量を $f(k) \cdot n^c$ と表す．問題例 (I, k) が与えられたとき，$\mathcal{A}$ を用いて次のようにカーネル化を行う．まず，$f(k) < n$ である場合を考える．このとき，$\mathcal{A}$ の計算量は $f(k) \cdot n^c < n^{c+1}$ となり，n の多項式で抑えられる．したがって，(I, k) を多項式時間で解くことができるので，(I, k) の答え（yes/no）に応じて，同じ答えをもつ問題例 (I', k') でサイズが k のものを適当に出力する．これは (I, k) のカーネルである．次に，$f(k) \geq n$ である場合を考える．このとき，(I, k) のサイズは $f(k) + k$ で抑えられるので，(I, k) そのものをカーネルとして出力する．いずれの場合も，サイズが $f(k) + k$ 以下のカーネルを多項式時間で求められる．以上より，カーネル化アルゴリズムが存在する． □

14.3 頂点被覆問題に対するカーネル化アルゴリズム

本節では，頂点被覆問題が多項式カーネルをもつことを示す．無向グラフ $G = (V, E)$ が要素数が k 以下の頂点被覆をもつか判定する問題の入力を，G と k の組 (G, k) として表す．

無向グラフを $G = (V, E)$ と頂点集合 $X \subseteq V$ に対して，頂点集合 X，辺集合 $\{uv \in E \mid u \in X, v \in X\}$ である部分グラフを $G[X]$ と表記する．この $G[X]$ を**誘導部分グラフ**（induced subgraph）という．

14.3.1 単純なカーネル化

カーネルを求めるために，問題例 (G, k) をサイズが小さな等価な問題例に変換するルールをいくつか提案する．

まず簡単に分かることとして，G に孤立点（次数 0 の頂点）が存在するならば，それを取り除くことができる．したがって，以下の変換ルールが得られる．

ルール 1. グラフ G に孤立点 v があれば取り除く．取り除いた後の問題例は

$(G - v, k)$ である．

ルール 1 を適用することで，入力のグラフ G は孤立点をもたないと仮定できる．

次に，次数が大きい頂点を取り除くことができることを示す．頂点 v に隣接する頂点の集合を $N(v) = \{u \in V \mid \exists uv \in E\}$ と置く．頂点被覆の定義より，ある頂点 v が頂点被覆 X に含まれないならば，$N(v)$ の頂点はすべて X に含まれる．したがって，次数が $k+1$ 以上の頂点 v は，要素数 k 以下の頂点被覆に必ず含まれる．

観察 14.2. 無向グラフ G に要素数 k 以下の頂点被覆 X が存在するとする．G に次数 $k+1$ 以上の頂点 v が存在すれば，v は X に含まれる．

証明. $v \notin X$ とすると，頂点被覆の定義より，$N(v)$ は X に含まれる．ゆえに $|X| \geq |N(v)| \geq k+1$ であるが，これは $|X| \leq k$ に矛盾する． □

観察 14.2 よりグラフ G とパラメータ k を小さくできる．それを記述したものが次のルール 2 と観察 14.3 である．

ルール 2. 次数が $k+1$ 以上の頂点 v が存在すれば，v とそれに接続する辺をすべて G から取り除き，k を 1 つ減らす．得られた問題例は $(G - v, k-1)$ である．

観察 14.3. ルール 2 によって変換した後の問題例 $(G - v, k-1)$ は，(G, k) と等価である．

証明. グラフ G が要素数 k 以下の頂点被覆 X をもつとすると，観察 14.2 より $v \in X$ であるので，$X \setminus \{v\}$ は $G - v$ において要素数が $k-1$ 以下の頂点被覆である．反対に，$G - v$ が要素数 $k-1$ 以下の頂点被覆 Y をもつとすると，$Y \cup \{v\}$ は G において要素数 k 以下の頂点被覆である．したがって，(G, k) と $(G - v, k-1)$ は等価である． □

グラフ G とパラメータ k の組 (G, k) に対して，上のルール 1, 2 を条件を満たさなくなるまで繰り返し適用する．すると最終的に得られる問題例 (G, k) では，G は各頂点の次数が k 以下であり孤立点をもたないグラフである．以下に示すように，変換後のグラフの頂点数は $O(k^2)$ である．

補題 14.4. 無向グラフ $G = (V, E)$ は，孤立点をもたず，各頂点の次数が k 以下であるとする．G が要素数 k 以下の頂点被覆 X をもつならば，$|V| \leq k^2 + k$ と $|E| \leq k^2$ が成り立つ．

証明. X は頂点被覆であるので，$V \setminus X$ の頂点の間を結ぶ辺は存在しない．G は孤立点をもたないので，$V \setminus X$ の各頂点は X の頂点との間に少なくと

も 1 つの辺をもつ．$|X| \leq k$ であり，X の頂点の次数は k 以下であるので，$|V \setminus X| \leq k^2$ が成り立つ．したがって，$|V| = |V \setminus X| + |X| \leq k^2 + k$ である．また，1 つの頂点 v が被覆できる辺は k 個以下なので，要素数 k 以下の頂点被覆が被覆できる辺の数は k^2 以下である．したがって，$|E| \leq k^2$ が成り立つ． □

補題 14.4 より，頂点被覆問題には多項式サイズのカーネルを求めるアルゴリズムが存在することがいえる．このアルゴリズムでは，まず，ルール 1 と 2 の条件を満たさなくなるまで繰り返し適用する．これは多項式時間で計算できる．得られたグラフ $G = (V, E)$ とパラメータ k に対して，$|V| > k^2 + k$ または $|E| > k^2$ であるならば，補題 14.4 より，G には要素数 k 以下の頂点被覆が存在しないことが分かる．この場合，要素数 k 以下の頂点被覆をもたないグラフを適当に作りカーネルとして出力する．そうでないならば，補題 14.4 より，(G, k) は，G の頂点数が $k^2 + k$ 以下のカーネルである．

以下では，より少ない頂点数をもつカーネルが得られることを示す．グラフ G に次数が 1 である頂点 v が存在したとする．v に隣接する頂点を u とすると，任意の頂点被覆 X は u または v を含む．頂点被覆 X が v を含むとき，$X \setminus \{v\} \cup \{u\}$ は頂点被覆である．したがって，次のルール 3 と観察 14.5 が得られる．

ルール 3. G に次数が 1 である頂点 v が存在するならば，v に隣接する頂点 u を解に含めるとして，頂点 u, v を取り除く．変換後の問題例は $(G - \{u, v\}, k - 1)$ である．

観察 14.5. ルール 3 によって変換した後の問題例 $(G - \{u, v\}, k - 1)$ は，(G, k) と等価である．

証明. グラフ $G - \{u, v\}$ が要素数 $k - 1$ 以下の頂点被覆 Y をもつとすると，$Y \cup \{u\}$ は G において要素数 k 以下の頂点被覆である．反対に，G が要素数 k 以下の頂点被覆 X をもつとする．このとき，X は u または v を含む．X が u を含むとき，$X \setminus \{u\}$ は $G - \{u, v\}$ において要素数 $k - 1$ 以下の頂点被覆である．X が v を含むとき，$X \setminus \{v\} \cup \{u\}$ は頂点被覆であるので，$X \setminus \{v\}$ は，$G - \{u, v\}$ において要素数 $k - 1$ 以下の頂点被覆である．したがって，(G, k) と $(G - \{u, v\}, k - 1)$ は等価である． □

ルール 1–3 を用いると以下の定理が得られる．

定理 14.6. 頂点被覆問題には，頂点数 k^2 以下，辺数 k^2 以下のカーネルが存在する．

証明. ルール 1–3 を適用できなくなるまで繰り返し適用して，得られたグラフ

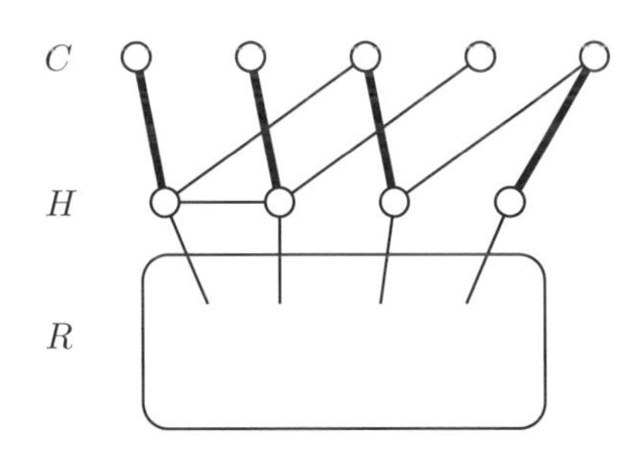

図 14.1　王冠分解の例．太線が条件 (3) のマッチングを表す．

を $G=(V,E)$，パラメータを k とする．補題 14.4 より $|E|>k^2$ であれば，G に要素数 k 以下の頂点被覆が存在しない．$|E|\le k^2$ である場合を考える．このとき，G の各頂点の次数は 2 以上であるので，頂点の次数の総和が $2|E|$ に等しい（3 章の (3.1)）ことを用いると

$$|E| = \frac{1}{2}\sum_{v\in V}\deg(v) \ge |V|$$

が成り立つ．したがって，$|V|\le|E|\le k^2$ である．以上より (G,k) は頂点数 k^2 以下，辺数 k^2 以下のカーネルである．　□

14.3.2　王冠分解によるカーネル化

本小節では，王冠分解と呼ばれるグラフの頂点の分割を利用して，頂点被覆問題に対して，頂点数が $3k$ 以下のカーネルを求める方法を説明する．

無向グラフの**王冠分解**（crown decomposition）は，無向グラフ $G=(V,E)$ の頂点集合 V の分割 (C,H,R) であり*1)，以下の 3 条件を満たすものとして定義される（図 14.1 参照）．

(1)　C は非空であり，C が誘導する部分グラフ $G[C]$ は辺をもたない．

(2)　C と R の頂点を結ぶ辺はない．

(3)　C と H を結ぶ辺集合からなる二部グラフを G' とすると，G' は辺数 $|H|$ のマッチング M をもつ．

3 つ目の条件から $|C|\ge|H|$ が成り立つ．また，ケーニグの定理（定理 4.2）より，G' の最小頂点被覆の要素数は $|H|$ に等しい．

王冠分解 (C,H,R) が与えられたとき，最小頂点被覆で C を含まないものが存在することを示す．

補題 14.7．無向グラフ $G=(V,E)$ の王冠分解を (C,H,R) と置く．G の最小頂点被覆を X とすると，$X'=(X\setminus C)\cup H$ は最小頂点被覆である．

証明． まず，X' は頂点被覆であることを示す．C の頂点の間には辺が存在し

*1)　C は Crown（王冠），H は Head（頭），R は Rest（残り）を表す．

ないので，$X \cap C$ は C と H を結ぶ辺のみを被覆する．これらの辺は H によって被覆されるので，$X' = (X \setminus C) \cup H$ は頂点被覆である．

次に，頂点被覆 X' が最小頂点被覆であることを示す．X は G の頂点被覆であるので，$X \cap (C \cup H)$ は二部グラフ G' の頂点被覆である．王冠分解の条件 (3) より，G' の最小頂点被覆の要素数は $|H|$ であるので，$|X \cap (C \cup H)| \geq |H|$ である．$|X \cap (C \cup H)| = |X \cap C| + |X \cap H|$ であるので，これを整理すると $|X \cap C| \geq |H \setminus X|$ が得られる．したがって

$$|X'| = |X| - |X \cap C| + |H \setminus X| \leq |X|$$

が成り立つ．ゆえに $|X'| \leq |X|$ である．X は G の最小頂点被覆であるので，X' も最小頂点被覆である．以上より補題 14.7 が示された． □

補題 14.7 より，次の変換ルールによって，(G, k) を等価な問題例に変換することができる．観察 14.8 は，観察 14.5 と同じようにすれば示すことができるので，ここでは証明を省略する．

ルール 4. G の王冠分解を (C, H, R) とする．(G, k) を $(G-(H \cup C), k-|H|)$ に変換する．

観察 14.8. ルール 4 によって変換した後の問題例 $(G-(H \cup C), k-|H|)$ は，(G, k) と等価である．

次に，グラフに要素数 k 以下の頂点被覆が存在するとき，王冠分解を多項式時間で求められることを示す．

補題 14.9. 無向グラフ $G = (V, E)$ は，頂点数が $3k+1$ 以上であり，孤立点をもたないとする．このとき，G が要素数 k 以下の頂点被覆をもつならば，王冠分解を $O(|E|\sqrt{|V|})$ 時間で求めることができる．

補題 14.9 の証明には，二部グラフの最大マッチングを求めるアルゴリズム（定理 4.15）を用いる．また，観察 4.1 より，G に要素数 k 以下の頂点被覆が存在すれば，G の任意のマッチングの辺の数は k 以下であることに注意する．

補題 14.9 の証明. グラフ G の極大マッチングを M とする．M の辺数が k よりも大きければ，G は要素数 k 以下の頂点被覆をもたないことが分かる．したがって，M の辺数が k 以下である場合を考える．M の端点からなる頂点の集合を Z とすると，$|Z| \leq 2k$ である．Z の補集合を $\overline{Z} = V \setminus Z$ とすると，M の極大性から，$\overline{Z}$ の頂点の間を結ぶ辺は存在しない（図 14.2 参照）．Z と $\overline{Z}$ の頂点を結ぶ辺の集合のみからなるグラフを $\tilde{G}$ とすると，$\tilde{G}$ は二部グラフである．$\tilde{G}$ の最小頂点被覆を Y とする．Y の要素数が k よりも大きければ，$\tilde{G}$ は G の部分グラフであるので，G には要素数 k 以下の頂点被覆が存在しない

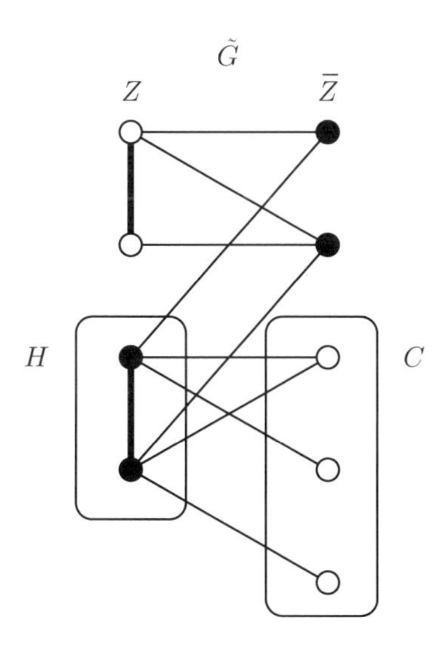

図 14.2　補題 14.9 の証明．左側の頂点集合が Z，右側の頂点集合が $\overline{Z}$ である．太線の集合が M であり，黒い点の集合が頂点被覆 Y を表す．

ことが分かる．したがって，Y の要素数が k 以下である場合を考える．

このとき，$Z \cap Y \neq \emptyset$ が成り立つことを示す．そのために $Y \subseteq \overline{Z}$ を仮定して，矛盾を導く．G は孤立点をもたないので，$\overline{Z}$ の各頂点は少なくとも 1 つの辺をもつ．よって，このとき Y が頂点被覆であるためには $Y = \overline{Z}$ でなければならない．$|Y| \leq k$ より $|\overline{Z}| = |Y| \leq k$ であり，また $|Z| \leq 2k$ であるので，G の頂点数が $3k$ 以下となる．これは，G の頂点数が $3k+1$ 以上であるという補題 14.9 の仮定に矛盾する．したがって，$Z \cap Y \neq \emptyset$ である．

ここで，$C = \overline{Z} \setminus Y$, $H = Z \cap Y$, $R = V \setminus (C \cup H)$ と定義すると，(C, H, R) は王冠分解である．実際，$G[C]$ は辺をもたないので，王冠分解の条件 (1) を満たす．また，Y は $\tilde{G}$ の頂点被覆であるので，C と R の頂点を結ぶ辺は存在しない．ゆえに条件 (2) を満たす．さらに，C と H の頂点を結ぶ辺の集合からなる部分グラフ G' を考えると，Y の最小性から，H は G' の最小頂点被覆である．したがって，G' は辺数 $|H|$ のマッチングをもち，条件 (3) を満たす．

以上より，G に王冠分解が存在することが示された．上の証明は構成的であり，G の極大マッチング M と，M から構成される二部グラフ $\tilde{G}$ の最小頂点被覆 Y を求めれば，G の王冠分解を求めることができる．したがって，観察 12.1 と定理 4.15 より，G の王冠分解を $O(|E|\sqrt{|V|})$ 時間で求めることができる．　□

本小節の議論をまとめると，以下の定理が成り立つ．

定理 14.10. 頂点被覆問題に対して，頂点数 $3k$ 以下のカーネルを多項式時間で求めることができる．

証明. 問題例 (G,k) に対して，G に孤立点が存在するならばルール 1 を適用する．G の頂点数が $3k+1$ 以上であれば，補題 14.9 より，多項式時間で，(G,k) の答えが no であると分かるか，または，G の王冠分解を求めることができる．王冠分解が得られた場合はルール 4 を適用する．この手続きを頂点数が $3k$ 以下になるまで繰り返し適用すると，最終的に頂点数 $3k$ 以下のカーネルが得られる． □

14.3.3 線形最適化緩和に基づくカーネル化

本小節では，頂点被覆問題の線形最適化緩和を利用して，頂点数が $2k$ 以下のカーネルを求める手法を紹介する．頂点被覆問題に対する線形最適化緩和は

$$\begin{aligned} \text{minimize} \quad & \sum_{v\in V} x_v \\ \text{subject to} \quad & x_u + x_v \geq 1 \quad (uv \in E), \\ & x_v \geq 0 \quad (v \in V) \end{aligned} \tag{14.1}$$

のように書ける（3.3.4 節参照）．この最適値は，最小頂点被覆の要素数の下界を与える．

以下では，線形最適化緩和 (14.1) の最適解で性質が良いものが存在することを示す．問題 (14.1) の最適解を x^* とする．x^* の最適性より，任意の頂点 $v \in V$ に対して $0 \leq x_v^* \leq 1$ である．頂点集合 V を分割して

$$\begin{aligned} V_0^* &= \left\{ v \in V \;\middle|\; x_v^* < \frac{1}{2} \right\}, \\ V_{1/2}^* &= \left\{ v \in V \;\middle|\; x_v^* = \frac{1}{2} \right\}, \\ V_1^* &= \left\{ v \in V \;\middle|\; x_v^* > \frac{1}{2} \right\} \end{aligned} \tag{14.2}$$

と置く．

定理 14.11（ネムハウザー（Nemhauser）–トロッター（Trotter）の定理[56]）．無向グラフ $G=(V,E)$ に対して線形最適化問題 (14.1) の最適解を x^* とする．このとき，G の最小頂点被覆 X で

$$V_1^* \subseteq X \subseteq V_1^* \cup V_{1/2}^* \tag{14.3}$$

を満たすものが存在する．

証明. $V_{1/2}^* = V$ ならば (14.3) を満たすので $V_0^* \cup V_1^* \neq \emptyset$ の場合を考える．G の最小頂点被覆を X^* とする．このとき

$$X = (X^* \setminus V_0^*) \cup V_1^*$$

が (14.3) を満たす最小頂点被覆であることを示す（図 14.3 参照）．定義より

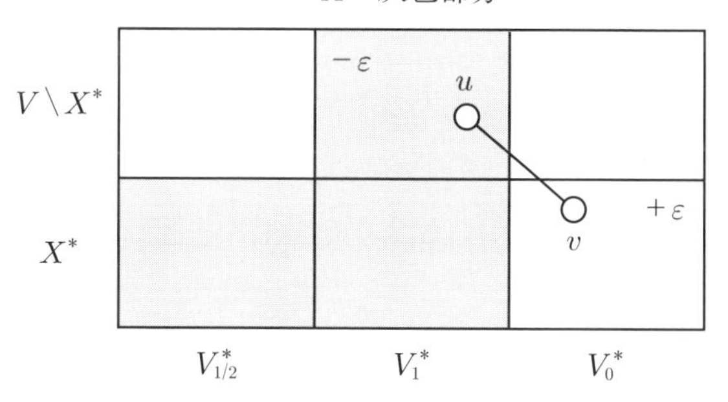

図 14.3　定理 14.11 の証明．矩形領域全体が頂点集合 V を表す．領域の下半分が X^*，灰色の領域が X を表す．

X は (14.3) を満たすので，X が最小頂点被覆であることを示せばよい．

まず，X は頂点被覆であることを示す．$X^* \setminus V_0^*$ に被覆されない辺 uv が存在したとする．X^* は頂点被覆であるので，端点 u, v のいずれかは $V_0^* \cap X^*$ に含まれる．対称性より $v \in V_0^* \cap X^*$ であると仮定する．問題 (14.1) の制約から $x_u^* + x_v^* \geq 1$ が成り立つので，$u \in V_1^*$ である．したがって，V_1^* は辺 uv を被覆する．以上より，任意の辺は $X^* \setminus V_0^*$ または V_1^* によって被覆されるので，$X = (X^* \setminus V_0^*) \cup V_1^*$ は頂点被覆である．

次に，頂点被覆 X は最小頂点被覆であることを示す．そのために，$|X| > |X^*|$ であることを仮定して矛盾を導く．このとき，$|X| = |X^*| - |V_0^* \cap X^*| + |V_1^* \setminus X^*|$ であるので

$$|V_0^* \cap X^*| < |V_1^* \setminus X^*| \tag{14.4}$$

が成り立つ．

実数 ε を

$$\varepsilon = \min \left\{ \left| x_v^* - \frac{1}{2} \right| \;\middle|\; v \in V_0^* \cup V_1^* \right\}$$

と定義する．$V_0^* \cup V_1^*$ は非空であるので $\varepsilon > 0$ である．そして V 上のベクトル y を

$$y_v = \begin{cases} x_v^* - \varepsilon & (v \in V_1^* \setminus X^*), \\ x_v^* + \varepsilon & (v \in V_0^* \cap X^*), \\ x_v^* & (\text{それ以外}) \end{cases} \tag{14.5}$$

のように定義する．

主張 14.12. (14.5) で定義したベクトル y は線形最適化問題 (14.1) の実行可能解である．

証明. ε の定義より，任意の $v \in V$ に対して $0 \leq y_v \leq 1$ である．任意の辺

$e = uv$ に対して $y_u + y_v \geq 1$ であることを，以下のように場合分けをして示す．

u, v がともに $V_1^* \setminus X^*$ に属していないならば，$y_u \geq x_u^*$, $y_v \geq x_v^*$ より，$y_u + y_v \geq x_u^* + x_v^* \geq 1$ が成り立つ．次に，$u \in V_1^* \setminus X^*$ の場合を考える．X^* は頂点被覆であるので $v \in X^*$ である．$v \in V_0^* \cap X^*$ ならば

$$y_u + y_v = (x_u^* - \varepsilon) + (x_v^* + \varepsilon) = x_u^* + x_v^* \geq 1$$

である．一方，$v \in (V_{1/2}^* \cup V_1^*) \cap X^*$ ならば，$x_v^* \geq 1/2$ であり，さらに $x_u^* - \varepsilon \geq 1/2$ より

$$y_u + y_v = (x_u^* - \varepsilon) + x_v^* \geq \frac{1}{2} + \frac{1}{2} = 1$$

が成り立つ．$v \in V_1^* \setminus X^*$ の場合も同様である．以上より，y は線形最適化問題 (14.1) の実行可能解であり，主張 14.12 が示された． □

y の目的関数値は，(14.4) より

$$\sum_{v \in V} y_v = \sum_{v \in V} x_v^* - \varepsilon |V_1 \setminus X^*| + \varepsilon |V_0 \cap X^*| < \sum_{v \in V} x_v^*$$

である．これは x^* が最適解であることに矛盾する．したがって，X は最小頂点被覆であるので，定理 14.11 が成り立つ． □

定理 14.11 より，次のような変換ルールを作ることができる．

ルール 5. 問題例 (G, k) に対する線形最適化問題 (14.1) の最適解を x^* とする．$\sum_{v \in V} x_v^* > k$ ならば (G, k) の答えは no である．そうでなければ，(14.2) のように $V_1^*, V_{1/2}^*, V_0^*$ を定義する．そして，V_1^* を頂点被覆に選んで，V_0^* を G から取り除く．変換後の問題例は $(G[V_{1/2}^*], k - |V_1^*|)$ となる．

観察 14.5 や観察 14.8 と同じように，変換後の問題例は元の問題例と等価であることを示すことができる．

観察 14.13. ルール 5 に変換によって得られた問題例 $(G[V_{1/2}^*], k - |V_1^*|)$ は，(G, k) と等価である．

証明. 線形最適化問題 (14.1) の最適解を x^* として，(14.2) のように $V_1^*, V_{1/2}^*, V_0^*$ を定義する．

グラフ G が要素数 k 以下の頂点被覆 X をもつとする．定理 14.11 より，$V_1^* \subseteq X \subseteq V_1^* \cup V_{1/2}^*$ を満たすように X を取ることができる．このとき，$X \cap V_{1/2}^*$ は $G[V_{1/2}^*]$ の頂点被覆であり，その要素数は $k - |V_1^*|$ 以下である．したがって，$(G[V_{1/2}^*], k - |V_1^*|)$ は要素数 $k - |V_1^*|$ 以下の頂点被覆をもつ．反対に，$(G[V_{1/2}^*], k - |V_1^*|)$ が要素数 $k - |V_1^*|$ 以下の頂点被覆 Y をもつとする．

このとき，$V_1^* \cup Y$ は G の頂点被覆であり，その要素数は k 以下である．実際，G において V_0^* に接続する辺のもう一方の端点は V_1^* に接続するので，この辺は V_1^* によって被覆される．

以上より，(G,k) と $(G[V_{1/2}^*], k-|V_1^*|)$ は等価であることがいえる． □

さらに，変換後のグラフの頂点数は $2k$ 以下であることがいえる．

補題 14.14. ルール 5 の変換によって得られた問題例 $(G[V_{1/2}^*], k-|V_1^*|)$ の頂点数は $2k$ 以下である．

証明. ルール 5 より，問題例 (G,k) に対する線形最適化問題 (14.1) の最適値は k 以下であり，変換後のグラフの頂点集合は $V_{1/2}^*$ と等しい．任意の頂点 $v \in V_{1/2}^*$ に対して $x_v^* = 1/2$ であるので

$$|V_{1/2}^*| = \sum_{v \in V_{1/2}^*} 2x_v^* \leq 2 \sum_{v \in V} x_v^* \leq 2k$$

が成り立つ．したがって，変換後のグラフ $G[V_{1/2}^*]$ の頂点数は $2k$ 以下である． □

以下では，線形最適化問題 (14.1) を，二部グラフにおける最大マッチング問題に帰着することで効率的に解くことができることを示す．

補題 14.15. 頂点数 n，辺数 m の無向グラフ $G=(V,E)$ に対して，線形最適化問題 (14.1) を $O(m\sqrt{n})$ 時間で解くことができる．

証明. グラフ G から二部グラフ $H=(V_1,V_2;E')$ を次のように作る．H の頂点集合 V_1, V_2 は G の頂点集合のコピーであり，各頂点 $v \in V$ は 2 つのコピー $v_1 \in V_1$ と $v_2 \in V_2$ をもつ．また，G の各辺 $uv \in E$ に対して，H は u_1v_2 と u_2v_1 の 2 つの辺をもつとする．まとめると，$V_1 = \{v_1 \mid v \in V\}$, $V_2 = \{v_2 \mid v \in V\}$, $E' = \{u_1v_2, u_2v_1 \mid uv \in E\}$ である．このとき $|V(H)| = 2|V| = O(n)$, $|E'| = 2|E| = O(m)$ が成り立つ．

H の最小頂点被覆を Y とする．ベクトル $x \in [0,1]^V$ を

$$x_v = \begin{cases} 1 & (\{v_1,v_2\} \subseteq Y), \\ \dfrac{1}{2} & (|\{v_1,v_2\} \cap Y| = 1), \\ 0 & (\{v_1,v_2\} \cap Y = \emptyset) \end{cases} \tag{14.6}$$

のように定義する．このとき

$$\sum_{v \in V} x_v = \frac{|Y|}{2} \tag{14.7}$$

である．

主張 14.16. (14.6) で定義したベクトル x は線形最適化問題 (14.1) の最適解である.

証明. Y は H の頂点被覆であるので，G の各辺 $e = uv$ に対して $\{u_1, u_2, v_1, v_2\}$ のうち少なくとも 2 つは Y に含まれる．これより $x_u + x_v \geq 1$ が成り立つ．したがって，x は問題 (14.1) の実行可能解である．

線形最適化問題 (14.1) の最適解を x^* とする．このとき，H の各頂点 v_i $(i \in \{1,2\})$ に対して $y_{v_i} = x^*_v$ と置く．H の任意の辺 u_1v_2 に対して $y_{u_1} + y_{v_2} = x^*_u + x^*_v \geq 1$ が成り立つので，ベクトル y は，二部グラフ H の頂点被覆問題に対する線形最適化緩和

$$\begin{aligned} &\text{minimize} && \sum_{v \in V_1 \cup V_2} y_v \\ &\text{subject to} && y_u + y_v \geq 1 \quad (uv \in E'), \\ &&& y_v \geq 0 \quad (v \in V_1 \cup V_2) \end{aligned} \tag{14.8}$$

の実行可能解である．定理 4.2 より問題 (14.8) の最適値は $|Y|$ に等しいので

$$\sum_{v \in V_1 \cup V_2} y_v \geq |Y|$$

である．一方，y の定義より

$$\sum_{v \in V} x^*_v = \frac{1}{2} \sum_{v \in V} (y_{u_1} + y_{v_2}) = \frac{1}{2} \sum_{v \in V_1 \cup V_2} y_v$$

である．したがって，(14.7) より

$$\sum_{v \in V} x^*_v \geq \frac{|Y|}{2} = \sum_{v \in V} x_v$$

が成り立つ．これは，問題 (14.1) の実行可能解 x の目的関数値が，その最適値 $\sum_{v \in V} x^*_v$ 以下であることを述べている．したがって，x は問題 (14.1) の最適解である．以上より主張 14.16 が成り立つ． □

主張 14.16 より，H の最小頂点被覆から線形最適化問題 (14.1) の最適解 x を得ることができる．定理 4.15 より二部グラフ H の最小頂点被覆を $O(|E(H)|\sqrt{|V(H)|})$ 時間で求められるので，全体の計算量は $O(m\sqrt{n})$ である．以上で補題 14.15 が示された． □

ここまでの議論をまとめると，次の定理を得る．

定理 14.17. 頂点被覆問題には頂点数 $2k$ 以下のカーネルが存在する．頂点数 n，辺数 m の無向グラフ G に対して，このカーネルを $O(m\sqrt{n})$ 時間で求めることができる．

証明. 補題 14.15 より，線形最適化問題 (14.1) を $O(m\sqrt{n})$ 時間で解けるの

で，ルール 5 の変換にかかる計算量は $O(m\sqrt{n})$ である．さらに，補題 14.14 より，ルール 5 を適用した後のグラフの頂点数は $2k$ 以下である．したがって，頂点数 $2k$ 以下のカーネルを $O(m\sqrt{n})$ 時間で求めることができる． □

補題 14.15 の証明を見ると，線形最適化問題 (14.1) の最適解で，各成分が $0, 1/2, 1$ のいずれかの値であるものが存在することがいえる．このように，各成分が $0, 1/2, 1$ のいずれかの値である最適解を**半整数最適解**（half-integral optimal solution）と呼ぶ．

系 14.18. 線形最適化問題 (14.1) は半整数最適解をもつ．すなわち，線形最適化問題 (14.1) には，各成分が $0, \frac{1}{2}, 1$ のいずれかの値である最適解が存在する．さらに，頂点数 n，辺数 m のグラフに対して，半整数最適解を $O(m\sqrt{n})$ 時間で求めることができる．

14.4 限定探索木

本節では，頂点被覆問題を例に，限定探索木に基づく固定パラメータアルゴリズムを紹介する．探索木に基づくアルゴリズムでは，場合分けを行い，各場合に対して再帰的に部分問題を解くことで元の問題を解く．

まず，頂点被覆問題が簡単に解ける場合をいくつか述べる．グラフ $G = (V, E)$ のすべての頂点の次数が 1 以下であるならば，G の各連結成分は 1 つの辺または 1 つの頂点からなるので，最小頂点被覆を簡単に求められる．さらに各頂点の次数が 2 以下の場合も，最小頂点被覆を多項式時間で求めることができる．

補題 14.19. グラフ G の各頂点の次数が 2 以下であれば，最小頂点被覆を多項式時間で求めることができる．

証明. 各頂点の次数が 2 以下であるので，G の各連結成分はパスかサイクルになる．したがって，各連結成分の最小頂点被覆を簡単に求めることができるので，G の最小頂点被覆を多項式時間で求められる． □

次数が 3 の頂点をもつ無向グラフに対して最小頂点被覆を求める問題は，NP 困難であることが知られている．

以降では，G は次数 3 以上の頂点 v をもつと仮定して，v を用いて場合分けを行う．

1 つ目の場合は，v を頂点被覆として選ぶ場合である．このとき，v に接続する辺は v によって被覆されるので，v とそれに接続する辺を取り除いて，パラメータ k を 1 つ減らすことができる．すなわち，$(G - v, k - 1)$ という問題例を考えて，これを再帰的に解く．$G - v$ に要素数 $k - 1$ 以下の頂点被覆 X

が存在すれば，$X \cup \{v\}$ は G において要素数 k 以下の頂点被覆である．一方，$G-v$ に要素数 $k-1$ 以下の頂点被覆が存在しなければ，G は，v を含み要素数が k 以下である頂点被覆をもたないことが分かる．

2 つ目の場合は，v を頂点被覆として選ばない場合である．このとき，v に接続する辺を被覆するために，v に隣接する頂点すべてを頂点被覆に含める必要がある．v に隣接する頂点の集合を $N(v)$ と置いたとき，$\{v\} \cup N(v)$ を G から取り除いて，パラメータ k を $|N(v)|$ だけ減らした問題例を考える．この問題例は，$G' = G - (\{v\} \cup N(v))$, $p = |N(v)| \geq 3$ と置くと，$(G', k-p)$ と書ける．この問題例 $(G', k-p)$ を再帰的に解く．G' に要素数 $k-p$ 以下の頂点被覆 X が存在すれば，$X \cup N(v)$ は G において要素数 k 以下の頂点被覆である．一方，G' に要素数 $k-p$ 以下の頂点被覆が存在しなければ，G における要素数 k 以下の頂点被覆は（存在するならば）必ず v を含むことが分かる．

以上をまとめると，このアルゴリズムでは 2 つの問題例 $(G-v, k-1)$ と $(G', k-p)$ を再帰的に解く．そして，いずれかの場合で答えが yes であれば元の問題の答えは yes であり，いずれの場合も no であれば元の問題の答えは no であると分かる．

この再帰アルゴリズムは，場合分けを繰り返すアルゴリズムとしてとらえることもでき，これは各ノードが 1 つの問題例に対応する 2 分木を探索していると見ることができる．アルゴリズムでは 1 回場合分けを行うごとにパラメータ k が 1 以上減るので，この 2 分木の高さは k 以下である．このように高さがパラメータ k の関数で表される探索木を**限定探索木**（bounded search tree）と呼ぶ．

このアルゴリズムの計算量を解析する．パラメータが k である場合の限定探索木の葉の総数を $T(k)$ と置く．このとき

$$T(k) = \begin{cases} T(k-1) + T(k-3) & (k \geq 3), \\ 1 & (k \leq 2) \end{cases}$$

が成り立つ．これを計算すると以下の定理が得られる．

定理 14.20. 頂点数 n，辺数 m の無向グラフ $G = (V, E)$ に対して，要素数 k 以下の頂点被覆を $O(m\sqrt{n} + 1.4656^k k^c)$ 時間で（存在するならば）求めることができる．ただし c は定数である．

証明. まず，$T(k) \leq 1.4656^k$ であることを，k に関する帰納法を用いて示す．$k \leq 2$ のときは $T(2) = 1 \leq 1.4656^2$ より正しい．$k \geq 3$ のとき，帰納法の仮定より

$$\begin{aligned} T(k) &= T(k-1) + T(k-3) \leq 1.4656^{k-1} + 1.4656^{k-3} \\ &= 1.4656^{k-3}(1.4656^2 + 1) \leq 1.4656^{k-3} 1.4656^3 \leq 1.4656^k \end{aligned}$$

である．したがって，$T(k) \leq 1.4656^k$ が成り立つ．

上で述べたアルゴリズムにおいて，各問題例を小さな問題例に変換することは多項式時間で行えるので，その計算量を n^c と置くと（c は定数），上のアルゴリズムの計算量を $O(1.4656^k \cdot n^c)$ と表せる．さらに，上のアルゴリズムを実行する前に，定理 14.17 のカーネル化アルゴリズムを実行しておくと，$O(m\sqrt{n})$ 時間で，頂点数が $2k$ 以下のグラフをもつ等価な問題例に変換できる．その後に上のアルゴリズムを実行すると，全体の計算量は $O(m\sqrt{n} + 1.4656^k k^c)$ である． □

14.5 線形最適化緩和の最適値との差をパラメータとしたアルゴリズム

前節までは，無向グラフ $G = (V, E)$ が要素数 k 以下の頂点被覆をもつかどうかを判定する問題に対して，計算量が $f(k) \cdot n^c$ で表されるアルゴリズムを設計することを考えてきた．本節では，最小頂点被覆の大きさを $\tau(G)$，線形最適化問題 (14.1) の最適値を $\tau_f(G)$ と置いたとき，$\mu = k - \tau_f(G)$ をパラメータとした固定パラメータアルゴリズムを紹介する．このアルゴリズムの計算量は，c を定数として，$f(k - \tau_f(G)) \cdot n^c$ と表される．$\tau_f(G)$ は最小頂点被覆の要素数の下界であり，$k - \tau_f(G)$ は下界との差を表す．下界 $\tau_f(G)$ が大きければ，このアルゴリズムは高速であるといえる．

頂点被覆問題の線形最適化緩和 (14.1) の最適解を x^* と置く．系 14.18 より半整数最適解が存在するので，任意の $v \in V$ に対して $x_v^* \in \{0, 1/2, 1\}$ であることを仮定してよい．$i \in \{0, 1/2, 1\}$ に対して $V_i^* = \{v \in V \mid x_v^* = i\}$ と置く．

14.3.3 節のルール 5 と同じように，問題例 (G, k) を $(G[V_{1/2}^*], k - |V_1^*|)$ に変換することを考える．以下の補題では，元の問題例 (G, k) と変換後の問題例 $(G[V_{1/2}^*], k - |V_1^*|)$ では，パラメータ μ の値が変化しないことを示す．

補題 14.21. 頂点被覆問題の線形最適化緩和 (14.1) の半整数最適解を x^* と置き，$G' = G[V_{1/2}^*]$, $k' = k - |V_1^*|$ とする．このとき，$\tau_f(G) - \tau_f(G') = \tau(G) - \tau(G') = k - k'$ が成り立つ．したがって，$k - \tau_f(G) = k' - \tau_f(G')$ である．

証明. $|V_1^*| = k - k'$ であるので，$\tau(G) - \tau(G') = |V_1^*|$ および $\tau_f(G) - \tau_f(G') = |V_1^*|$ をそれぞれ示す．これらを整理すると，$k - \tau_f(G) = k' - \tau_f(G')$ が得られる．

主張 14.22. $\tau(G) = \tau(G') + |V_1^*|$ が成り立つ．

証明. G' の最小頂点被覆を Y とする．G において V_0^* に接続する辺のもう一

方の端点は V_1^* に接続するので，$Y \cup V_1^*$ は G の頂点被覆である．したがって，$\tau(G) \leq |Y| + |V_1^*| = \tau(G') + |V_1^*|$ が成り立つ．一方，定理 14.11 より，G の最小頂点被覆 X で $V_1^* \subseteq X \subseteq V_0^* \cup V_1^*$ を満たすものが存在する．$X \setminus V_1^*$ は G' の頂点被覆であるので，$\tau(G') \leq |X| - |V_1^*| = \tau(G) - |V_1^*|$ が成り立つ．以上より $\tau(G) - \tau(G') = |V_1^*|$ であるので，主張 14.22 が成り立つ． □

主張 14.23. $\tau_f(G) = \tau_f(G') + |V_1^*|$ が成り立つ．

証明. G' に対する線形最適化問題 (14.1) の最適解を y とする．ベクトル x を

$$x_v = \begin{cases} y_v & (v \in V_{1/2}^*), \\ 1 & (v \in V_1^*), \\ 0 & (v \in V_0^*) \end{cases}$$

のように定める．x は G に対する線形最適化問題 (14.1) の実行可能解である．したがって

$$\tau_f(G) \leq \sum_{v \in V} x_v = \sum_{v \in V_{1/2}^*} y_v + |V_1^*| = \tau_f(G') + |V_1^*|$$

であるので，$\tau_f(G) \leq \tau_f(G') + |V_1^*|$ が成り立つ．

一方，線形最適化問題 (14.1) の半整数最適解 x^* に対して，x^* を $V_{1/2}^*$ 上に制限したベクトルは，G' に関する線形最適化問題 (14.1) の実行可能解である．したがって，$\tau_f(G) - |V_1^*| \geq \tau_f(G')$ を得る．

以上より，$\tau_f(G) = \tau_f(G') + |V_1^*|$ であるので，主張 14.23 が成り立つ． □

上の 2 つの主張より補題 14.21 が成り立つ． □

線形最適化問題 (14.1) の半整数最適解 x^* において，$V_{1/2}^* \neq V$ が成り立つのであれば，ルール 5 を用いて小さな問題例に変換できて，補題 14.21 より変換においてパラメータ μ は保存される．$V_{1/2}^* = V$ である場合は小さな問題例に変換することができないが，これは，半整数最適解 x^* のすべての成分が 1/2 である場合である．すべての成分が 1/2 であるベクトルを，すべての成分が 1 であるベクトル $\mathbf{1}$ を用いて，$\frac{1}{2}\mathbf{1}$ と表記する．

以下の補題では，線形最適化問題 (14.1) が，$\frac{1}{2}\mathbf{1}$ とは異なる最適解をもつかどうかを多項式時間で判定できることを示す．

補題 14.24. 線形最適化問題 (14.1) において，$\frac{1}{2}\mathbf{1}$ とは異なる半整数最適解が存在するかどうかを多項式時間で判定できる．

証明. 線形最適化問題 (14.1) の半整数最適解を x^* とする．$x^* \neq \frac{1}{2}\mathbf{1}$ であれば条件を満たすので，$x^* = \frac{1}{2}\mathbf{1}$ である場合を考える．任意の頂点 $v \in V$ に対して，問題 (14.1) に $x_v = 1$ という制約を付け加えた線形最適化問題を考えて，

その最適値を α_v とする．

線形最適化問題 (14.1) が $\frac{1}{2}\mathbf{1}$ のみを最適解としてもつのであれば，任意の頂点 $v \in V$ に対して，α_v は $\tau_f(G)$ よりも大きくなる．一方，$x_v = 1$ を満たす最適解 x が存在するならば，$\alpha_v = \tau_f(G)$ が成り立つ．

したがって，線形最適化問題を n 回解くことで，線形最適化問題 (14.1) が $\frac{1}{2}\mathbf{1}$ とは異なる最適解をもつかどうかを判定できる． □

補題 14.24 より，線形最適化問題 (14.1) に $\frac{1}{2}\mathbf{1}$ とは異なる最適解が存在するかどうかを判定して，存在するのならばルール 5 を用いて問題例を小さく変換できる．これを繰り返すことで，最終的に得られる問題例では，線形最適化緩和 (14.1) が $\frac{1}{2}\mathbf{1}$ のみを半整数最適解としてもつと仮定できる．

これまでの議論と限定探索木に基づくアルゴリズム（14.4 節）を組み合わせると，以下の定理が得られる．

定理 14.25. 頂点数 n，辺数 m の無向グラフ $G = (V, E)$ に対して，要素数 k 以下の頂点被覆を $4^{k-\tau_f(G)} n^c$ 時間で（存在するならば）求めることができる．

証明. 補題 14.24 より，線形最適化緩和 (14.1) が $\frac{1}{2}\mathbf{1}$ とは異なる最適解をもつならばルール 5 を適用できる．補題 14.21 より，この変換によってパラメータ $\mu = k - \tau_f(G)$ の値は変化しない．この変換を適用できなくなるまで繰り返し適用した後の問題例を (G, k) とおきなおすと，(G, k) の線形最適化緩和 (14.1) は $\frac{1}{2}\mathbf{1}$ のみを半整数最適解としてもつ．このような問題例に対して，14.4 節の限定探索木に基づくアルゴリズムを適用する．14.4 節のアルゴリズムでは，適当に頂点 v を選んで，$(G - v, k - 1)$ と $(G - \{v\} \cup N(v), k - |N(v)|)$ の 2 つの問題例を再帰的に解く．

以下では，いずれの問題例においてもパラメータ $\mu = k - \tau_f(G)$ が少なくとも 1/2 以上小さくなることを示す．

主張 14.26. $\tau_f(G - v) \geq \tau_f(G) - \frac{1}{2}$ が成り立つ．したがって，$(k - 1) - \tau_f(G - v) \leq k - \tau_f(G) - \frac{1}{2}$ である．

証明. 主張の前半を示すために，$\tau_f(G - v) < \tau_f(G) - \frac{1}{2}$ であると仮定して，矛盾を導く．このとき，$\tau_f(G)$ と $\tau_f(G - v)$ は 1/2 の倍数であるので，$\tau_f(G - v) \leq \tau_f(G) - 1$ である．

$G - v$ に関する線形最適化問題 (14.1) の最適解を x' とする．x' に $x_v = 1$ を付け加えたベクトル x は，G に関する問題 (14.1) の実行可能解である．その目的関数値は $\tau_f(G - v) + 1$ であり，これは前段落の議論より $\tau_f(G)$ 以下である．したがって，x は G に関する問題 (14.1) の最適解であると分かるが，これは G に関する問題 (14.1) が $\frac{1}{2}\mathbf{1}$ のみを半整数最適解としてもつことに矛盾する．以上より，$\tau_f(G - v) \geq \tau_f(G) - \frac{1}{2}$ であると分かる．

$\tau_f(G-v) \geq \tau_f(G) - \frac{1}{2}$ を変形すると，$(k-1) - \tau_f(G-v) \leq k - \tau_f(G) - \frac{1}{2}$ が得られる．したがって，主張 14.26 が成り立つ． □

主張 14.27. $p = |N(v)|$ と置き，$G' = G - \{v\} \cup N(v)$, $k' = k - |N(v)|$ とする．このとき $\tau_f(G') \geq \tau_f(G) - p + \frac{1}{2}$ が成り立つ．したがって，$k' - \tau_f(G') \leq k - \tau_f(G) - \frac{1}{2}$ である．

証明. 主張の前半を示すために，$\tau_f(G') < \tau_f(G) - p + \frac{1}{2}$ を仮定して，矛盾を導く．このとき，$\tau_f(G)$ と $\tau_f(G')$ は 1/2 の倍数であるので，$\tau_f(G') \leq \tau_f(G) - p$ である．

G' に関する線形最適化問題 (14.1) の最適解を x' とする．このとき，x' に，$x_v = 0$, $x_w = 1$ $(w \in N(v))$ を付け加えたベクトル x は，G に関する線形最適化問題 (14.1) の実行可能解である．x の目的関数値は $\tau_f(G') + p$ であり，仮定より，これは $\tau_f(G)$ 以下である．したがって，x は G に関する線形最適化問題 (14.1) の最適解であるが，これは G の線形最適化問題 (14.1) の最適解が $\frac{1}{2}\mathbf{1}$ のみであることに矛盾する．以上より，$\tau_f(G') \geq \tau_f(G) - p + \frac{1}{2}$ が成り立つ．

上の式を変形すると $k' - \tau_f(G') \leq k - \tau_f(G) - \frac{1}{2}$ が成り立つので，主張 14.27 が示される． □

上の 2 つの主張より，14.4 節の限定探索木に基づくアルゴリズムにおいて場合分けを行ったとき，いずれの場合にも $\mu = k - \tau_f(G)$ の値が 1/2 以上減る．したがって，パラメータが μ である場合に限定探索木アルゴリズムが探索する木の葉の総数を $T(\mu)$ とすると，$T(\mu) \leq 2T(\mu - 1/2)$ という漸化式が成り立つ．これを解くと $T(\mu) \leq 4^{\mu} = 4^{k-\tau_f(G)}$ がいえる．限定探索木アルゴリズムの各ステップは多項式時間で実行できるので，定理 14.25 が成立する． □

第 15 章
オンラインマッチング

本章ではオンラインマッチングを扱う．オンラインマッチング問題は，グラフの情報があらかじめ分かっておらず，時間とともに少しずつ明らかになる状況で，できるだけ大きなマッチングを求める問題である．本章では，カープ (Karp)–ヴァジラーニ (Vazirani)–ヴァジラーニ (Vazirani)[35]によるアルゴリズムを紹介する．

15.1 オンラインマッチング問題とは

オンラインマッチング問題 (online matching problem) は以下のように定義される．$G = (U, V; E)$ を 2 つの頂点集合 $U = \{u_1, u_2, \ldots, u_m\}$, $V = \{v_1, v_2, \ldots, v_n\}$ と，辺集合 $E \subseteq U \times V$ をもつ二部グラフとする．初期時刻（時刻 0）では片側の頂点集合 U のみが与えられ，頂点集合 V と辺集合 E は未知であるとする．時刻 $i = 1, 2, \ldots, n$ において，1 つの頂点 $v_i \in V$ と v_i に接続する辺の集合が明らかになる．時刻 i では時刻 $i+1$ 以降に得られる頂点 $v_{i+1}, v_{i+2}, \ldots, v_n$ の情報は分からず，最終時刻 n になってはじめてグラフ G 全体が得られる．オンラインマッチング問題は，このように V の頂点が 1 つずつオンラインで明らかになる状況で，G の最大マッチングを求める問題である．ここでマッチングを求めるためにできることは，各時刻 i で，頂点 v_i に隣接する U の頂点のいずれかを選ぶか，どの頂点も選ばないかを決めることである．U の頂点 u を選んだとき，辺 uv_i をマッチングの辺として採用する．v_i に対する決定を時刻 $i+1$ 以降に先延ばしにすることはできないし，後になって決定を覆すこともできない．時刻 n において最後の頂点が到着した後，最終的に得られるマッチングが出力である．

オンラインマッチング問題はウェブ広告の割当に応用がある[47]．たとえば，U を広告の集合として，V をユーザーの集合とする．各ユーザー $v \in V$ にはその属性（性別，年齢など）に応じて見せたい広告の集合が決まっており，こ

れは U と V を頂点集合とする二部グラフとして表現される．時刻 i にユーザー $v_i \in V$ が，あるウェブサイトを訪問するとする．このとき，ウェブサイトは，v_i に見せたい広告の中から 1 つを選んで v_i に表示する．その際，時刻 $i+1$ 以降に訪問するユーザーの情報は分からない．ウェブサイトは表示した広告の数に応じて利益を得るので，各ユーザーに対して表示する広告をうまく選ぶことで，表示できる広告の総数を最大化したい．各広告を 1 回までしか表示できないとすると，この問題はオンラインマッチング問題として自然にモデル化できる．

オンラインマッチング問題では将来の情報が分からないので，辺数最大のマッチングを求めることは不可能である．したがって，できるだけ辺数が大きいマッチングを求めることを目指す．

オンラインマッチング問題に対するアルゴリズムを評価する指標として**競合比**（competitive ratio）を定義する．二部グラフ G の最大マッチングの辺数を $\mathrm{OPT}(G)$ とし，オンラインマッチング問題に対するアルゴリズム $\mathcal{A}$ が出力するマッチングの辺数を $\mathrm{ALG}(G)$ とする．アルゴリズム $\mathcal{A}$ の競合比は

$$\inf_G \frac{\mathrm{ALG}(G)}{\mathrm{OPT}(G)}$$

と定義される．$\mathrm{ALG}(G) \leq \mathrm{OPT}(G)$ であるので競合比は 1 以下であり，競合比が大きいほどアルゴリズムの性能がよいといえる．

15.2 貪欲法

オンラインマッチング問題に対する単純なアルゴリズムとして，**貪欲法**（greedy algorithm）を紹介する．貪欲法では，時刻 i に頂点 $v_i \in V$ が到着したとき，マッチングに被覆されていない頂点 $u \in U$ に v_i が隣接していれば，辺 uv_i をマッチングに加える．貪欲法は以下のように記述される．

アルゴリズム **15.1.** オンラインマッチング問題に対する貪欲法

Step 1. $M \leftarrow \emptyset$ とする．

Step 2. 各時刻 $i = 1, 2, \ldots, n$ に対して，頂点 v_i が到着したとき，次の 2-1 を行う．

　2-1. v_i に隣接する頂点で M に被覆されていない頂点 u があれば，$M \leftarrow M \cup \{uv_i\}$ と更新する．

Step 3. M を出力する．

アルゴリズム 15.1 の出力を M と置くと，M は極大マッチングである．最大マッチングを M^* とすると，定理 12.2 より $|M| \geq \frac{1}{2}|M^*|$ が成り立つ．したがって，貪欲法の競合比は 1/2 以上である．一方，たとえば $G = (U, V; E)$ として

$$U = \{u_1, u_2\}, \quad V = \{v_1, v_2\}, \quad E = \{u_1v_1, u_2v_1, u_2v_2\}$$

という二部グラフを考える（12.1 節の図 12.1 参照）．このグラフに対して貪欲法を実行すると，時刻 1 で最悪の場合には u_2 を選ぶので $M = \{u_2v_1\}$ が出力される．二部グラフ G の最大マッチング M^* は $\{u_1v_1, u_2v_2\}$ であるので，このグラフでは $2|M| = |M^*|$ が成り立つ．したがって，貪欲法の競合比は 1/2 より大きくないことが分かる．まとめると以下の定理を得る．

定理 15.1. オンラインマッチング問題に対する貪欲法の競合比は 1/2 である．

15.3 ランキングアルゴリズム

カープ–ヴァジラーニ–ヴァジラーニ[35]は，貪欲法よりも良い競合比をもつ乱択アルゴリズムを提案した．このアルゴリズムは**ランキングアルゴリズム**（ranking algorithm）と呼ばれ，その競合比（の期待値）は $1 - 1/e \approx 0.632$ 以上である．

ランキングアルゴリズムは，まず U の頂点をランダムに置換する．言い換えると，m 次のランダムな置換 $\pi \in \mathrm{S}_m$ を用いて，U の頂点 u_j に $\pi(j)$ という順位を与える．時刻 i で V の頂点 v_i が到着したとき，ランキングアルゴリズムは，v_i に隣接していてマッチングに被覆されていない頂点 $u_j \in U$ の中で，一番ランクが高いもの（$\pi(j)$ が最小のもの）とペアを作る．

ランキングアルゴリズムは以下のように記述される．

アルゴリズム **15.2.** ランキングアルゴリズム

Step 1. $M \leftarrow \emptyset$ とする．ランダムに生成した m 次の置換を π とする．

Step 2. 各時刻 $i = 1, 2, \ldots, n$ に対して，頂点 v_i が到着したとき，次の 2-1 を行う．

　　2-1. v_i に隣接しており，かつ，M に被覆されていない頂点の中で，$\pi(j)$ が最小のものを $u_j \in U$ として，$M \leftarrow M \cup \{u_jv_i\}$ と更新する．

Step 3. M を出力する．

定理 15.2（カープ–ヴァジラーニ–ヴァジラーニ[35]）．ランキングアルゴリズムにおいて，Step 1 で生成する m 次の置換が π であるときの出力を M_π とする．一様ランダムに π を生成したときの M_π の辺数の期待値 $\mathrm{E}[|M_\pi|]$ は

$$\mathrm{E}[|M_\pi|] \geq \left(1 - \frac{1}{e}\right)|M^*|$$

である．つまり，ランキングアルゴリズムの期待競合比は $1 - 1/e$ 以上である．

この定理には複数の証明が知られている．次節では，エデン（Eden）ら[13]による簡潔な別証明に基づいて，定理 15.2 を証明する．

定理 15.2 の一方で，オンラインマッチング問題に対して，どのようなオン

ライン乱択アルゴリズムを用いても競合比が $(1-1/e)n+o(1)$ 以下であることが知られている．したがって，ランキングアルゴリズムはほぼ最適なアルゴリズムであるといえる．より詳しくは [12], [47] を参照されたい．

15.4 ランキングアルゴリズムの競合比の解析

本節では，エデンら[13]に基づいて定理 15.2 を証明する．

15.4.1 マーケットとしての解釈

二部グラフを $G=(U,V;E)$ とする．ここでは，オンラインマッチング問題を，買い手と商品からなるマーケットとして解釈する．頂点集合 $U=\{u_1,u_2,\ldots,u_m\}$ を商品の集合，頂点集合 $V=\{v_1,v_2,\ldots,v_n\}$ を買い手の集合とみなす．各商品 u_j は価格 $p(u_j)\in[0,1]$ をもつとする．

辺 u_jv_i が存在するときは，買い手 v_i は商品 u_j を欲しており，辺 u_jv_i が存在しないときは買い手 v_i にとって商品 u_j は価値をもたないとする．買い手 v_i にとっての商品 u_j の価値を表す関数を

$$\mathrm{val}_i(u_j)=\begin{cases}1 & (v_iv_j\in E),\\ 0 & (\text{それ以外})\end{cases}$$

のように定義する．

買い手 v_i が商品 u_j を買ったとき，v_i は金額 $p(u_j)$ を支払う．このとき，買い手 v_i は，価値 $\mathrm{val}_i(u_j)$ をもつ商品 u_j を価格 $p(u_j)$ で購入したので，その差 $\mathrm{val}_i(u_j)-p(u_j)$ だけ得をしたことになる．買い手 v_i が得る効用（utility）は

$$\mathrm{util}_i=\begin{cases}\mathrm{val}_i(u_j)-p(u_j) & (\text{買い手 } v_i \text{ が商品 } u_j \text{ を買ったとき}),\\ 0 & (\text{買い手 } v_i \text{ が何も買わなかったとき})\end{cases}$$

と定義される．

上のような設定のもと，マーケットに買い手が 1 人ずつ v_1 から順にやってくる．買い手 v_i がマーケットを訪れたとき，v_i は，まだマーケットに残っている商品の中で，自身の効用 util_i が最大となる商品 u_j を選ぶ．言い換えると，買い手 v_i は，自分が欲しい残っている商品の中で，一番価格が安い商品を選ぶ．このように買い手が行動すると仮定すると，商品の価格と買い手の順番が決まれば，誰がどの商品を買うのかが定まる．

買い手 v_i が購入した商品を $M(i)$ として，何も購入しなかった場合は $M(i)=\emptyset$ と置く．$M=\{u_jv_i \mid u_j=M(i)\}$ とすると，これは G のマッチングである．このとき，買い手全員が得た価値の合計を社会厚生（social welfare）と呼ぶ．社会厚生 SW は

$$\mathrm{SW} = \sum_{i=1}^{n} \mathrm{val}_i(M(i))$$

と書ける．val_i の定義より，社会厚生 SW はマッチング M の辺の数に等しい．

このマーケットの目的は，商品の価格をうまく定めることで，どのような順番で買い手がやってきたとしても，社会厚生（マッチングの辺数）を大きくすることである．

15.4.2　定理 15.2 の証明

本小節では，前小節で述べた設定のマーケットにおいて，価格をランダムに決めたときに得られる社会厚生の値を解析する．

定理 15.3. 二部グラフ $G = (U, V; E)$ の最大マッチングの辺数を OPT とする．任意の商品 u_j に対して w を $[0, 1]$ から一様ランダムに選び，価格 $p(u_j)$ を $p(u_j) = e^{w-1}$ とする．この価格に基づいて，買い手が順番に商品を選んだときに得られる社会厚生の期待値を $\mathrm{E}_w[\mathrm{SW}]$ とすると，$\mathrm{E}_w[\mathrm{SW}] \geq (1 - 1/e)\mathrm{OPT}$ が成り立つ．

商品 u_i の価格 $p(u_i)$ は商品の順位付けに対応するため，ランダムな価格の付け方をしたときの買い手の動きは，ランキングアルゴリズムと同じ振る舞いをすることが分かる．したがって，$\mathrm{E}_w[\mathrm{SW}]$ は，ランキングアルゴリズムで得られるマッチングの辺の数と等しいので，定理 15.3 は定理 15.2 が成り立つことを示している．

以降では，定理 15.3 を証明する．ランダムな価格 $p(u_j) = e^{w-1}$ に基づいて，買い手が順番に商品を選んだとき，買い手 v_i が購入した商品を $M(i)$ として，$M = \{u_j v_i \mid u_j = M(i)\}$ と置く．商品 u_j の収益（revenue）を

$$\mathrm{rev}_j = \begin{cases} p(u_j) & (\text{辺 } u_j v_i \in M \text{ が存在するとき}), \\ 0 & (\text{そうではないとき}) \end{cases}$$

と定義する．この定義は，商品 u_j がある買い手 v_i に売れたとき，その価格 $p(u_j)$ の収益を得て，誰にも売れなかったとき，収益は 0 であることを意味している．

定義より，辺 $u_j v_i \in M$ に対して $\mathrm{rev}_j + \mathrm{util}_i = 1$ が成り立つ．また M に被覆されていない商品 u_j は $\mathrm{rev}_j = 0$ であり，M に被覆されていない買い手 v_i は $\mathrm{util}_i = 0$ である．したがって

$$|M| = \sum_{u_j v_i \in M} 1 = \sum_{u_j v_i \in M} (\mathrm{rev}_j + \mathrm{util}_i) = \sum_{j=1}^{m} \mathrm{rev}_j + \sum_{i=1}^{n} \mathrm{util}_i \quad (15.1)$$

が成り立つ．

以降では，ある辺 $u_j v_i$ に着目して，$\mathrm{rev}_j + \mathrm{util}_i$ の期待値を評価する．

補題 15.4. 任意の商品 u_j に対して，w を $[0,1]$ から一様ランダムに選んで，価格 $p(u_j)$ を $p(u_j) = e^{w-1}$ とする．この価格に基づいて買い手が自身の商品を選んだとき，任意の辺 $u_j v_i \in E$ に対して

$$\mathrm{E}_w\left[\mathrm{rev}_j + \mathrm{util}_i\right] \geq 1 - \frac{1}{e}$$

が成り立つ．

補題 15.4 が成り立てば，定理 15.3 を次のように証明できる．

定理 15.3 の証明. (15.1) より

$$\mathrm{E}_w\left[|M|\right] = \mathrm{E}_w\left[\sum_{j=1}^{m}\mathrm{rev}_j + \sum_{i=1}^{n}\mathrm{util}_i\right]$$

である．M^* を G の最大マッチングとすると，期待値の線形性から

$$\begin{aligned}\mathrm{E}_w\left[\sum_{j=1}^{m}\mathrm{rev}_j + \sum_{i=1}^{n}\mathrm{util}_i\right] &\geq \mathrm{E}_w\left[\sum_{u_j v_i \in M^*}(\mathrm{rev}_j + \mathrm{util}_i)\right] \\ &= \sum_{u_j v_i \in M^*}\mathrm{E}_w\left[\mathrm{rev}_j + \mathrm{util}_i\right] \geq \left(1 - \frac{1}{e}\right)|M^*|\end{aligned}$$

が成り立つ．最後の不等式は補題 15.4 を用いた．したがって，定理 15.3 が成り立つ． □

本小節の残りでは，補題 15.4 を証明する．ある辺 $u_j v_i \in E$ に着目する．G から頂点 u_j を取り除いたグラフを G' とする．G' において同じ価格を用いて買い手が商品を購入したときに得られるマッチングを M' として，買い手 $v_{i'}$ が購入した商品を $M'(i')$ とする．

M' において，買い手 v_i が購入した商品の価格を $p = e^{y-1}$ とする．買い手 v_i が何も購入しなかったときは $p = 1$ と定義する．簡単のため，以降では商品 u_j の価格を p_j と略記する．

観察 15.5. $p_j < p$ ならば，元のグラフ G に対するマーケットにおいて，商品 u_j は誰かに購入されている．

証明. 元のグラフ G に対するマーケットにおいて，買い手 v_i がマーケットに訪れたときを考える．v_i よりも前にマーケットに訪れた買い手 $v_{i'}$ は，G' のときと同じ商品 $M'(i')$ を購入するか，それよりも価格が安いものを購入している．買い手 v_i がやってきたとき，商品 u_j がマーケットに残っていたら $p_j < p$ より v_i は u_j を購入する．商品 u_j がマーケットに残っていなかったら，v_i よりも前に来た誰かが u_j を購入していることになる．したがって，観察 15.5 が成り立つ． □

観察 15.6. 買い手 v_i に対して $\mathrm{util}_i \geq 1 - p$ が成り立つ．

証明. 買い手 v_i の M' における効用は $1 - p$ である．商品 u_j をグラフに戻しても，買い手 v_i の効用は減らないので，買い手 v_i の効用は $1 - p$ 以上である．ゆえに観察 15.6 が成り立つ． □

観察 15.5 より，商品 u_j が購入された確率は，$p_j < p$ となる確率よりも大きい．このことから

$$\begin{aligned}\mathrm{E}_w[\mathrm{rev}_j] &= \mathrm{E}_w\left[p_j \mathbf{1}\left[u_j\text{が売れた}\right]\right] \geq \mathrm{E}_w\left[p_j \mathbf{1}[p_j < p]\right] \\ &= \int_0^y e^{x-1}dx = e^{y-1} - \frac{1}{e} = p - \frac{1}{e}\end{aligned}$$

が成り立つ．ここで，$\mathbf{1}\left[u_j\text{が売れた}\right]$ は，u_j が売れたとき 1，それ以外のとき 0 を取る関数である．$\mathbf{1}[p_j < p]$ も同様に定義される．したがって，$\mathrm{E}_w[\mathrm{rev}_j] \geq p - \frac{1}{e}$ であるので，観察 15.6 と合わせて

$$\mathrm{E}_w[\mathrm{rev}_j + \mathrm{util}_i] \geq (1 - p) + \left(p - \frac{1}{e}\right) = 1 - \frac{1}{e}$$

が成り立つ．

以上より，補題 15.4 が成り立つので，これまでの議論から定理 15.3 が成り立つことが示された．

付録 A
アルゴリズムの基礎

この付録では，本書を読むために必要となるアルゴリズムの基礎をまとめる．

A.1 アルゴリズム

アルゴリズム（algorithm）とは問題を解くための計算の手順のことである．例として，n 個の実数 $x_1, x_2, \ldots, x_n$ の中で最大の値を求める問題を考えよう．この問題の入力（与えられるもの）と出力（求めたいもの）は以下のように書ける．

問題：n **個の実数の最大値を求める**．
入力： n 個の実数 $x_1, x_2, \ldots, x_n$.
出力： $x_1, x_2, \ldots, x_n$ の中の最大値．

この問題の n と $x_1, x_2, \ldots, x_n$ のように，入力として与えられるものを**問題例**（problem instance）という．問題例を保存するために必要となるメモリ領域を**入力サイズ**（input size）と呼ぶ．

ここでは，問題例から最大値を得るための計算の手順を考える．たとえば，問題例が $n = 5$，$(x_1, x_2, x_3, x_4, x_5) = (23, 11, 53, 47, 31)$ であるとき，何らかの計算を行うことで，最大値の 53 を出力したい．$n = 5$ のように n が小さいときは最大値がすぐに分かるが，どのような問題例 $x_1, x_2, \ldots, x_n$ に対しても正しく計算できる手順を記述することが求められる．

一つのやり方として，$x_1, x_2, \ldots, x_n$ の数値を前から順に見ていき，これまで見た中での最大の値を覚えておく方法がある．これをステップごとに分けて記述すると以下のようになる．

アルゴリズム **A.1.** 最大値を求めるアルゴリズム

Step 1. 変数 y を 1 つめの値 x_1 とする．

Step 2. 各 $i = 2, 3, \ldots, n$ に対して順に次の 2-1 を行う．

2-1. i 番目の値 x_i が y より大きいならば，y を x_i に更新する．

Step 3. y を出力する．

この手順では，$x_1, x_2, \ldots, x_n$ の数値を前から順に 1 つずつ見ていく．i 番目の値 x_i を見る時点では，y には $i-1$ 番目までの数値 $x_1, x_2, \ldots, x_{i-1}$ の中で一番大きい値が保存されている．x_i が y よりも大きかったら，y を x_i に更新する．そうではない場合は，y を更新しない．すると，i 番目の値 x_i を見た後には，y は $x_1, x_2, \ldots, x_i$ の中の最大の値が記憶されている．これを n 番目の値 x_n まで繰り返すと，y は $x_1, x_2, \ldots, x_n$ の中での最大の値となる．したがって，アルゴリズム A.1 は，$x_1, x_2, \ldots, x_n$ の最大値を求める．y のように計算途中の値を記憶するものを**変数**（variable）という．

上記のように，アルゴリズムは計算手順の集まりとして記述される．計算の手順は，四則演算，比較，変数の代入，参照など，基本的な演算の集まりで構成される．また，手順を記述するための表現として，アルゴリズム A.1 のように繰り返し表現や条件分岐がよく用いられる．

A.2 計算複雑度

一つの問題を解くためのアルゴリズムは複数考えられる．たとえば，以下のように，1 から n までの整数の和を求める問題を考える．

問題：$1, 2, \ldots, n$ の和を求める．

入力： 正整数 n.

出力： $1, 2, \ldots, n$ までの整数の和．

単純な方法として，整数を 1 つずつ小さいほうから順に足すやり方がある．ステップごとに記述すると，以下のようになる．

アルゴリズム **A.2.** $1, 2, \ldots, n$ の和を求めるアルゴリズム 1

Step 1. $s \leftarrow 0$ とする．

Step 2. 各 $i = 1, 2, \ldots, n$ に対して，$s \leftarrow s + i$ と更新する．

Step 3. s を出力する．

ここでは変数 s に値を代入する操作を，矢印 $\leftarrow$ を用いて表している．アルゴリズム A.2 の i 回目の反復が終了したときには，s には $1 + 2 + \cdots + i$ が記憶される．したがって，n 回目の反復が終了した後には $s = 1 + 2 + \cdots + n$ が成り立つので，アルゴリズム A.2 は $1 + 2 + \cdots + n$ を求める．

1からnまでの整数の和を求める他のやり方として，1からnまでの整数の和が$n(n+1)/2$に等しいことを利用する方法がある．

アルゴリズム A.3. $1, 2, \ldots, n$の和を求めるアルゴリズム 2

Step 1. $n(n+1)/2$を出力する．

アルゴリズム A.3を用いても$1+2+\cdots+n$を求めることができる．

このように同じ問題を解く場合でも複数のアルゴリズムがある．複数のアルゴリズムがあったとき，それらを評価して比較する枠組みが欲しい．アルゴリズムを実装したプログラムを作り，コンピュータ上で動かして計算時間を計測すればアルゴリズムの性能を評価することができるが，可能ならばプログラムを作る前にアルゴリズムの性能を知りたい．また，使用するコンピュータやプログラミング言語などの環境に計算結果が依存しない，理論的な評価基準が望まれる．

アルゴリズムの理論的な性能を評価するために，**計算量**（**計算複雑度**）(computational complexity) という概念が用いられる．アルゴリズムの計算量は，アルゴリズム中での（四則演算や比較など）基本演算の回数として定義される．実際のプログラムでは基本演算の種類によって計算時間が異なるが，ここでは異なる種類の演算をすべて区別せずに，アルゴリズム全体で何回の基本演算が行われているのかを数える．

たとえば，上の1つ目のアルゴリズム A.2では，各$i = 1, 2, \ldots, n$に対して，sに対する加算を1回行うので，合計でn回の加算を行う．一方，2つ目のアルゴリズム A.3では，加算1回，乗算1回，除算1回を行うので，四則演算の回数は3回である．したがって，アルゴリズム A.2ではn回，アルゴリズム A.3では3回の基本演算が行われている．入力nが大きくなると両者の差は大きくなる．たとえば，nが1万ならば，アルゴリズム A.2では1万回の基本演算が必要であるのに対して，アルゴリズム A.3では3回の基本演算で済む．

基本演算の回数は，問題の入力のサイズnによって変わるので，一般に，計算量は入力のサイズnの関数として表される．問題の入力サイズについてはA.4節で簡単に説明する．

ここで，前節のn個の実数の最大値を求めるアルゴリズム A.1の計算量を求めてみよう．アルゴリズム A.1では，比較を$n-1$回行い，その都度代入操作（値yの更新）を行う．代入操作を行う回数は，$x_1, x_2, \ldots, x_n$の値に依存する．たとえば，$(x_1, x_2, \ldots, x_n) = (n, n-1, \ldots, 1)$の場合，代入操作は1回で済むが，$(x_1, x_2, \ldots, x_n) = (1, 2, \ldots, n)$の場合は代入操作が$n$回行われる．このように，入力される数値によって基本演算の回数が異なる場合があるが，計算量を評価する際は，最悪の場合を想定して基本演算の回数を数えることが一般的である．つまり，基本演算が最も多くなるような問題例を考えて，その場合の演算回数をアルゴリズムの計算量だとみなすことにする．アルゴリズム A.1 では，最悪の場合，比較が $n-1$ 回，代入が最悪 n 回行われるので，その計算量は $2n-1$ である．

A.3 オーダー記法

前節で述べたように，アルゴリズムの計算量は基本演算の回数として定義される．そこでは四則演算や比較などの基本演算を区別しないで，それらの回数のみを数えるという大雑把な評価を行っていた．また，入力サイズ n が大きいときは，基本演算の回数が $n+1$ か n かどうかなど，わずかな回数の差は無視してもよいと考えられる．ここでは，このような細かな差を気にせずに，n が大きいときに漸近的な評価を行う方法を説明する．

漸近的な評価を行うために**オーダー記法**（order notation）を定義する．自然数の上で定義された 2 つの関数 f と p があるとする．このとき，ある正の実数 $C, N \in \mathbb{R}$ が存在して，任意の自然数 $n \geq N$ に対して

$$\frac{f(n)}{p(n)} < C$$

が成り立つとき，$f(n) = O(p(n))$ と表記する．ここで C, N は n によらない定数である．オーダー記法の定義の大まかな意味は「n が十分に大きいならば，$f(n)$ は $C \cdot p(n)$ より大きくならない」というものである．

たとえば，$f(n) = 3n^2 + 8n + 6$ とすると

$$f(n) = O(n^2)$$

である．これは，$n \geq 1$ に対して

$$\frac{f(n)}{n^2} = 3 + \frac{8}{n} + \frac{6}{n^2} \leq 3 + 8 + 6 = 17$$

となることから確かめられる．同じように

$$f(n) = O(n^3),\ f(n) = O(2^n),\ f(n) = O(2n^2 - 3n),\ f(n) = O(2n^2)$$

なども正しいことが分かる．一方，$f(n) \neq O(n^{1.5})$ である．実際

$$\frac{f(n)}{n^{1.5}} = 3\sqrt{n} + \frac{8}{\sqrt{n}} + \frac{6}{n^{1.5}} \to \infty \quad (n \to \infty)$$

であり，$\frac{f(n)}{n^{1.5}}$ を n によらない定数で抑えることができない．オーダー記法を用いるときは，できる限り簡潔で小さな $p(n)$ を用いて，$f(n) = O(p(n))$ と表すことが望ましい．

オーダー記法の性質を以下にまとめる．いずれも定義から簡単に確認がで

きる．

1. $f(n)=O(g(n))$ かつ $g(n)=O(h(n))$ ならば，$f(n)=O(h(n))$ である．
2. $f(n)=O(p(n))$ かつ $g(n)=O(p(n))$ ならば，$f(n)+g(n)=O(p(n))$ である．特に，d 次多項式 $f(n)=a_dn^d+a_{d-1}n^{d-1}+\cdots+a_0$（ただし $a_d\neq 0$）に対して，$f(n)=O(n^d)$ である．
3. 任意の $b>0, c>0$ に対して，$\log_b n=O(n^c)$ である．つまり，対数は多項式のオーダーで抑えられる．
4. 任意の $r>1, d>0$ に対して，$n^d=O(r^n)$ である．つまり，多項式は n の指数関数で抑えられる．
5. 任意の $a,b>1$ に対して，$\log_b n=O(\log_a n)$ である．このことから，オーダー記法において対数 log を書くときは，底を省略することが多い．

ある問題を解くためのアルゴリズムがあったとき，その計算量が，入力のサイズ n の関数 $p(n)$ を用いて $O(p(n))$ と表されたとする．このとき，アルゴリズムは $O(p(n))$ 時間で解を求めるという．このアルゴリズムは，n が大きいときに，$p(n)$ に比例する演算回数以下で解を求める．したがって，$p(n)$ の値が小さいならば，そのアルゴリズムは（n が大きくなったときに）速いとみなせる．たとえば，計算量が $O(\log n)$ や $O(n)$ であるアルゴリズムは高速であると考えられている．計算量がある定数 c を用いて $O(n^c)$ と書けるアルゴリズムを，**多項式時間アルゴリズム**（polynomial-time algorithm）という．1 章で述べたように，多項式時間アルゴリズムは効率的なアルゴリズムと呼ばれており，実用上も比較的高速に解を求めることができる．一方，$O(2^n)$ や $O(n^n)$ など，計算量が入力サイズ n の指数関数でしか表すことができないアルゴリズムは効率の悪いアルゴリズムであると考えられている．

本節の最後に，O 記法と同じような記法として Ω と Θ を紹介する．$f(n)=\Omega(g(n))$ であるとは，$g(n)=O(f(n))$ が成り立つことと定義される．つまり，ある正の実数 $C,N\in\mathbb{R}$ が存在して，任意の自然数 $n\geq N$ に対して

$$\frac{f(n)}{g(n)}>C$$

が成り立つとき，$f(n)=\Omega(g(n))$ と書く．アルゴリズムの計算量が $\Omega(g(n))$ と表されるとき，このアルゴリズムは，n が大きいとき，$g(n)$ に比例する演算回数が必要であることを意味する．また，$f(n)=O(g(n))$ かつ $f(n)=\Omega(g(n))$ が成り立つとき，$f(n)=\Theta(g(n))$ と定義する．

これまで述べてきたアルゴリズムの計算量は，アルゴリズムが解を求めるために必要となる計算時間（演算回数）に着目しており，**時間複雑度**（**時間計算量**）（time complexity）とも呼ばれる．計算時間ではなく，アルゴリズムで使用するメモリ領域に着目することもある．アルゴリズムで使用する記憶領域（メモリ領域）を入力サイズ n の関数として表したものは，**空間複雑度**（**空間**

計算量）（space complexity）と呼ばれる．

A.4 アルゴリズムの入力のサイズ

コンピュータ上では，通常，データはランダムアクセスメモリ（RAM）上に 0 と 1 からなる文字列として保存される．以下では，まず，整数などの数値やグラフを記憶するために必要となるメモリ領域について，簡単に説明する．

非負の整数 n をメモリ上に保存するために必要なサイズは，n を 2 進数で表したときに必要な桁数である．たとえば，整数 5 は 2 進数では 101 であるので 3 ビット必要であり，整数 23 は 2 進数では 10111 であるので 5 ビット必要である．一般に，非負の整数 n を 2 進数で表したとき，$\lfloor \log_2 n \rfloor + 1$ ビットが必要である．

非負の有理数は 2 つの互いに素な整数 p, q を用いて p/q と表されるので，有理数 p/q を記憶するために必要なメモリ量は $O(\log p + \log q)$ である．実数 x は，コンピュータ上では浮動小数点数（有限桁の小数）を用いて近似して表されるので，x のサイズは，その浮動小数点数を保存するために必要なビット数である．

次に，無向グラフ $G = (V, E)$ が与えられる場合を考える．無向グラフ G の頂点数を n，辺数を m とする．グラフ G を保存する標準的な方法として，隣接リストというデータ構造が主に用いられる．隣接リストでは，サイズ n の配列が用意され，配列の各要素は，G の各頂点 v に接続する辺の集合を保持するリストへのポインタをもつ．詳しくはアルゴリズムの基本的な教科書（[6], [64] など）を参照されたい．頂点 v に対応するリストは，v に接続する辺の情報をもつので，v に接続する辺の個数を $\deg(v)$ とすると，$\deg(v)$ 個の要素をもつ．(3.1) より $\sum_{v \in V} \deg(v) = 2m$ が成り立つので，G を表す隣接リストのサイズは

$$n + \sum_{v \in V} \deg(v) = O(m + n)$$

である．辺や頂点はラベル（番号）を付けて保持されるが，ここでは，その番号を保存するために必要な領域は定数であると仮定する．このように，頂点数 n，辺数 m の無向グラフが与えられたとき，それをメモリ上に保持するためのサイズは $O(n + m)$ である．

前節で述べたように，ある問題を解くためのアルゴリズムがあったとき，アルゴリズムの計算量を入力サイズの関数として表す．以下では，その具体例をいくつか述べる．

たとえば，A.1 節の n 個の非負整数の最大値を求める問題では，問題例は n 個の非負整数 $x_1, x_2, \ldots, x_n$ で与えられる．この問題の入力サイズは，各整数

x_i を保存するために $\lfloor \log_2 n \rfloor + 1$ ビットが必要なので

$$\sum_{i=1}^{n}(1 + \lfloor \log x_i \rfloor) = O\left(n + \sum_{i=1}^{n} \log x_i\right)$$

である．アルゴリズム A.1 の計算量は，$O(n)$ であるので，これは入力サイズの多項式で抑えられる．したがってアルゴリズム A.1 は多項式時間アルゴリズムである．

他の例として，4 章で扱った最大マッチング問題を考えると，その問題例は二部グラフ G である．G の頂点数を n，辺数を m とすると，G を記憶するためのメモリ領域は，本節前半で述べたように，$O(n + m)$ である．4 章のアルゴリズム 4.1 の計算量は，定理 4.8 より $O(mn)$ である．これは $n + m$ の多項式で抑えられるので，アルゴリズム 4.1 は多項式時間アルゴリズムである．

文献ノート

本書の最後に，組合せ最適化や関連分野の参考文献を挙げる．ここでは近年刊行されたものや日本語の図書を中心に取り上げる．

組合せ最適化

組合せ最適化分野において以下の専門書には定評がある．本書の第 I – II 部の主な内容は，これらの専門書に基づいている．

- B. Korte and J. Vygen, *Combinatorial Optimization: Theory and Algorithms*, 6th Edition, Springer, 2018[39].
- A. Schrijver, *Combinatorial Optimization: Polyhedra and Efficiency*, Springer, 2003[66].
- W. Cook, W. Cunningham, W. Pulleyblank and A. Schrijver, *Combinatorial Optimization*, John Wiley & Sons, 1997[5].

他にもロウラー（Lawler）[45]，リー（Lee）[46]，ラウ（Lau）ら[44]などが挙げられる．

以下では，日本語による組合せ最適化の教科書を挙げる．室田–塩浦[54]は離散凸解析を題材としているが，基本的な組合せ最適化アルゴリズムも解説している．

- 伊理 正夫，藤重 悟，大山 達雄，グラフ・ネットワーク・マトロイド，産業図書，1986（初版），2005（復刊）[29]．
- 藤重 悟，グラフ・ネットワーク・組合せ論，共立出版，2002[19]．
- 室田 一雄，塩浦 昭義．離散凸解析と最適化アルゴリズム．朝倉書店，2013[54]．

7 章で扱ったネットワークフローに関する教科書として，繁野[68]とウィリアムソン（Williamson）[77]を挙げる．最大流問題やその周辺の問題に対して，近年，連続最適化手法を用いた高速なアルゴリズムが提案されるなど，大幅な進展が見られる[3]．

9章のマトロイドについて，より詳しくはオックスレイ（Oxley）[59]や伊理–藤重–大山[29]を参照されたい．マトロイド理論の工学的応用については室田[50]やレチキ（Recski）[63]が詳しい．

10章の対称劣モジュラ関数最小化問題と関連する話題については，フランク（Frank）[17]と茨木–永持–石井[27]を薦める．（対称とは限らない）劣モジュラ関数は，マトロイドのランク関数（9.3節），有向グラフのカット関数（7.2.2節），多元情報源のエントロピー関数など，組合せ最適化をはじめ様々な分野で現れる．劣モジュラ関数の詳細な理論に関しては，藤重[20]を参照されたい．また，劣モジュラ関数の機械学習・画像処理への応用については河原–永野[36]や相馬–藤井–宮内[69]を薦める．劣モジュラ関数は，凸関数と類似する性質をもっており，離散的な凸関数と見ることができる．この考え方は，室田[51], [54]による離散凸解析という理論に発展している．

10章で紹介した辺数最小のカットを求めるカーガーのアルゴリズム以降，無向グラフの最小カットを求めるアルゴリズムの高速化が進み，最近になって最小カットをほぼ線形時間で決定的に求められることが示されている[24], [37]．

11章で扱ったようにグラフを行列として表現すると，その行列の固有値などの性質からグラフの構造を調べることができる．このような研究は代数的グラフ理論やスペクトラルグラフ理論と呼ばれており，計算機科学分野にも応用されている[23], [70], [80]．

最適化理論

線形最適化と整数最適化の理論についてはスクライファ（Schrijver）[65]が詳しい．コンフォーティ（Conforti）ら[4]は整数最適化に関する良書である．

- A. Schrijver, *Theory of Linear and Integer Programming*, Wiley, 1986[65].
- M. Conforti, G. Cornuéjols, G. Zambelli, *Integer Programming*, Springer, 2014[4].

最適化理論全般を扱った日本語の教科書として最近のものを以下に挙げる．

- 福田 公明，田村 明久，計算による最適化入門，共立出版，2022[21]．
- 寒野 善博，最適化手法入門，講談社，2019[31]．
- 寒野 善博，土谷 隆，最適化と変分法，丸善出版，2014[32]．
- 梅谷 俊治，しっかり学ぶ数理最適化：モデルからアルゴリズムまで，講談社，2020[72]．

Pythonなどのプログラミング言語を用いて最適化問題を実践的に解く方法を解説している教科書としては，たとえば次の3冊がある．

- 久保 幹雄，ジョア・ペドロ・ペドロソ，村松 正和，アブドル・レイス，あたらしい数理最適化：Python 言語と Gurobi で解く，近代科学社，2012[41].

- 並木 誠，Python による数理最適化入門，朝倉書店，2018[55].
- 岩永 二郎，石原 響太，西村 直樹，田中 一樹，Python ではじめる数理最適化（第 2 版）：ケーススタディでモデリングのスキルを身につけよう，オーム社，2021[30].

アルゴリズム理論

アルゴリズムの設計手法に関する標準的な教科書として以下を挙げる．これらは欧米の主要な大学の講義でもよく用いられている．

- J. Kleinberg and É. Tardos, *Algorithm Design*, Addison Wesley, 2005[38].
- T. H. Cormen, and C. E. Leiserson, R. L. Rivest, and C. Stein, *Introduction to Algorithms*, MIT Press, 2022[6].
- J. Erickson, Algorithms, `http://algorithms.wtf` [16].
- T. Roughgarden, *Algorithms Illuminated: Omnibus Edition*, Soundlikeyourself Publishing, 2022[64].

12 章および 13 章で扱った近似アルゴリズムに関して，ヴァジラーニ[73]，ウィリアムソン–シュモイズ（Shmoys）[78]，浅野[1] など多くの図書があり，[73], [78] は日本語訳がある．本書の 13 章の内容は，ヴァジラーニ[73]に主に基づく．14 章で扱った固定パラメータアルゴリズムの専門書としては，シガン（Cygan）ら[8]やダウニー（Downey）–フェローズ（Fellows）[11]が分かりやすい．とくに 14 章の内容はシガンら[8]に基づいている．15 章で扱ったオンラインマッチングについて，そのマーケットデザインへの応用についてはメヘタ（Mehta）[47]やエチェニケ（Echenique）–イモーリカ（Immorlica）–ヴァジラーニ[12]を参照してほしい．オンラインアルゴリズムについての日本語書籍としては徳山[71]が参考になる．

参考文献

[1] 浅野孝夫．近似アルゴリズム：離散最適化問題への効果的アプローチ．共立出版，2019.

[2] John A. Bondy and Uppaluri S. Ramachandra Murty. *Graph Theory.* Springer, 2008（山下登茂紀，千葉周也（訳），グラフ理論，丸善出版，2022）.

[3] Li Chen, Rasmus Kyng, Yang P. Liu, Richard Peng, Maximilian P. Gutenberg, and Sushant Sachdeva. Almost-linear-time algorithms for maximum flow and minimum-cost flow. *Communications of the ACM*, Vol. 66, No. 12, pp. 85–92, 2023.

[4] Michele Conforti, Gérard Cornuéjols, and Giacomo Zambelli. *Integer Programming.* Springer, 2014.

[5] William J. Cook, William H. Cunningham, William R. Pulleyblank, and Alexander Schrijver. *Combinatorial Optimization.* John Wiley & Sons, Inc., USA, 1998.

[6] Thomas H. Cormen, Charles E. Leiserson, Ronald L. Rivest, and Clifford Stein. *Introduction to Algorithms.* MIT press, 2022.

[7] William H. Cunningham and Alfred B. Marsh. A primal algorithm for optimum matching. *Polyhedral Combinatorics: Dedicated to the Memory of D.R. Fulkerson*, pp. 50–72, 1978.

[8] Marek Cygan, Fedor V. Fomin, Łukasz Kowalik, Daniel Lokshtanov, Dániel Marx, Marcin Pilipczuk, Michał Pilipczuk, and Saket Saurabh. *Parameterized Algorithms.* Springer, 2015.

[9] Reinhard Diestel. *Graph Theory.* Springer, 5th edition, 2018（根上生也，太田克弘（訳），グラフ理論，丸善出版，2012）.

[10] Irit Dinur and David Steurer. Analytical approach to parallel repetition. In *Proceedings of the 46th Annual ACM Symposium on Theory of Computing (STOC)*, pp. 624–633, 2014.

[11] Rodney G. Downey and Michael R. Fellows. *Fundamentals of Parameterized Complexity.* Springer, 2013.

[12] Federico Echenique, Nicole Immorlica, and Vijay V. Vazirani, editors. *Online and Matching-Based Market Design.* Cambridge University Press, 2023.

[13] Alon Eden, Michal Feldman, Amos Fiat, and Kineret Segal. An economics-based analysis of RANKING for online bipartite matching. In *Proceedings of the 4th Symposium on Simplicity in Algorithms (SOSA)*, pp. 107–110, 2021.

[14] Jack Edmonds. Maximum matching and a polyhedron with 0,1-vertices. *Journal of Research of the National Bureau of Standards Section B Mathematics and Mathematical Physics*, Vol. 69B, No. 1–2, pp. 125–130, 1965.

[15] Jack Edmonds and Rick Giles. Total dual integrality of linear inequality systems. In

Progress in Combinatorial Optimization, pp. 117–129. 1984.

[16] Jeff Erickson. Algorithms. `http://algorithms.wtf`.

[17] András Frank. *Connections in Combinatorial Optimization.* Oxford Lecture Series in Mathematics and Its Applications. Oxford University Press, 2011.

[18] 藤江哲也．整数計画法による定式化入門．オペレーションズ・リサーチ，Vol. 57, No. 4, pp. 190–197, 2012.

[19] 藤重悟．グラフ・ネットワーク・組合せ論．共立出版，2002.

[20] Satoru Fujishige. *Submodular Functions and Optimization.* Elsevier, 2005.

[21] 福田公明，田村明久．計算による最適化入門．共立出版，2022.

[22] Michael R. Garey and David S. Johnson. *Computers and Intractability: A Guide to the Theory of NP-Completeness.* Freeman, 1979.

[23] Chris Godsil and Gordon F. Royle. *Algebraic Graph Theory.* Springer, 2001.

[24] Monika Henzinger, Jason Li, Satish Rao, and Di Wang. Deterministic near-linear time minimum cut in weighted graphs. In *Proceedings of the 35th ACM-SIAM Symposium on Discrete Algorithms (SODA)*, pp. 3089–3139, 2024.

[25] Alan J. Hoffman and Joseph B. Kruskal. Integral boundary points of convex polyhedra. *Linear Inequalities and Related Systems*, pp. 223–246, 1956.

[26] John E. Hopcroft and Richard M. Karp. An $n^{5/2}$ algorithm for maximum matchings in bipartite graphs. *SIAM Journal on Computing*, Vol. 2, No. 4, pp. 225–231, 1973.

[27] 茨木俊秀，永持仁，石井利昌．グラフ理論：連結構造とその応用．朝倉書店，2010.

[28] 伊理正夫．線形代数汎論．朝倉書店，2009.

[29] 伊理正夫，藤重悟，大山達雄．グラフ・ネットワーク・マトロイド．産業図書，1986.

[30] 岩永二郎，石原響太，西村直樹，田中一樹．Python ではじめる数理最適化（第 2 版）：ケーススタディでモデリングのスキルを身につけよう．オーム社，2021.

[31] 寒野善博．最適化手法入門．講談社，2019.

[32] 寒野善博，土谷隆．最適化と変分法．丸善出版，2014.

[33] David R. Karger. Global min-cuts in RNC, and other ramifications of a simple min-cut algorithm. In *Proceedings of the 4th Annual ACM/SIGACT-SIAM Symposium on Discrete Algorithms (SODA)*, pp. 21–30, 1993.

[34] David R. Karger and Clifford Stein. A new approach to the minimum cut problem. *Journal of the ACM*, Vol. 43, No. 4, pp. 601–640, 1996.

[35] Richard M. Karp, Umesh V. Vazirani, and Vijay V. Vazirani. An optimal algorithm for on-line bipartite matching. In *Proceedings of the 22nd Annual ACM Symposium on Theory of Computing (STOC)*, pp. 352–358, 1990.

[36] 河原吉伸，永野清仁．劣モジュラ最適化と機械学習．講談社，2015.

[37] Ken-ichi Kawarabayashi and Mikkel Thorup. Deterministic edge connectivity in near-linear time. *Journal of the ACM*, Vol. 66, No. 1, pp. 4:1–4:50, 2019.

[38] Jon Kleinberg and Éva Tardos. *Algorithm Design.* Addison Wesley, 2005（浅野孝夫，浅

野孝夫，浅野泰仁，小野孝男，平田富夫（訳），アルゴリズムデザイン，共立出版，2008）．

[39] Bernhard Korte and Jens Vygen. *Combinatorial Optimization: Theory and Algorithms.* Springer, 6th edition, 2018. （浅野孝夫，浅野泰仁，平田富夫（訳），組合せ最適化 原書 6 版：理論とアルゴリズム，丸善出版，2022）．

[40] 久保幹雄，J.P. ペドロソ．メタヒューリスティクスの数理．共立出版，2009.

[41] 久保幹雄，J.P. ペドロソ，村松正和，A. レイス．あたらしい数理最適化：Python 言語と Gurobi で解く．近代科学社，2012.

[42] Harold W. Kuhn. The Hungarian method for the assignment problem. *Naval Research Logistics Quarterly*, Vol. 2, No. 1–2, pp. 83–97, 1955.

[43] Harold W. Kuhn. A tale of three eras: The discovery and rediscovery of the Hungarian method. *European Journal of Operational Research*, Vol. 219, No. 3, pp. 641–651, 2012.

[44] Lap-Chi Lau, R. Ravi, and Mohit Singh. *Iterative Methods in Combinatorial Optimization.* Cambridge University Press, 2011.

[45] Eugene L. Lawler. *Combinatorial Optimization: Networks and Matroids.* Dover Publications, 2001.

[46] Jon Lee. *A First Course in Combinatorial Optimization*, Vol. 36. Cambridge University Press, 2004.

[47] Aranyak Mehta. Online matching and ad allocation. *Foundations and Trends in Theoretical Computer Science*, Vol. 8, No. 4, pp. 265–368, 2013.

[48] Marcin Mucha. *Finding maximum matchings via Gaussian elimination.* PhD thesis, Warsaw University, 2005.

[49] Marcin Mucha and Piotr Sankowski. Maximum matchings via Gaussian elimination. In *Proceedings of the 45th Symposium on Foundations of Computer Science (FOCS)*, pp. 248–255, 2004.

[50] Kazuo Murota. *Matrices and Matroids for Systems Analysis*, Vol. 20. Springer, 1999.

[51] 室田一雄．離散凸解析の考えかた：最適化における離散と連続の数理．共立出版，2007.

[52] 室田一雄，池上敦子，土谷隆（編）．モデリング：広い視野を求めて，近代科学社，2015.

[53] 室田一雄，杉原正顯．線形代数 I, II．丸善出版，2013，2015.

[54] 室田一雄，塩浦昭義．離散凸解析と最適化アルゴリズム．朝倉書店，2013.

[55] 並木誠．Python による数理最適化入門．朝倉書店，2018.

[56] George L. Nemhauser and Leslie E. Trotter Jr.. Vertex packings: Structural properties and algorithms. *Mathematical Programming*, Vol. 8, No. 1, pp. 232–248, 1975.

[57] Hirokazu Nishimura and Susumu Kuroda. *A Lost Mathematician, Takeo Nakasawa: the Forgotten Father of Matroid Theory.* Springer, 2009.

[58] 荻原光徳．複雑さの階層．共立出版，2006.

[59] James G. Oxley. *Matroid Theory.* Oxford University Press, 1992.

[60] Manfred W. Padberg and M. R. Rao. Odd minimum cut-sets and b-matchings. *Mathematics of Operations Research*, Vol. 7, No. 1, pp. 67–80, 1982.

[61] Maurice Queyranne. Minimizing symmetric submodular functions. *Mathematical Programming*, Vol. 82, pp. 3–12, 1998.

[62] Michael O. Rabin and Vijay V. Vazirani. Maximum matchings in general graphs through randomization. *Journal of Algorithms*, Vol. 10, No. 4, pp. 557–567, 1989.

[63] András Recski. *Matroid Theory and Its Applications in Electric Network Theory and in Statics*. Springer, 1989.

[64] Tim Roughgarden. *Algorithms Illuminated: Omnibus Edition*. Soundlikeyourself Publishing, 2022.

[65] Alexander Schrijver. *Theory of Linear and Integer Programming*. Wiley, 1986.

[66] Alexander Schrijver. *Combinatorial Optimization: Polyhedra and Efficiency*. Springer, 2003.

[67] Paul D. Seymour. Decomposition of regular matroids. *Journal of Combinatorial Theory, Series B*, Vol. 28, No. 3, pp. 305–359, 1980.

[68] 繁野麻衣子．ネットワーク最適化とアルゴリズム．朝倉書店，2010.

[69] 相馬 輔，藤井 海斗，宮内 敦史，組合せ最適化から機械学習へ：劣モジュラ最適化とグラフマイニング，サイエンス社，2022 年.

[70] Daniel Spielman. *Spectral Graph Theory*, pp. 495–524. Chapman and Hall/CRC, 2012.

[71] 徳山豪．オンラインアルゴリズムとストリームアルゴリズム．共立出版，2007.

[72] 梅谷俊治．しっかり学ぶ数理最適化：モデルからアルゴリズムまで．講談社，2020.

[73] Vijay V. Vazirani. *Approximation Algorithms*. Springer, Incorporated, 2003（浅野孝夫（訳），近似アルゴリズム，丸善出版，2012）.

[74] Arthur F. Veinott Jr. and George B. Dantzig. Integral extreme points. *SIAM Review*, Vol. 10, No. 3, pp. 371–372, 1968.

[75] Hassler Whitney. On the abstract properties of linear dependence. *American Journal of Mathematics*, Vol. 57, No. 3, pp. 509–533, 1935.

[76] Virginia V. Williams, Yinzhan Xu, Zixuan Xu, and Renfei Zhou. New bounds for matrix multiplication: from alpha to omega. In *Proceedings of the 35th Annual ACM-SIAM Symposium on Discrete Algorithms (SODA)*, pp. 3792–3835. SIAM, 2024.

[77] David P. Williamson. *Network Flow Algorithms*. Cambridge University Press, 2019（浅野孝夫，浅野泰仁（訳），ネットワークフローアルゴリズム，丸善出版，2024）.

[78] David P. Williamson and David B. Shmoys. *The Design of Approximation Algorithms*. Cambridge University Press, 2011（浅野孝夫（訳），近似アルゴリズムデザイン，共立出版，2015）.

[79] 柳浦睦憲，茨木俊秀．組合せ最適化：メタ戦略を中心として．朝倉書店，2001.

[80] 吉田悠一． スペクトルグラフ理論：線形代数からの理解を目指して．SGC ライブラリ，No. 190．サイエンス社，2024.

[81]『フカシギの数え方』おねえさんといっしょ！ みんなで数えてみよう！ `https://www.youtube.com/watch?v=Q4gTV4r0zRs`.

索　引

ア

カ

サ

マ

ヤ

ラ

著 者 略 歴

垣村 尚徳
かきむら　なおのり

2008 年　東京大学大学院情報理工学系研究科数理情報学専攻
　　　　修了，博士（情報理工学）
同　年　同 助教
2012 年　東京大学教養学部附属教養教育高度化機構特任講師
2015 年　東京大学大学院総合文化研究科附属国際環境学
　　　　教育機構講師
2017 年　慶應義塾大学理工学部数理科学科准教授
2024 年　同 教授
専門　組合せ最適化，アルゴリズム

SGC ライブラリ-192
組合せ最適化への招待
モデルとアルゴリズム

2024 年 7 月 25 日 ©　　　初 版 発 行

著 者　垣村 尚徳　　　発行者　森 平 敏 孝
　　　　　　　　　　　印刷者　山 岡 影 光

発行所　**株式会社 サ イ エ ン ス 社**
〒151–0051　東京都渋谷区千駄ヶ谷 1 丁目 3 番 25 号
営業 ☎（03）5474–8500（代）　振替 00170–7–2387
編集 ☎（03）5474–8600（代）
FAX ☎（03）5474–8900　　表紙デザイン：長谷部貴志

印刷・製本　三美印刷 (株)

《検印省略》

本書の内容を無断で複写複製することは，著作者および出版者の権利を侵害することがありますので，その場合にはあらかじめ小社あて許諾をお求め下さい.

ISBN978–4–7819–1609–5

PRINTED IN JAPAN

サイエンス社のホームページのご案内
https://www.saiensu.co.jp
ご意見・ご要望は
sk@saiensu.co.jp　まで.

SGCライブラリ-187: for Senior & Graduate Courses

線形代数を基礎とする 応用数理入門

最適化理論・システム制御理論を中心に

佐藤　一宏　著

定価3080円

線形代数や最適化理論の基礎知識は，近年盛んに研究されている機械学習においても不可欠である．本書では，線形代数の理論，およびその応用として，最適化理論，システム制御理論の基礎的な部分を解説する．

サイエンス社